5G 5G关键技术与网络建设丛书

Key Technology and
Network Cloud Deployment of 5G Core Network

5G核心网关键技术与网络云化部署

杨炼 王悦 蒲浩杰 蒋明燕 等 ◎ 编著

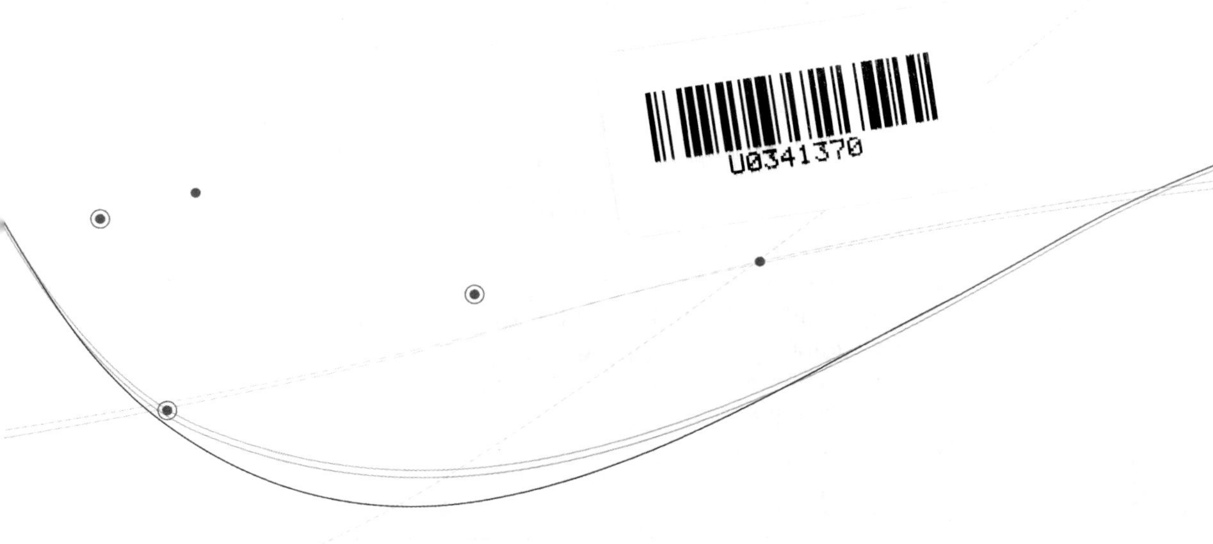

人民邮电出版社
北京

图书在版编目（CIP）数据

5G核心网关键技术与网络云化部署 / 杨炼等编著
. -- 北京 : 人民邮电出版社, 2022.4
（5G关键技术与网络建设丛书）
ISBN 978-7-115-55804-6

Ⅰ. ①5… Ⅱ. ①杨… Ⅲ. ①无线电通信－移动通信
－通信技术 Ⅳ. ①TN929.5

中国版本图书馆CIP数据核字(2021)第032314号

内 容 提 要

本书首先对移动核心网的发展历程进行了简要的介绍，然后着重分析了服务化、NFV、MEC、网络切片等5G核心网的关键技术和组网技术。在核心网演进背景及关键技术介绍之后，本书着重阐述了5G核心网组网、核心网云化及设备选型配置方案，最后在介绍5G整体网络安全架构的基础上提出了5G核心网安全解决思路。

本书适合通信工程技术人员、通信企业的管理和运营人员、通信设备厂商和研究机构的人员阅读，可作为高等院校通信专业教师和学生的参考书，亦可作为通信技术培训的教材。

◆ 编　　著　杨　炼　王　悦　蒲浩杰　蒋明燕　等
　责任编辑　杨　凌
　责任印制　焦志炜

◆ 人民邮电出版社出版发行　　北京市丰台区成寿寺路11号
　邮编　100164　　电子邮件　315@ptpress.com.cn
　网址　http://www.ptpress.com.cn
　三河市君旺印务有限公司印刷

◆ 开本：787×1092　1/16
　印张：15.75　　　　　2022年4月第1版
　字数：358千字　　　　2022年4月河北第1次印刷

定价：99.80元

读者服务热线：(010)81055552　印装质量热线：(010)81055316
反盗版热线：(010)81055315
广告经营许可证：京东市监广登字20170147号

“5G关键技术与网络建设丛书”
编 委 会

推荐序一

全球移动通信正在经历从 4G 向 5G 的迭代，5G 将以更快的传输速率、更低的时延及海量连接给社会发展带来巨大变革。作为构筑经济社会数字化转型的关键新型基础设施，5G 将逐步渗透到经济社会的各行业、各领域，将为智慧政府、智慧城市、智慧教育、智慧医疗、智慧家居等新型智慧社会的有效实施提供坚实基础。5G 将成为全球经济发展的新动能。

2020 年 5G 将进入大发展的一年，中国的 5G 建设正在快马加鞭，中国的运营商以 5G 独立组网为目标，控制非独立组网建设规模，加快推进主要城市的网络建设，2020 年将建设完成 60 万～80 万个基站，实现地级市室外连续覆盖、县城及乡镇有重点覆盖、重点场景室内覆盖。相信凭借中国自身力量和世界同行的支持，中国的 5G 网络将会成长为全球首屈一指的大网络、好网络和强网络。中国引领的不仅是全球 5G 的建设进程，而且技术实力也站在了全球前沿，在 5G 标准的确立方面，中国的电信运营商和设备制造商为 ITU 的 5G 标准制定做出了重要贡献。5G 将会对全球经济产生巨大的影响，据中国信息通信研究院《5G 经济社会影响白皮书》预测，2020 年 5G 间接拉动 GDP 增长将超过 4190 亿元，2030 年将增长到 3.6 万亿元。

在 5G 应用的开发方面，中国通信行业与各垂直领域的合作，也为全球 5G 发展提供了很好的范例。中国的 5G 必将为全球 5G 市场发展和推动中国与世界下一步数字社会及智慧生活建设发挥独特作用，产生深远影响。

上海邮电设计咨询研究院作为我国通信行业的骨干设计院，深入研究 5G 移动通信系统的规划设计和行业应用等相关技术，广泛参与国家、行业标准制定，完成了国家多个 5G 试验网、商用网的规划以及设计工作，在工程实践领域积累了丰富的经验，并在此基础上编撰了《5G 关键技术和网络建设丛书》，希望能为 5G 工程建设、5G 应用开发、5G 业务运营及管理等领域的专业技术人员提供重要的参考。

2020 年 7 月

推荐序二

5G 与物联网、工业互联网、移动互联网、大数据、人工智能等新一代信息技术的结合构筑了数字基础设施，数字基础设施成为新基建的重要支柱，而 5G 又是新基建的首选。5G 为社会治理、经济发展和民生服务提供了新动能，将催生新业态，成为数字经济的新引擎。

2020 年我国 5G 正式商用已满一年，中国将在全球范围内率先开展独立组网大规模建设，SDN、NFV、网络切片等大规模组网技术将开始验证，全方位的挑战需要我们积极应对。在 5G 网络建设方面，由于 5G 采用高频段，基站覆盖范围较小，需高密度组网以及有更多的站型，这些都给无线网规划、建设和维护带来了成倍增加的工作量和难度。Massive MIMO 与波束赋形等多天线技术，使得 5G 网络规划不仅仅需要考虑小区和频率等常规规划，还需增加波束规划以适应不同场景的覆盖需求，这使干扰控制复杂度呈几何级数增大，给网络规划和运维优化带来了极大的挑战。5G 作为新技术，系统更加复杂，用户隐私、数据保护、网络安全等用户密切关心的问题也在发展过程中面临着巨大的考验，发展 5G 技术的同时还要不断提升 5G 的安全防御能力。5G 网络全面云化，在带来功能灵活性的同时，也带来了很多技术、工程和安全难题。实践中还将要面对高频率、高功耗、大带宽给 5G 基站建设带来的挑战，以及因频率升高而引起的地铁、高铁、隧道与室内分布系统的设计难题。另外，目前公众消费者对 5G 的认识只是带宽更宽、速度更快，需要将其进一步转化为用户的更高价值体验才能扩大用户群。而行业的刚需与跨界合作及商业模式尚不清晰，行业主导的积极性还有待发挥。5G 对中国的科技与经济发展是难得的机遇，围绕 5G 技术与产业的国际竞争对于我们也是严峻的挑战，5G 的创新永远在路上。

上海邮电设计咨询研究院依据自身在通信网络规划设计方面的长期积累以及近年来对 5G 网络的规划设计的研究与实践，策划编撰了《5G 关键技术和网络建设丛书》。本丛书既有对 5G 核心网络、无线接入网络、光承载网络、云计算等关键技术的介绍，又系统地总结了 5G 工程规划设计的方法，针对 5G 带来的新挑战提出了一些创新的设计思路，并列举了大量 5G 应用的实际案例。相信该丛书能够帮助广大读者深入系统地了解 5G 网络技术。从工程规划设计与建设的角度解读 5G 网络的组成是本丛书的特色，理论与实践结合是本丛书的强项，而且在写作上还注意了专业性与通俗性的结合。本丛书不仅对 5G 工程设计与建设及维护岗位的专业技术人员有实用价值，而且对于从事 5G 网络管理、设备开发、市场开拓、行业应用的工程技术人员以及政府主管部门的工作人员都将有开卷有益的收获。本丛书的出版正好是我国 5G 网络规模部署的第一年，为我国 5G 网络的建设提供了十分及时的指导。5G 网络建设的实践还将更大规模地铺开与深入，本丛书的出版将激励关注网络规划建设的科技人员勇于创新，共同书写 5G 网络建设的新篇章。

2020 年 6 月于北京

丛书前言

数字经济的迅猛发展已经成为全球大趋势。作为新一代移动通信技术和新基建的重要组成部分，5G 将强有力地推动数字基础设施建设，成为数字经济发展的重要载体。而且，5G 技术还是一种通用基础技术，通过与云计算、大数据、人工智能、控制、视觉等技术的结合，深化并加速万物互联，成为构筑万物互联智能社会的基石。此外，5G 能够快速赋能各行各业，作为构建网络强国、数字国家、智慧社会的关键引擎，已上升为国家战略。

5G 产业链已日趋成熟，建设、应用和演进发展已按下快进键。国内外主流电信运营商均在积极推动 5G 部署，我国的 5G 建设也已驶入快车道。同时，5G 涉及的无线接入网、核心网、承载网等技术正在不断持续演进中，相关的标准化工作仍在进行。为了充分发挥 5G 对数字经济的基础性作用和赋能价值，需要不断掌握和发展 5G 技术，不断突破高密度组网、多天线、高频率、高功耗、多业务等带来的规划和建设挑战，加快 5G 网络建设和部署；此外，更要“建有所用”，加快普及 5G 在各行各业中的融合与创新应用。

为此，作为国家级通信工程骨干设计单位之一的上海邮电设计咨询研究院有限公司，长期跟踪研究和从事移动通信领域相关的规划、设计、应用开发和系统集成等工作，广泛参与国家、行业标准制定，参与了我国多个 5G 试验网、商用网的规划、设计、建设等工作，开发部署了多个 5G 应用示范案例，在工程实践领域有着丰富的专业技术积累和工程领域经验。在此基础上，策划编撰了《5G 关键技术和网络建设丛书》，基于工程技术视角，深入浅出地介绍了 5G 关键技术、网络规划设计、业务应用部署等内容，为推动我国 5G 网络建设、加快 5G 应用落地积极贡献力量。

本丛书包括了《5G 核心网关键技术与网络云化部署》《5G 无线接入网关键技术与网络规划设计》《云计算平台构建与 5G 网络云化部署》《5G 承载网关键技术与网络建设方案》《5G 应用技术与行业实践》5 个分册，既对 5G 关键技术进行了详细介绍，又系统总结了 5G 工程规划设计的方法，并列举了大量 5G 应用的实际案例，希望能为 5G 工程建设、5G 应用开发、5G 业务运营及管理等领域的专业技术人员提供重要的参考。

冯武锋

2020 年 5 月于上海

前 言

在 5G 到来之前，虽然中国从 3G 阶段开始主导 TD-SCDMA 的标准化工作，但在基础技术研究和商用进程等方面仍处于部分落后的状态。然而，在 5G 发展进程中，中国真正在技术研究、标准制定和网络建设等各个方面实现了全面的领先，处于全球 5G 发展的主导地位。2019 年，中国正式进入 5G 商用元年；2020 年，中国在全球 5G 连接总数中的占比预计将达到 70%，将拥有全球最大的 5G 消费市场。

在这个面向未来的 5G 时代，电信运营商将提供云脑一体、万物智联的信息基础设施服务及应用。核心网作为 5G 系统的控制和转发中枢，面临着架构、功能和基础设施平台的全面重构。不同于传统的移动核心网，5G 核心网将采用原生适配云平台的思想和全新的服务化架构、基于网络功能虚拟化等技术构建云化的基础设施，为用户提供大带宽、高质量、多样性的差异化服务。新型架构的 5G 核心网支持网络能力向第三方的开放，同时，5G 核心网将结合边缘计算和网络切片实现与行业的深度融合，为用户提供可定制的网络功能和转发拓扑，提升网络时延、带宽及连接数密度等性能指标，满足垂直行业终端互联的多样化需求。5G 核心网的目标网络架构将更有弹性、更加开放和灵活，同时也更复杂。

为实现运营商从传统的网络接入管道向全社会信息化赋能者的转变，核心网作为 5G 网络部署的重要环节，在组网、云化及网络演进等各个方面都面临着前所未有的挑战。5G 核心网采用何种组网模式和演进方案、如何逐步推进云化和平台解耦，以及如何保障 5G 网络的系统安全，都是网络规模化建设中需要认真考虑并解决的问题。

本书内容结合作者团队在移动核心网和云计算领域多年来的网络规划设计及技术研究经验，对核心网的发展历程、关键技术、组网方案、云化方案以及安全解决方案进行了梳理和总结。

本书第 1 章在概述移动通信系统演进的基础上介绍了移动核心网的发展历程，重点描述了 5G 核心网的发展现状和主要特征。第 2 章首先引入了 5G 核心网的架构，然后着重阐述网络功能服务化、NFV、MEC、网络切片以及 5G 组网等关键技术的引入背景和技术要求。第 3 章详细分析了 NSA、SA、网络切片以及 MEC 组网方案，提出了 5G 核心网的部署建议以及对云资源的需求。第 4 章侧重于云化总体要求、NFV 平台解耦以及虚拟机容器承载和管理方案的介绍及分析。第 5 章从 NFVI、VNF、MANO 三个层面对核心网云化中涉及的资源、网络、安全及管理方案做了全面的分析并给出了部署建议。第 6 章从 5G 网络安全需求入手，在 5G 网络安全总体框架的基础上，着重介绍了包括能力开放安全、云化安全、边缘计算安全、切片安全等在内的 5G 核心网安全解决思路。

本书由上海邮电设计咨询研究院有限公司多名专家和技术骨干执笔，由总工程师杨炼负责全书的策划和审定，参加编写的主要成员有王悦、蒲浩杰、蒋明燕、张宏远、归律、赵泓、黄瑾、张钟琴、姚尧、徐步伟和李佳衍。

由于 5G 标准和技术演进以及网络建设仍处于快速发展的过程中，书中难免存在遗漏和不足之处，恳请各位专家及读者不吝指正。

编 者

2021 年 9 月于上海

目 录

第 1 章 移动核心网的发展及演进

移动通信是指通信双方至少有一方在运动时进行的信息交换，包括人、车、船、机等移动体与固定点之间或各移动体之间的通信。移动通信系统自诞生以来，经过 40 余年的快速发展，已成为连接现代人类社会各个方面的基础信息网络。从第一代的模拟蜂窝移动通信（1G）系统到第五代移动通信（5G）系统，从模拟语音通信到数字语音通信，从无数据业务、低速数据业务到高速多媒体数据业务，从人与人之间的通信到万物互联，移动通信网络已经历经了 5 次系统演进，如图 1-1 所示。移动通信的发展不仅使人们的生活方式发生了深刻的变革，而且已经成为助力国民经济发展和社会信息化水平提升的重要引擎。

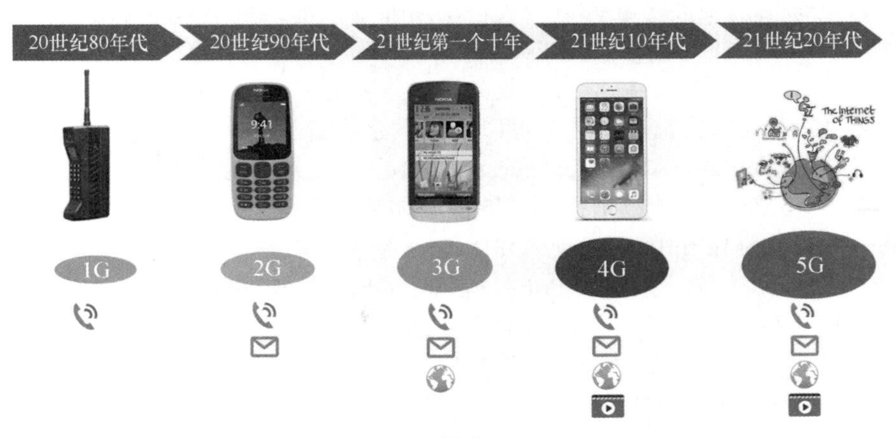

图 1-1 移动通信系统的演进过程

5G 是一个崭新的、颠覆性的起点，将满足全球对整个信息通信领域产业升级的期待。5G 不仅仅是通信行业向前迈出的革命性的一步，也将为各行各业创造前所未有的商机，赋能并倍数放大经济发展。

作为为未来社会提供全方位服务的基础设施，5G 将应用于社会的各个领域，促进各行业的转型升级。为此，5G 将提供媲美光纤的访问速度、“零”时延的用户体验，让信息突破时空限制即时呈现在用户眼前；5G 将赋能上千亿台的设备连接，为人与万物的智能互联提供卓越的交互体验；5G 将提供超高的流量密度，并支持超高的移动性，使用户能够随时随地获得一致的性能体验；5G 将通过百倍以上的能效提升和比特成本降低，为行业的可持续发展提供保证。5G 将最终实现“信息随心至，万物触手及”的愿景。

在这个面向未来的全新的 5G 时代，电信运营商所能提供的将是云脑一体、万物智联的信息基础设施，信息、通信、数据、智能化技术全面融合其间、相互催化，构建服务于全社会信息化需求的信息服务创新平台。核心网作为 5G 系统的控制和转发中枢，也将发生巨大的变革。不同于传统的移动核心网，5G 核心网（5G Core network，5GC）将采用全新的服务化架构，基于网络功能虚拟化（Network Functions Virtualization，NFV）等技术构建云化的基础设施。5G 核心网云化部署，是电信运营商尝试从 IT 视角对自身基础设施、网络架构和业务模式的反思和重构。原生云化机制将为电信领域引入一系列 IT 关键技术和优秀实践，包括微服务、开发运维一体化（Development and Operations，DevOps）、持续交付等，以促进运营商转型。与此同时，5G 核心网将采用边缘计算、网络切片等技术实现与行业的深度融合，满足垂直行业终端互联的多样化需求。网络能力不再局限于运营商的“封闭花园”，而是可以通过友好的用户接口提供给第三方，助力提升业务体验，加速响应业务模式创新需求。

1.1 移动通信发展概述

纵观移动通信的发展历程，每一代移动通信系统都具有不同的标志性核心关键技术和能力指标。其中，频分多址（Frequency Division Multiple Access，FDMA）是 1G 系统的关键技术，仅能提供模拟语音业务；时分多址（Time Division Multiple Access，TDMA）是 2G 系统的关键技术，既可以提供数字语音业务，又能提供低速数据业务；码分多址（Code Division Multiple Access，CDMA）技术应用于 3G 系统，可提供用户峰值速率达 2Mbit/s 至每秒数十兆比特的多媒体数据业务；正交频分多址（Orthogonal Frequency Division Multiple Access，OFDMA）是 4G 的核心技术，与 3G 相比，4G 的用户峰值速率大大提高，可达 100Mbit/s 甚至 1Gbit/s，支持移动宽带数据业务。

相比前四代移动通信系统，5G 系统的关键能力更加丰富，包括用户体验速率、连接数密度、端到端时延、用户峰值速率和移动性等在内的性能指标都将成为 5G 系统的关键性能指标。相比之前只强调用户峰值速率，5G 系统中的用户体验速率得到了更高的关注，被业界普遍认为是 5G 系统最重要的性能指标。用户体验速率与用户感受密切相关，反映了用户所能获得的真正的数据速率水平。而 5G 应用的主要场景要求 5G 用户的体验速率达到每秒吉比特级别。面对不同场景对性能要求的极度差异化，5G 很难像过去那样基于单一技术形成针对所有场景的解决方案。当今无线技术创新也体现出了多元化的发展趋势，除新型多址技术外，5G 的主要技术方向还包括大规模天线阵列、全频谱接入、超密集组网、新型网络架构等。这些技术都将在 5G 时代所面临的多元化应用场景中发挥关键作用。

1. 1G（模拟移动通信）

1G 系统主要基于 FDMA 和模拟调制技术，用于提供模拟语音业务。美国贝尔实验室于 1978 年研制出了先进移动电话系统（Advanced Mobile Phone System，AMPS），这是全球首个移动蜂窝电话系统。随后世界各国纷纷建成各自商用的移动通信系统，但均基于不同的技术标准，包括瑞典等北欧四国的 NMT-450、德国的 C-Netz、英国的全接入通信系统（Total Access Communications System，TACS）等。其中，美国的 AMPS 制式和英国的 TACS 制式是当时世界上最有影响力的 1G 系统。当时中国在移动通信技术研究方面缺乏积累，只能选择已有主流制式开展网络建设。1987 年，中国确定以 TACS 制式作为我国模拟蜂窝移动电话的标准。同年 11 月 18 日，珠江三角洲移动电话网首期工程在广州正式开通并投入使用，是全国首个正式投入社会商用的蜂窝式移动电话网。

1G 系统解决了通话的可移动性问题，但仍然存在很多不足之处，包括容量有限、制式过多、互不兼容、安全性和抗干扰能力较差、不能提供数据业务和不能自动漫游等等。这些不足使得 1G 系统无法大规模普及，从而导致当时的移动终端价格和通信资费均十分昂贵。美国摩托罗拉公司推出的手持终端“大哥大”已经成为很多人回忆中 1G 系统的代言人。

2. 2G（数字移动通信）

20 世纪 90 年代，移动通信系统完成了由模拟技术向数字技术的转变，主要提供语音及短信业务。同 1G 系统相比，2G 系统的频谱效率、系统容量、语音质量均有了大幅提高，安全性和开放性问题也得到了解决。2G 系统的技术标准主要包括全球移动通信系统（Global System for Mobile Communications，GSM）和 CDMA 两种制式，GSM 和 CDMA 向 3G 系统过渡的 2.5 代通信技术分别是通用分组无线服务（General Packet Radio Service，GPRS）和 cdma2000 1x。

GSM 是由欧洲电信标准组织（European Telecommunications Standards Institute，ETSI）制定的数字移动通信标准，它的空中接口基于 TDMA 技术，主要采用 900MHz、1800MHz 和 1900MHz 等频段。GSM 的商业运营始于 1991 年的芬兰，自投入商用以来，GSM 已经被全球 200 多个国家和地区广泛采用。该标准的开放性和通用性，使得移动通信运营商的漫游服务成为可能，用户终于可以在全球范围内使用自己的移动电话。另外，GSM 手机增加了用户身份识别模块（Subscriber Identification Module，SIM）卡，GSM 网络通过 SIM 卡识别用户身份并提供相关服务。GPRS 通过引入分组交换技术实现了较高的数据传输速率、永远在线和按数据流量计费。

CDMA 技术是抗干扰能力更强的一种 2G 网络制式，主要采用 800MHz 和 1900MHz 频段，并于 1995 年首次得到商用。CDMA 技术的标准化经历了多个阶段：cdmaOne 系列标准中最先发布的标准是 IS-95，而 IS-95A 则是第一个真正得到世界级广泛应用的 CDMA 标准；美国高通公司于 1998 年 2 月宣布在 CDMA 基础平台上应用 IS-95B 标准，支持 64kbit/s 的数据业务，可显著提高 CDMA 用户的数据流量并提升系统性能。CDMA 技术主要应用于日、韩、北美和中国。cdma2000 1x 在 IS-95 的基础上升级了无线接口，在性能大幅增强的同时完全兼容 IS-95 系统，为 2G 向 3G 的过渡提供了一个平滑的选择。

2G 阶段，中国在移动通信技术及产品方面逐步积累，虽然仍不成熟，但在网络制式选择方面已呈多样化状态。不同于 1G 系统的单一制式，中国的三大电信运营商在

2G 时代选择不同的网络制式开展移动网络建设：中国移动和中国联通采用 GSM 技术，中国电信则采用 CDMA 技术。

与 1G 系统相比，2G 系统在保密性、频谱利用率、业务种类等方面均有很大程度的提升，标准化程度也高于 1G 系统，因而移动通信系统得以快速发展，并替代固定通信方式跃居到了通信主导地位。

3. 3G（宽带移动通信）

随着通信技术的不断进步，移动通信也进入了高速传输的 3G 时代。3G 系统是融合了互联网多媒体通信的移动通信系统，不仅能提供语音业务，还可提供信息速率达每秒兆比特级别的数据业务。2000 年 5 月，宽带码分多址（Wideband CDMA，WCDMA）、多载波 CDMA（Multi-Carrier CDMA，cdma2000）、时分同步 CDMA（Time Division-Synchronous CDMA，TD-SCDMA）被国际电信联盟（International Telecommunications Union，ITU）确定为三大主流无线接口标准，并写入了《2000 年国际移动通信计划》（IMT-2000）中。

WCDMA 由 GSM 技术发展而来，因此以 GSM 系统为主的欧洲厂商是其主要倡导者。cdma2000 是由美国高通公司主导提出的以窄带 CDMA（CDMA IS-95）技术为基础的宽带 CDMA 技术。与以往不同，3G 系统标准制式的主导者不再仅限于欧洲和美国，中国带着全新的 3G 标准——TD-SCDMA，正式进入了移动通信领域国际标准的制定行列。自此，中国在移动通信领域的技术研究实现了首次突破，真正在国际舞台上占据了举足轻重的地位。

日本是全球范围内 3G 网络最早实现商用的国家，2001 年 10 月由 NTT DoCoMo 公司正式提供基于 WCDMA 制式的 3G 网络服务。继 GSM 之后，WCDMA 成为全球商用规模最大的 3G 网络制式，全球市场占有率超过 70%。cdma2000 作为后起之秀，也占据了全球约 20%的市场。TD-SCDMA 的应用范围较小，主要在中国部署。中国的 3G 网络建设启动较晚，直到 2009 年才正式发放 3G 牌照。国内的三大电信运营商分别采用 3 种不同的网络制式：中国电信采用 cdma2000 技术，中国联通采用 WCDMA 技术，中国移动采用 TD-SCDMA 技术。

3G 系统的工作频段较高，具有速度快、效率高、信号稳定、成本低廉和安全性好等特征。与 2G 网络相比，3G 网络在用户接入、服务质量（Quality of Service，QoS）和安全保障机制方面均有显著提升。通过采用软件升级、硬件改造以及功能拓展等方式，3G 技术体制提供了强有力的对用户网络和业务的控制能力，并可通过更多的服务手段为用户提供更丰富的服务内容。3G 网络支持更加多样化的多媒体业务，手机上网、办公、导航、视频、音乐、购物、网游等新应用逐步得到了普及。

4. 4G 改变生活

4G 技术集 3G 技术与无线局域网（Wireless Local Area Network，WLAN）于一体，进一步提高了信息传输速率，高质量图像、音频和视频的快速传输成为现实，下载速率可达每秒几十甚至上百兆比特。

4G 整体标准由第三代移动通信伙伴项目（the 3rd Generation Partnership Project，

3GPP）牵头，并于 2009 年 3 月发布了首个长期演进（Long Term Evolution，LTE）R8 标准，确定 LTE 标准包括时分双工 LTE（Time Division Long Term Evolution，TD-LTE）和频分双工 LTE（Long Term Evolution Frequency Division Duplexing，LTE FDD）两种制式。从严格意义上来说，即使被宣传为 4G 无线标准，但 LTE 其实仅是 3.9G，尚未完全达到 4G 标准，没有被 3GPP 认可为 ITU 所描述的下一代无线通信标准 IMT-Advanced，只有升级版的 LTE-Advanced 才满足 ITU 对 4G 的要求。

TD-LTE 和 LTE FDD 分别由 TD-SCDMA 和 WCDMA 演进而来，TD-LTE 标准仍由中国牵头制定。4G 时代，中国在移动通信国际标准制定中的主导地位进一步得到了巩固。日本 NTT DoCoMo 于 2010 年 12 月基于 LTE FDD 推出了 4G 服务，欧洲主要国家也在 2010 年实现了 4G 正式商用，美国运营商 Verizon 以及 AT&T 的 4G 商用时间是 2011 年年初。受限于 TD-LTE 的标准进度，4G 网络在国内的商用时间较晚，2013 年才向三大电信运营商发放 TD-LTE 牌照，而 LTE FDD 牌照则更晚发放，于 2015 年向中国移动和中国联通发放。

4G 系统的智能性更高、流量成本更低，促进了智能终端和应用市场的繁荣发展，网络直播、视频会议、电子商务、移动支付等 4G 应用进一步普及并逐步渗透到人们生活的每个角落，智能手机已经成为人们日常生活的重要组成部分。

5. 5G 改变社会

与前四代移动通信系统主要面向人与人之间的通信不同，5G 将全面进入"万物互联"的时代。5G 面对的是具有极端差异化性能需求的多样化业务场景，其服务对象在传统的人与人通信基础上拓展为人与物、物与物的通信。

在 2015 年 10 月 26～30 日于瑞士日内瓦召开的 2015 年无线电通信全会（RA-15）上，国际电联无线电通信部门（International Telecommunications Union-Radio，ITU-R）正式确定了 5G 的官方名称是"IMT-2020"。IMT-2020（5G）推进组认为，可以用"标志性能力指标"和"一组关键技术"共同定义 5G 的概念。其中，"Gbit/s 级用户体验速率"是 5G 系统的标志性能力指标，而一组关键技术则由大规模天线阵列、超密集组网、新型多址、全频谱接入和新型网络架构等技术组成，如图 1-2 所示。

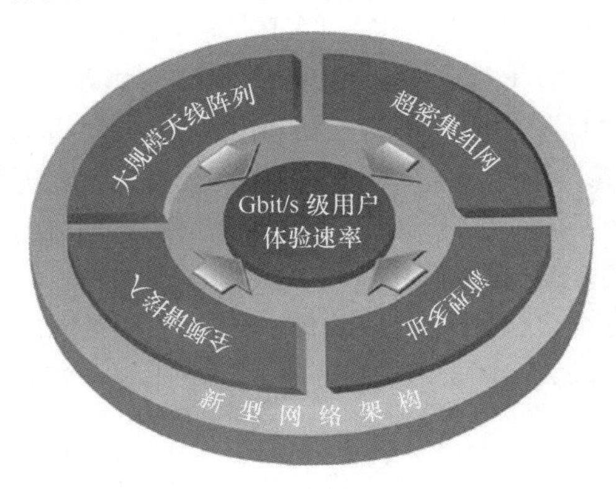

图 1-2　5G 的概念

ITU 根据 5G 业务性能需求和信息交互对象，明确了三大业务场景：增强型移动宽带（enhanced Mobile Broadband，eMBB）、海量机器类通信（massive Machine Type Communications，mMTC）和超高可靠低时延通信（ultra Reliable Low Latency Communications，uRLLC）。

从技术特征、标准演进以及产业发展的角度来看，5G 包括两条技术路线，即新空口和 4G 演进空口。新空口路线是指无须考虑与 4G 框架兼容性的全新空口设计，通过采用基于创新技术的新设计方案满足 4G 演进路线中无法满足的物联网、高频段等新场景业务需求。4G 演进空口路线是指在考虑 4G 框架兼容性的同时引入增强型的新技术，提升现有系统性能，仅在一定程度上满足 5G 新业务场景和新业务需求。

与 4G 相同，5G 的标准化工作也由 3GPP 引领和主导，它是事实上的 5G 标准制定者，负责制定 5G 标准相关的技术规范以满足市场需求和 IMT-2020 的全部需求。3GPP 负责制定 5G 相关的技术规范并作为提案提交给 ITU，5G 提案通过第三方的评估后才会被 ITU 正式发布成为国际标准。国家级和地区级的标准化组织则会结合实际国情，按需采纳国际标准之后再发布各自的国家/地区标准，以确保标准在全球范围内的兼容性。与此同时，5G 相关研究工作也在各标准化组织中进行。3GPP 与各标准化组织间已建立起了联络机制，并根据推进计划和时间需求，共同推动 5G 的标准化工作。

3GPP 关于 5G 的标准制定工作包括第一阶段、第二阶段和演进阶段 3 个时期。第一阶段发布了标准版本 15（Release 15，R15），第二阶段对应 R16，演进阶段对应 R17。R15 为 5G 的第一个版本，不仅包括新的 5G 系统的技术规范，还包括 4G 系统持续演进相关的技术规范；R16 则为 R15 的增强版。

各个阶段又被细分为 Stage1、Stage2 和 Stage3：Stage1 是业务需求阶段，从业务使用者的角度对业务进行描述；Stage2 是系统架构阶段，定义满足业务需求的系统架构；Stage3 是具体的协议阶段，是实现物理实体与其关联的功能实体间的物理接口功能及协议。

2019 年 6 月，在美国加州 3GPP RAN#84 会议室，3GPP 公布了 5G 空口标准最新时间表（R15/R16/R17）及 R17 的工作方向。3GPP 5G 标准的总体时间节点安排如图 1-3 所示。R15 Late Drop 版本于 2019 年 3 月冻结，ASN.1 版本于 2019 年 6 月冻结。R16 已于 2020 年 7 月正式冻结，R17 也已经正式启动。R15 主要满足 eMBB 业务需求，并包含 uRLLC 的部分功能。R16 是完整的 5G 标准，满足 5G 全业务需求。R16 研究的主要内容包括：增强 5G 对 uRLLC 的支持能力，增强对垂直领域及局域网业务的支持能力，增强对垂直领域的信息物理控制应用的支持能力；支持增强车联网（Vehicle-to-Everything，V2X）业务的 3GPP 改进架构，支持卫星接入的 5G 架构；支持 5G 定位及位置业务等。R17 预计将于 2022 年 6 月冻结，一方面会继续增强和完善现有架构和功能，另一方面也会新增一些功能，比如对多媒体广播组播业务（Multimedia Broadcast Multicast Service，MBMS）的支持、边缘计算、近距离通信增强等，以满足新场景下的新需求。

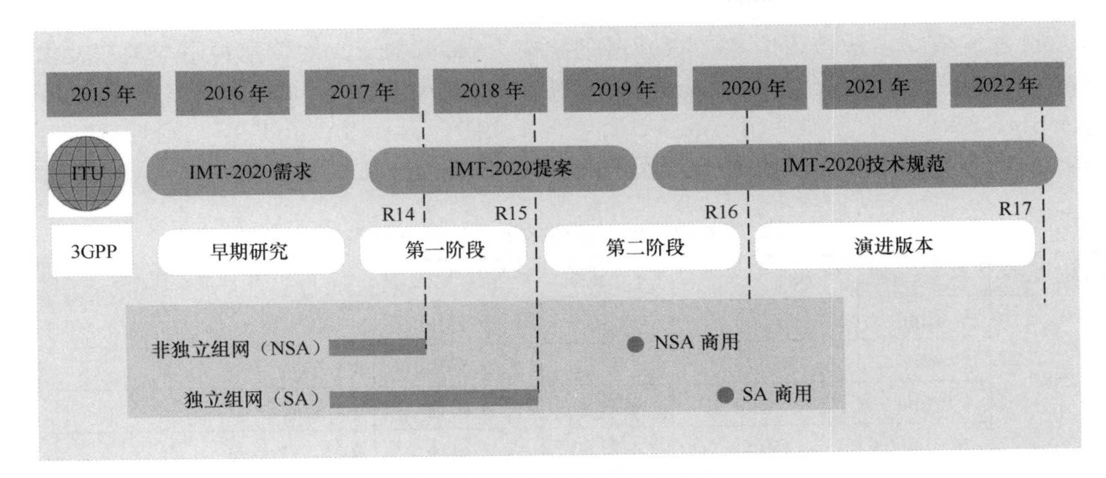

图 1-3 3GPP 5G 标准时间表

5G 已成为各国在技术领域争相布局的焦点。根据全球移动通信系统协会（Global System for Mobile Association，GSMA）发布的数据，截至 2020 年 12 月中，全球已有 135 家运营商提供了 5G 商用网络，覆盖 58 个国家和地区，签约用户数已超过 2 亿。全球已有近三分之二的运营商提供固定无线接入（Fixed Wireless Access，FWA）网络解决方案。2020 年，受新冠肺炎疫情影响，全球经济发展整体情况并不乐观，但 5G 商用进程逆势加速，成为引领数字经济的新亮点。韩国、美国、欧洲、日本、中国几个市场处于 5G 发展的领先地位，其他地区则面临更多挑战。预计到 2025 年，全球 5G 签约用户数将达到 28 亿户。下面简单介绍部署 5G 系统的主要国家的最新进展情况。

（1）韩国 5G 最新进展

韩国国民经济发达，并且移动通信市场较为成熟和稳定。韩国有三大运营商：SKT、KT、LG U+，其中 SKT 是韩国最大的移动运营商，在移动用户数和收入方面名列前茅。

韩国不仅是全球第一个首发 5G 商用的国家，而且 5G 网络的普及速度也非常之快。2019 年 7 月，韩国的 5G 用户数已逼近 200 万户。据韩国科学与信息通信技术部（The Ministry of Science and ICT）称，2019 年 10 月，韩国的 5G 用户数已达到 350 万户，作为韩国三大运营商之一的 SKT 宣布，其 5G 用户在推出后的 140 天内就超过了 100 万户，2019 年年底约 5100 万总人口中已有约 500 万名 5G 用户，2020 年 5G 用户已超过 1000 万户，渗透率超过 20%；2021 年达到了 60%以上的渗透率，成为标准的业界先锋。

2019 年 10 月，韩国的 5G 基站数已达 9 万个，比 4 月刚推出 5G 服务时增加了一倍左右，各大运营商提供的 5G 网络下载速率均已超过 1Gbit/s。

5G 被认为是韩国运营商重新思考其整体定价策略的机会，可重新平衡预付费和后付费、4G 和 5G 服务等。韩国之所以能实现 5G 用户数的飞速增长，主要是因为韩国采用了低价套餐和巨额补贴策略，同时结合韩国特色的文娱产业，实现了 5G 应用的强势推广。韩国的 5G 套餐很有吸引力，一方面选择低门槛，并培养用户的大流量使用习惯，另一方面通过丰富的差异化服务来吸引用户选择更高价格的套餐，而非直接将5G建网成本转嫁给用户。在5G业务的推广上，韩国的三大运营商利用本国在文化、娱乐和体育上的特点，结合虚拟现实（Virtual Reality，VR）、增强现实（Augmented Reality，AR）等大流量使用的场景，针对VR、AR、云游戏、流媒体、直播推出丰富的5G内容和应用服务。韩国三大运营商的5G套餐价格及服务见表1-1。

表1-1　韩国三大运营商的5G套餐价格及服务

运营商	套餐分档	价格（韩元）	套餐流量	超出套餐部分	其他增值服务
SKT	Slim	55 000	8GB	限速1Mbit/s	
	Standard	75 000	150GB	限速5Mbit/s	
	Prime	95 000	不限量	不限速	VIP会员
	Platinum	125 000	不限量	不限速	高级VIP会员
KT	Slim	55 000	8GB	限速1Mbit/s	
	Basic	80 000	不限量	不限速	185个国家不限量、不限速数据漫游，20GB热点流量，VIP会员
	Special	100 000	不限量	不限速	185个国家不限量、不限速数据漫游，50GB热点流量，VIP会员
	Premium	130 000	不限量	不限速	185个国家不限量、不限速数据漫游，100GB热点流量，VIP会员
LG U+	Light	55 000	9GB	限速1Mbit/s	
	Standard	75 000	150GB	限速5Mbit/s	10GB热点流量
	Special	85 000	200GB	限速5Mbit/s	20GB热点流量
	Premium	95 000	250GB	限速7Mbit/s	50GB热点流量

（2）美国5G最新进展

Verizon、AT&T、T-Mobile和Sprint是美国原有的四大运营商。2019年10月经美国联邦通信委员会（Federal Communications Commission，FCC）正式批准，原第四大运营商Sprint以265亿美元被第三大无线运营商T-Mobile收购，二者合并后更名为New T-Mobile，共计拥有1.3亿用户，超越AT&T成为美国的第二大运营商。各运营商的5G部署情况见表1-2。

表1-2　美国主要运营商的5G部署情况

运营商	频谱	供应商	5G发布日期
Verizon	毫米波（主要为28GHz），DSS	爱立信、诺基亚和三星	2018年10月（固定无线接入） 2019年4月（手机服务）
New T-Mobile	600MHz，28GHz，39GHz，2.5GHz	爱立信、诺基亚和三星	2019年5月
AT&T	毫米波（主要为39GHz），Sub 6GHz	爱立信、诺基亚和三星	2018年12月

美国第一家实现 5G 商用的运营商是 Verizon，2019 年 Verizon 在 31 个城市上线了毫米波 5G 系统，2020 年上线城市数达到 60 个。2019 年 8 月开始，Verizon 陆续开展了独立组网（Standalone，SA）架构的端到端 5G 系统测试和 5G 核心网测试，并于 2021 年实现商用。在布局和推进 5G 网络建设中，除提高覆盖范围和传输速率之外，Verizon 还围绕家庭 Wi-Fi 连接进行业务拓展。这项名为“5G Home”的服务最初在休斯敦、洛杉矶、萨克拉曼多、芝加哥和印第安纳波利斯 5 个城市上线，2020 年第三季度重新启动，目前已覆盖 8 个城市。

AT&T 在 2019 年年底前也加快了 5G 网络部署，将毫米波 5G 系统的覆盖范围由 12 月中旬的 23 个城市扩大到了月底的 35 个，并将其低频 5G 覆盖范围从 10 个城市扩大到了 19 个。同时，AT&T 已于 2020 年 7 月将 5G 推广到美国全国范围，并在 700MHz 频谱部署了 5G SA。

T-Mobile 和 Sprint 合并之后采取了低、中、高频段进行三层建网，从而形成了全国性连续覆盖的高容量 5G 网络：T-Moblie 主要负责 600MHz 低频段和毫米波高频段网络建设，Sprint 主要负责 2.5GHz 中频段网络建设。截至 2020 年 12 月，T-Moblie 拥有全美最大的 5G 网络，覆盖 8300 个城镇的 2.7 亿人口。New T-Mobile 承诺三年内部署的 5G 服务将覆盖 97%的美国人口，6 年内实现 99%的覆盖率。

综上可见，美国各大运营商分别采用不同的频谱和产品策略来进行 5G 部署：比如 Verizon 的毫米波网络向所有人开放；AT&T 网络上的个人用户目前只能接入低频 5G，因为其毫米波业务仍为企业客户和选中的早期采用者所保留；而 New T-Mobile 是美国能够进行中频 5G 部署的主要运营商，同时其一直强调的是农村网络的覆盖率。但受限于频谱和资本等因素，美国 5G 在网络覆盖、性能和行业应用上总体处于起步阶段，2019 年用户增长缓慢。2020 年，随着运营商逐步实现全美覆盖，5G 用户数有所上升，截至 2020 年 7 月中旬，美国 5G 用户数为 408.2 万。

（3）欧洲 5G 最新进展

由于自 4G 时代开始，欧洲运营商就面临着频谱资源匮乏、基站设备少、监管严格等问题，到了 5G 时代，这些历史问题依然给各大运营商带来很大的压力，使得他们在 5G 研究开发和商业化布局上进展缓慢，在全球的 5G 网络部署进程中处于追随者的地位。

2019 年 4 月，瑞士电信成为首家开通 5G 业务的欧洲运营商。英国运营商 EE 紧随其后，于 5 月开通了 5G 业务；随后，沃达丰在英国、西班牙和意大利也开启了 5G 业务。据全球权威市场研究机构 CCS Insight 的分析师预测，到 2025 年英国将有 50%的移动用户使用 5G 网络。

欧洲国家使用的频谱主要集中在 700MHz、3.4～3.8GHz 和 26GHz，主要国家的 5G 频谱分配情况见表 1-3。

表 1-3　欧洲主要国家的 5G 频谱分配情况

国家	频谱分配情况
瑞士	700MHz、3.5GHz、3.6～3.8GHz
英国	700MHz、3.4GHz、3.5GHz、24.25～27.5GHz
西班牙	3.5GHz、3.7GHz
意大利	3.5GHz、3.6～3.8GHz
芬兰	3.4～3.8GHz
瑞典	3.5～3.7GHz
挪威	700MHz、2.1GHz
丹麦	700MHz、1.8GHz、3.5GHz
冰岛	3.6GHz（Siminn：3.5～3.6GHz，Nova：3.6～3.7GHz，沃达丰：3.7～3.8GHz）
奥地利	3.5GHz
法国	3.4～3.8GHz
德国	3.5GHz、3.6GHz、26GHz、28GHz、32GHz
俄罗斯	3.4～3.8GHz、25.25～29.5GHz
捷克	3.6～3.8GHz
希腊	24.5～26.5GHz
爱尔兰	3.6GHz
拉脱维亚	3.4～3.45GHz、3.5GHz、3.65～3.7GHz
罗马尼亚	3.4～3.6GHz、3.5GHz、3.6～3.8GHz
爱沙尼亚	3.4～3.8GHz
匈牙利	3.6GHz
摩纳哥	3.5GHz
波兰	3.5GHz

（4）日本 5G 最新进展

日本属于经济发达国家，但近年来经济增速已明显放缓。2019 年 4 月，NTT DoCoMo、KDDI 和软银这三大传统电信运营商及日本乐天移动公司从日本电信监管部门获得了 5G 无线电频谱资源，具体见表 1-4。NTT DoCoMo 是对 5G 研究最早、最深入的运营商之一，在 5G 进展上相对领先。NTT DoCoMo 积极开展行业应用研究和技术创新，通过了上百项 5G 新服务试验，并且成功实现了首个“窗式基站”。

表 1-4　日本 5G 频谱分配情况

运营商	频谱	累计带宽
NTT DoCoMo	28GHz（400MHz） 4.5GHz（100MHz） 3.7GHz（100MHz）	600MHz

续表

运营商	频谱	累计带宽
KDDI	28GHz（400MHz） 3.7GHz（100MHz×2）	600MHz
软银	28GHz（400MHz） 3.7GHz（100MHz）	500MHz
乐天移动	28GHz（400MHz） 3.7GHz（100MHz）	500MHz

日本的 5G 网络建设采用 Sub 6GHz 和毫米波同时进行的策略。在网络架构上，初期四大运营商均采用基于非独立组网（Non-Standalone，NSA）的 Option 3x，后续网络演进目标为 SA Option 2。为节约建网成本，日本运营商正积极寻求 5G 基础设施共建共享的方案。

在美、中、日、韩的 5G 较量中，日本虽然在应用及技术创新方面都有相当的积累，但在规模建设方面处于相对落后的地位。面对国内经济增速放缓、移动市场增长乏力和 5G 部署所需的巨大投资压力，日本的 5G 发展以“2020 东京奥运会”为契机实现 5G 规模商用，并计划在 2023 年年初实现 60%的人口覆盖率，到 2024 年年底实现全国覆盖。

为了促进 5G 网络的发展，日本政府将 5G 建设作为国家战略推进，提出了“超智能社会 Society 5.0”战略，并定位为“构成经济社会与国民生活根基的信息通信基础设施”，同时政府将采取减税措施对移动运营商进行支援。

（5）中国 5G 最新进展

5G 时代到来之前，虽然中国从 3G 阶段开始主导 TD-SCDMA 标准制定工作，但整体的移动通信网络建设和商用进程仍处于相对落后的状态。然而，在全球的 5G 发展进程中，中国在技术研究、标准制定、网络建设等各个方面均实现了全面的领先，真正跻身于第一梯队的行列。中国公司首次掌握了通信技术及产业主导权，以华为为代表的中国企业成为 5G 标准制定及技术研究的重要力量，专利比例领先全球。在信道编码领域也实现了首次突破，华为主推的基于极化码（Polar Code）技术的信道编码成为 5G 系统 eMBB 场景方案落地的三大编码方式之一，与高通主推的低密度奇偶校验码（Low Density Parity Check Code，LDPC）和法国主推的 Turbo 码齐名。2019 年 6 月，我国正式下发 5G 牌照，各大运营商在 2019 年下半年逐步进入商用阶段，中国正式迈入 5G 商用元年。

2019 年 5G 建设第一波热潮过后，中国的 5G 市场仍然保持持续快速发展的态势，目前已成为全球最活跃的 5G 市场。据 GSMA 预测，2025 年中国的 5G 用户将达到 7.86 亿户，占全球 5G 用户总数的近 45%，5G 用户数与全球移动用户数占比将达到 20%。

中国的 5G 频段分配见表 1-5。其中，3.3GHz 频段由中国电信、中国联通和中国广电共同使用，同时中国移动和中国广电已宣布共享 2.6GHz 频段，并将共同建设 700MHz 5G 网络，而中国电信则与中国联通开展 5G 网络共建共享合作。

表 1-5　中国的 5G 频段分配

运营商	频段	带宽
中国移动	2.515～2.675GHz	160MHz
	4.8～4.9GHz	100MHz
中国电信	3.4～3.5GHz	100MHz
中国联通	3.5～3.6GHz	100MHz
中国广电	703～733MHz 758～788MHz 4.9～4.96GHz	120MHz
中国电信、中国联通、中国广电	3.3～3.4GHz	100MHz

工业和信息化部统计显示，截至 2021 年年底，我国累计建成并开通 5G 基站 142.5 万个，占全球 60%以上，其中 2021 年全年新建 5G 基站超过 65 万个。基站的建设以 SA 组网为主，力求快速为消费者提供 5G 网络服务，三大运营商均已实现国内所有地级市城区、超过 98%的县城城区和 80%的乡镇镇区的网络覆盖。

中国还将继续组织开展 R17 标准的研究，积极推进 5G 标准化工作。在技术研发方面，中国将继续开展 5G 增强技术的研发试验，推动更广泛的芯片和系统互操作测试，并组织开展毫米波设备功能及性能测试。在网络建设方面，中国将继续稳步推进 5G 网络建设，促进电信企业加大投资并深化共建共享。在行业应用方面，将着力关注 5G 与重点行业的融合应用，同时建立并完善重点行业融合应用的标准体系。中国将立足 5G，面向 6G，推进 6G 相关前瞻性愿景需求探索和潜在关键技术的预研工作，确定 6G 总体发展思路。

1.2　移动核心网发展历程

移动通信系统主要由三部分组成，分别是移动台、无线接入网和核心网（Core Network，CN），如图 1-4 所示。无线接入网的主要功能是为用户提供无线传输通道，以便用户利用无线信号实现信息传输，此外还提供信息在无线信号和有线信号之间的转换能力。移动台是用户使用的移动通信终端，负责将诸如用户语音之类的自然信息转换为可被系统识别的电子信息，并使用无线接口与系统进行交互。核心网负责系统内信息的交换和路由、用户数据管理和安全及与其他通信系统的信息交换和传输。核心网与移动通信系统的整体发展进程一样，处于不断演进过程中。

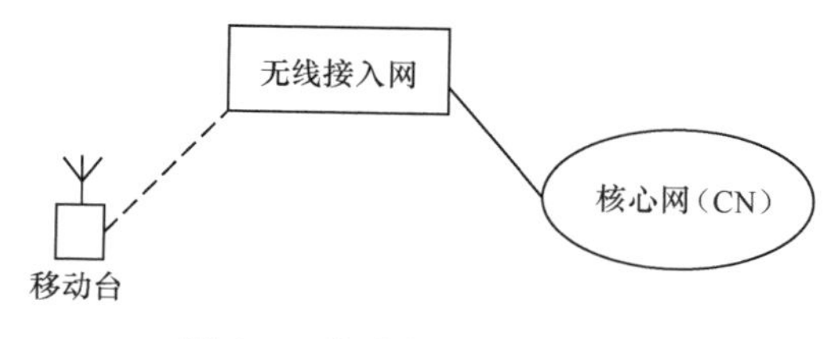

图 1-4　移动通信系统的组成

1.2.1　2G 交换子系统发展概况

2G 时代，对核心网的标准称呼是交换子系统。为与现行标准统一，本书中 2G 核心网仍采用“交换子系统”一词。2G（含 2.5G）移动通信系统的主要制式包括 GSM、CDMA（IS-95）、cdma2000 1x 和 GPRS，无线接入网是区别不同制式移动网络的主要因素，而在交换子系统方面，除应用的信令协议、编号方式等有所不同外，组网方式及节点设置大体上是相同的。

GSM 与 CDMA 的交换子系统最初均仅支持电路交换。由于互联网的蓬勃发展，数据业务得到了广泛的应用，2G 系统为支持数据业务而引入了 GPRS 技术。GPRS 将分组交换所需的功能实体添加到原有的 2G 交换子系统中，同时对原有基站系统进行部分改造，使 2G 交换子系统具备分组交换功能，打破了 2G 系统仅支持电路交换的早期状态。

2G 交换子系统的主要组件包括移动业务交换中心（Mobile Services Switching Center，MSC）、拜访位置寄存器（Visited Location Register，VLR）、归属位置寄存器（Home Location Register，HLR）、鉴权中心（Authorization Center，AUC）等功能实体。各功能实体可以合设在同一个物理实体中，也可以都分开，各自成一个独立的物理实体。MSC 除应具备固定网中交换设备所提供的一般功能外，还必须具有移动交换设备所特有的呼叫处理、移动性管理、安全保密、临时本地电话号码（Temporary Local Directory Number，TLDN）分配、无线资源管理、基站控制器与 MSC 间信道管理等功能。VLR 负责存储、检索和登记当前活动在 MSC/VLR 区域中的移动用户的有关数据，能向 HLR 检索用户信息，并根据 MSC 请求向 MSC 提供用户信息，能根据 AUC 要求存储鉴权参数。HLR 负责存储、检索其归属用户的有关数据，配合 VLR 完成登记并支持鉴权操作。AUC 负责存储鉴权参数和鉴权算法、产生并传送鉴权参数，同时负责保证安全性。

为实现分组交换，GPRS 技术在 20 世纪后期引入了 GPRS 网关支持节点（Gateway GPRS Supporting Node，GGSN）和 GPRS 服务支持节点（Serving GPRS Supporting Node，SGSN）两种新的交换子系统功能实体。其中，GGSN 定位在网关或路由器，负责为分组交换（Packet Switched，PS）域和外部 IP 分组数据网提供网络互通，并输出关于外部数据网络使用的计费信息。SGSN 负责分组数据包的路由和转发、鉴权和加密、移动性管理、逻辑链路管理、会话管理、话单产生和输出等。数据分组交换网的核心部分正是 SGSN 和 GGSN，通常合称为 GPRS 支持节点（GPRS Supporting Node，GSN）。短消息业务（Short Message Service，SMS）—网关移动交换中心（Gateway Mobile Switching Center，GMSC）/SMS—互通移动业务交换中心（InterWorking MSC，IWMSC）具备为短消息发送 GPRS 路由信息请求的能力，从而通过 GPRS 实现短消息的传递。GPRS 网络逻辑结构如图 1-5 所示。

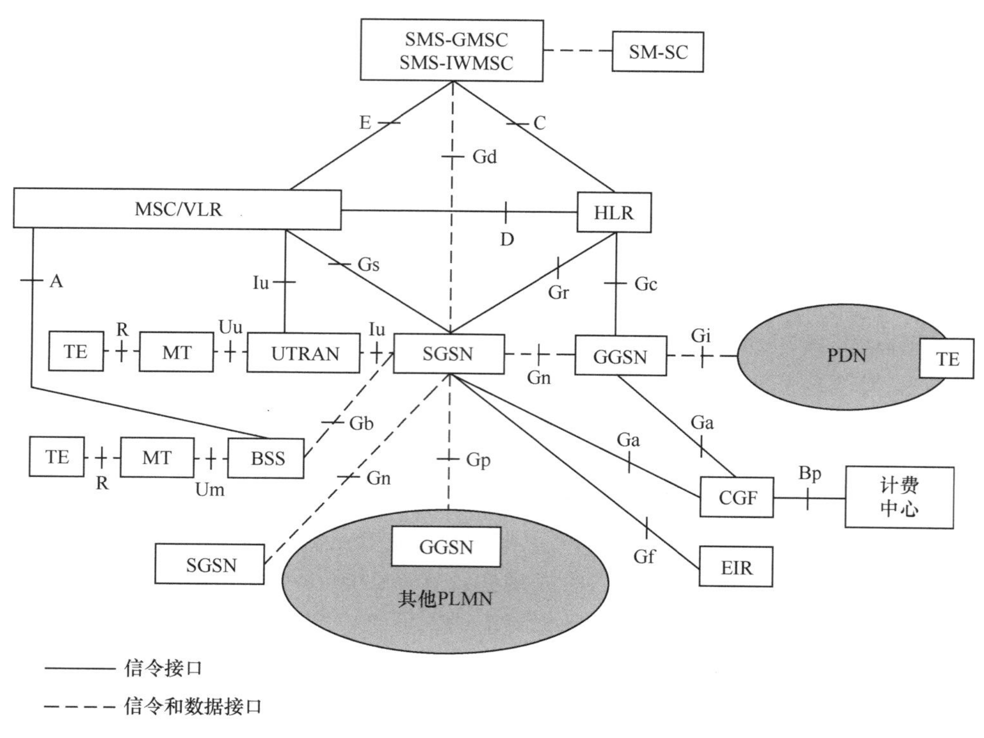

图 1-5 GPRS 网络逻辑结构

1.2.2 3G 核心网发展概况

与之前的移动核心网相比，3G 核心网的变化十分显著。3G 核心网由电路交换（Circuit Switched，CS）域和 PS 域组成，CS 域负责向用户提供“电路型业务”以及信令连接路由，而 PS 域负责为用户提供“分组型数据业务”。总的来说，3G 核心网的 CS 域和 PS 域都向着 IP 化的方向逐步演进，国际标准化组织 3GPP 和 3GPP2 分别致力于推动从 GSM 到 WCDMA 和从 CDMA 到 cdma2000 的演进过程。

1. 3G 核心网标准演进

从标准制定进程来看，WCDMA、TD-SCDMA 对应的核心网的演进共经历了 5 个阶段，具体见表 1-6。

表 1-6 3GPP 的核心网标准演进过程（WCDMA 和 TD-SCDMA）

3GPP 版本	冻结时间	核心网 CS 域的特点	核心网 PS 域的特点
R99	1999 年 10 月	基于 GSM 移动应用部分（Mobile Application Part，MAP）标准，与 GSM 的核心网相同；采用自适应多速率（Adaptive Multi-Rate，AMR）的语音编码方式	与 GPRS 的核心网基本相同

续表

3GPP 版本	冻结时间	核心网 CS 域的特点	核心网 PS 域的特点
R4	2001 年 3 月	采用软交换的思想，呼叫的控制和承载实现了分离；由分组方式承载语音，实现了语音的分组化；通过带内免编解码操作（Tandem Free Operation，TFO）和带外免编解码操作（Transcoder Free Operation，TrFO）技术的引入，增强了开放业务体系（Open Service Architecture，OSA）和移动网络增强逻辑的客户化应用（Customized Applications for Mobile network Enhanced Logic，CAMEL）	与 GPRS 的核心网基本相同
R5	2002 年 3 月	不对 CS 域做要求	PS 域中引入了 IP 多媒体子系统（IP Multimedia Subsystem，IMS），进一步分离媒体网关控制功能（Media Gateway Control Function，MGCF）和呼叫会话控制功能（Call Session Control Function，CSCF）； 定义了 IMS 架构、编址、QoS、CAMEL4、会话初始协议（Session Initiation Protocol，SIP）要求、网元功能、接口和流程、安全、计费等方面的内容
R6	2004 年 12 月	不对 CS 域做要求	通过分组数据网关（Packet Data Gateway，PDG），WLAN 可以接入 IMS；同时定义了 IMS 与 CS 的网络互通、基于 IPv4 的 IMS 业务支持、基于流量计费、IMS 与 IP 的网络互通、IMS 组管理、Gq 接口、QoS 增强、安全等方面的内容
R7	2007 年 6 月	不对 CS 域做要求	增加了对 xDSL/Cable 接入方式的支持；定义了固定宽带接入 IMS（Fixed Broadband Access to IMS，FBI）、端到端 QoS、CS 域和 IMS 域协作（Combining CS bearer with IMS，CSI）、策略与计费控制（Policy and Charging Control，PCC）、语音呼叫连续性（Voice Call Continuity，VCC）、IMS 紧急业务等方面的内容； 通过增加直接信道的功能，实现了无线网络控制器（Radio Network Controller，RNC）和 GGSN 之间直接建立信道的能力

与此同时，另一种 3G 系统——cdma2000 的核心网在其演进过程中引入了下一代网络（Next Generation Network，NGN）的概念。cdma2000 核心网标准的演进分为 4 个阶段，从中也可以看出向全 IP 化及向 IMS 演进的趋势，具体见表 1-7。

表 1-7　3GPP2 的核心网标准演进过程（cdma 2000）

3GPP2 演进阶段	核心网 CS 域的特点	核心网 PS 域的特点
Phase0	基于传统 CS 中的 IS41-D 标准	支持初始 PS 技术，但并不支持分组数据会话的切换
Phase1	基于传统 CS 中的 IS41-D 标准	支持分组数据会话的切换，同时支持分组数据业务和电路语音呼叫并发时的切换
Phase2	引入软交换的思想，基于呼叫控制与承载分离的原则	用分组技术替代时分复用（Time Division Multiplexing，TDM）技术，将 CS 域的网元 MSC 分离为移动软交换中心（Mobile Switching Center emulation，MSCe）和媒体网关（Media Gateway，MGW）两个功能实体——MSCe 的功能是提供移动性管理和呼叫控制，MGW 的功能是提供编解码转换和媒体承载；引入 IMS 的概念，支持了一些实体
Phase3	不对 CS 域做要求	为多媒体域（Multimedia Domain，MMD）阶段；实现了空中接口的 IP 化，传统的终端域逐步消失，最终由 IMS 域完全代替，并实现全网的 IP 传输

在 3G 核心网中，鉴于移动核心网要同时处理语音业务、数据业务以及多媒体业务的内在需求，CS 域和 PS 域之间的关系是在逻辑上相互独立、业务流程上彼此分离的。简单来说，3G 时代的业务模型是混合服务，但这种混合是用户、终端和无线网络 3 个层面的混合，在核心网中依然要分开单独处理。语音业务和非语音业务对核心网的处理要求（时延、误码率、带宽需求）不同是其根本原因。

在 3G 核心网发展初期，CS 域的基本结构及功能与 2G 交换子系统的 CS 部分类似，到 3GPP R4 和 3GPP2 Phase2 通过引入软交换技术实现了控制与承载的分离，MSC 演变为控制层的 MSC 服务器和承载层的媒体网关（Media Gateway，MGW），汇接移动交换中心（Tandem Mobile Switching Center，TMSC）演变为控制层的 TMSC 服务器和承载层的中继媒体网关（Trunk Media Gateway，TMG）。MSC 服务器负责移动性管理、业务控制处理等功能，MGW 负责无线接入、业务疏通等功能。基于软交换技术的核心网可以支持多种组网形式和承载方式，能够更灵活地组网，更快速地提供业务，更加集中、方便地进行管理。软交换网络中的语音业务既可以通过 IP 网络承载，也可以通过 TDM 网络承载。软交换核心网网络架构如图 1-6 所示。

随着 GPRS 技术的发展，3G 核心网的 PS 域逐步转变为以 IMS 为核心。除了支撑原有的分组数据业务以外，PS 域还为 IMS 提供承载，以支持多媒体业务。

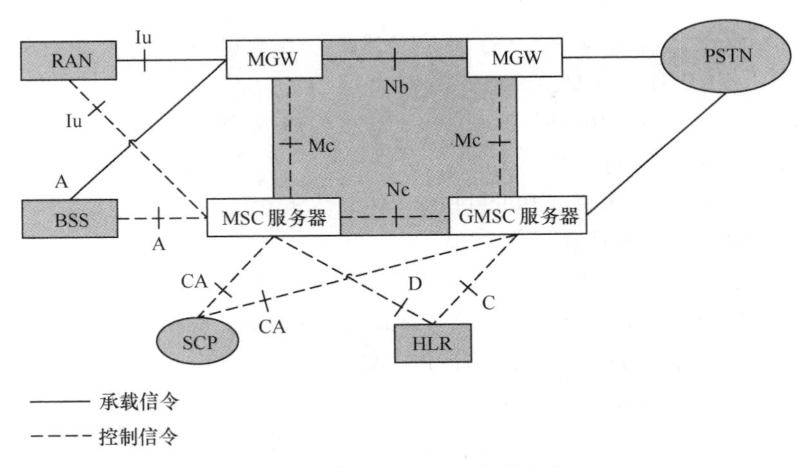

图 1-6　软交换核心网网络架构

2. 不同制式的 3G 核心网系统架构

（1）WCDMA、TD-SCDMA 核心网系统架构

WCDMA 核心网与 TD-SCDMA 核心网系统架构基本相同，由 CS 域和 PS 域组成，系统架构如图 1-7 所示。

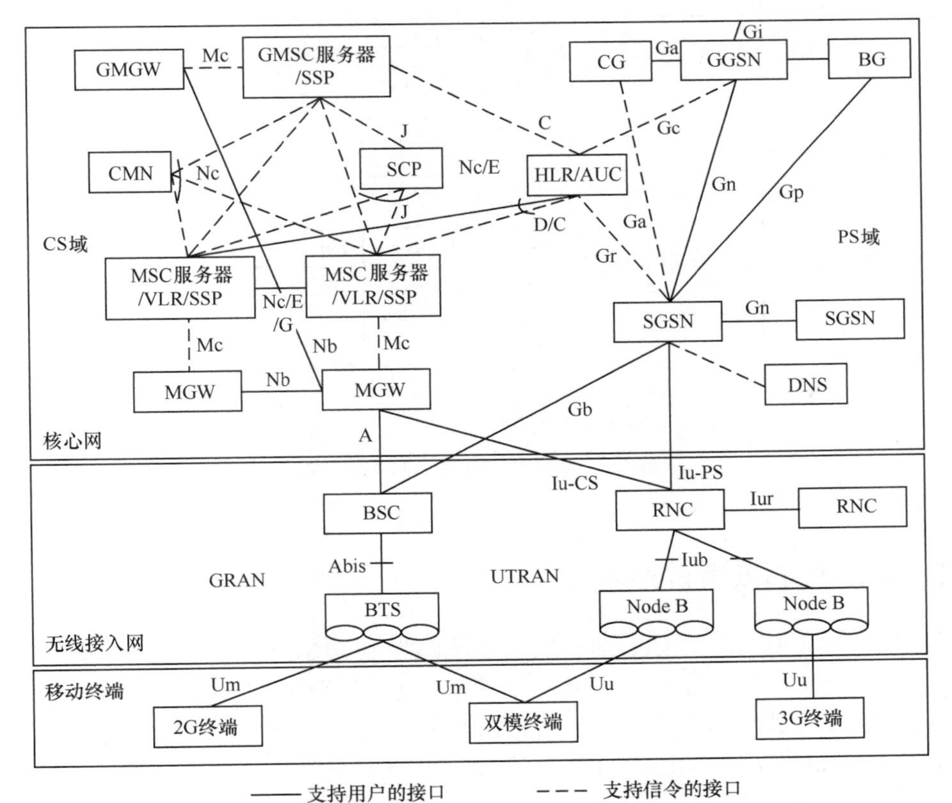

图 1-7　WCDMA 核心网系统架构

核心网 CS 域设备包括 MSC 服务器、GMSC 服务器、MGW、信令网关（Signaling Gateway，SG）、VLR、HLR、AUC 等；PS 域设备包括 SGSN、GGSN、计费网关（Charging Gateway，CG）、边界网关（Border Gateway，BG）和域名服务器（Domain Name Server，DNS）等。另外，为了业务和组网的需求，在 CS 域中增加了 TMSC、No.7 信令转接点和承载独立呼叫控制（Bearer Independent Call Control，BICC）信令转接点。

（2）cdma2000 核心网系统架构

cdma2000 核心网分为 CS 域和 PS 域。其中，CS 域网元包括 MSCe、移动关口局（Gateway Mobile Switching Center element + Gateway Media Gateway，GMSCe+GMGW）、MGW、SG、MSC、VLR、HLR、AUC 等；PS 域网元包括分组数据服务节点（Packet Data Serving Node，PDSN）、认证授权计费（Authentication, Authorization and Accounting，AAA）服务器、接入网认证授权计费（Access Network AAA，AN-AAA）服务器、归属地代理（Home Agent，HA）和拜访地代理（Foreign Agent，FA）等。

cdma2000 核心网 CS 域话务网的最初阶段由软交换话务网和 TDM 话务网组成。本地话务由软交换话务网或 TDM 话务网承载，省内及省际话务通过软交换话务网承载。待 TDM 设备全部退网后，核心网 CS 域话务网将仅由软交换话务网组成。演进过程中的 cdma2000 核心网系统架构如图 1-8 所示。

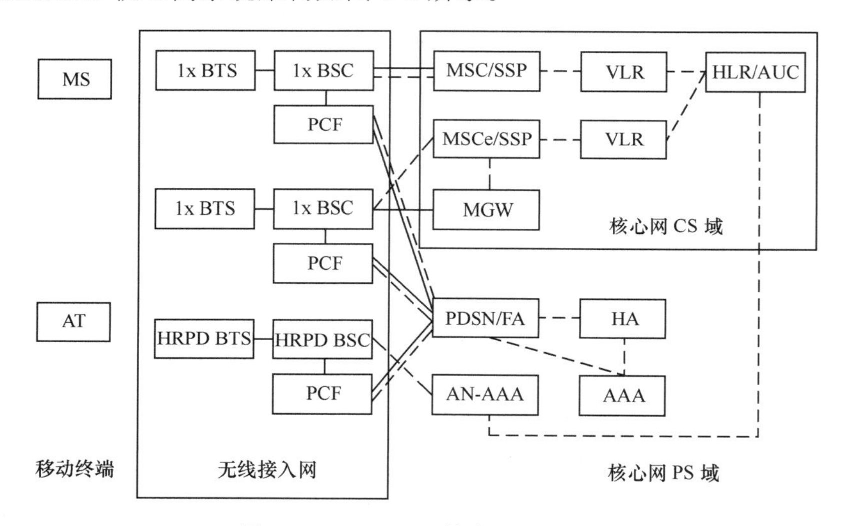

图 1-8 cdma2000 核心网系统架构

1.2.3 4G 核心网发展概况

无线侧的速率在 4G 的 LTE 时代实现了飞速增长，3GPP 也因此将核心网架构的进一步发展作为研究的重要课题，这是“演进的分组核心网”（Evolved Packet Core network，EPC）中的一项重要研究内容。EPC 改名前亦称为“系统架构演进”（System Architecture Evolution，SAE）。这个阶段中，IP 技术成为移动通信网的核心技术，移动通信网逐步向全网 IP 化的趋势演进。因此，现有移动核心网需要进行必要的改进，从而实现对 IP 业务适配的优化，并逐步过渡到全 IP、全融合的核心网。同时，为使语音服务（控制和媒体级别）可以作为数据流在 LTE 数据承载网中传输，从而脱离对传统 CS 语音网的依赖，4G 系统引入了基于 LTE 的语音业务（Voice over LTE，VoLTE）解决方案。语音业务也已朝着端到端的 IP 化承载方向发展。

1. EPC

EPC 实现了核心网的融合，不仅支持各种 3GPP 和非 3GPP 的网络接入方式，还支持多模终端用户的无缝切换。运营商在全业务运营目标的驱动下，逐渐开始面对多制式的网络的运营。EPC 的融合性和对多种网络接入方式的支持简化了网络结构，降低了网络运营成本。同时，因为 EPC 支持各种网络接入方式之间的无缝切换，即使 LTE 部署初期仅能实现局部覆盖，用户体验也可以得到保障。

为了应对网络流量的飞速增长，EPC 控制平面与用户平面的分离以及网络的扁平化成为核心网的发展趋势。移动分组网设备的主要发展障碍是由于用户数量和单用户数据流量的同时增加，造成用户平面的吞吐量急剧增长，分组核心网的投资也因此迅速增加。分组核心网分离了控制平面与用户平面，仅向网关节点提供用户平面处理功能，不仅优化了用户平面的性能，也在很大程度上抑制了其他网络节点如 SGSN/移动性管理实体（Mobility Management Entity，MME）的用户平面和承载网络投资的快速增长。

EPC 的主要特征如下。

➢ 完善了 QoS 机制，支持端到端的 QoS 保证。EPC 引入了 PCC 体系结构，增强了计费和 QoS 策略管理，同时更加灵活。

➢ 完全 IP 化，实现纯分组接入。实现全 IP 核心网，无 CS 域业务。

➢ 支持多接入技术。不仅与现有 3GPP 系统（如 GSM/GPRS、WCDMA/TD-SCDMA 和 LTE）互通，而且支持可信的非 3GPP IP 接入（如 CDMA）和不可信的非 3GPP IP 接入（如 WLAN 等）两种非 3GPP 网络的接入。用户可以在 3GPP 网络和非 3GPP 网络之间漫游和切换。

➢ 增加支持实时业务。简化了网络架构及用户业务连接建立信令的流程，降低了业务连接的时延，保证建立连接所需的时间小于 200ms。

➢ 网络层次扁平化。压缩用户平面节点，取消无线接入网的 RNC，并且用户平面节点在处于非漫游状态时被合并为一个。

EPC 网络架构如图 1-9 所示。

LTE/EPC 网络采用控制与承载分离的架构，由 MME、服务网关（Serving Gateway，SGW）、PDSN 网关（PDSN Gateway）、归属签约用户服务器（Home Subscriber Server，HSS）以及 PCC 单元等组成。实际组网时，应在网中设置 DNS、BG、3GPP AAA 服务器等节点。EPC 信令网由 Diameter 路由代理（Diameter Routing Agent，DRA）和 Diameter 信令点组成，其中 DRA 单独设置，Diameter 信令点由 EPC 核心网网元 MME、HSS、分组数据网网关（Packet Data Network Gateway，PGW）、策略和计费规则功能（Policy and Charging Rule Function，PCRF）、策略和计费执行功能（Policy and Charging Enforcement Function，PCEF）等组成。EPC 网络架构中的主要网元及功能介绍如下。

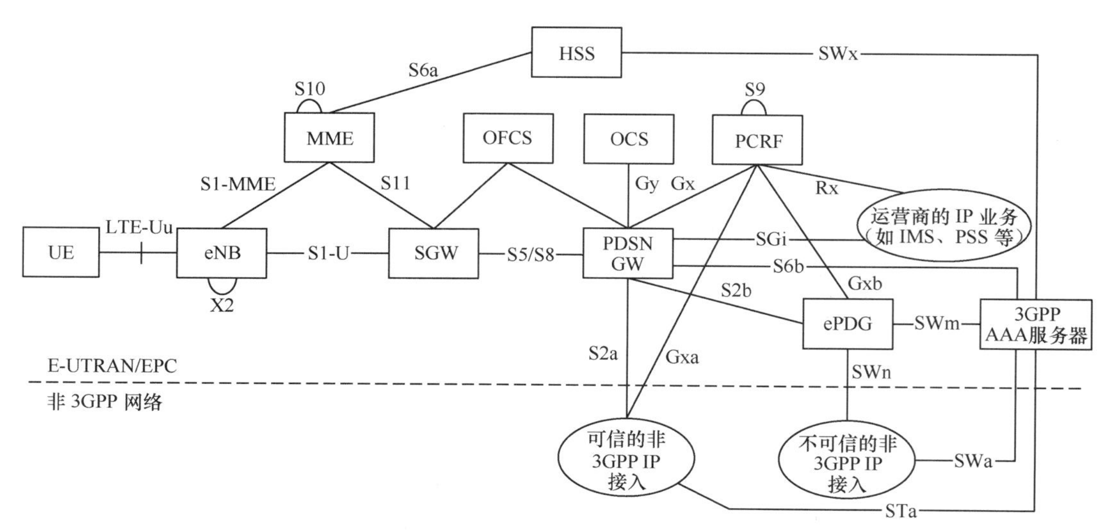

图 1-9　EPC 网络架构

（1）移动性管理实体（Mobility Management Entity，MME）

MME 的主要功能是处理非接入网络层（Non Access Stratum，NAS）信令及接入安全验证、跟踪区域（Tracking Area，TA）列表的管理、移动性管理、会话管理、SGW 和 PGW 的选择、跨 MME 切换时对 MME 的选择、鉴权、漫游控制及 IP 地址分配，以及用户终端（User Equipment，UE）在演进的分组系统连接管理（Evolved Packet System Connection Management，ECM）-IDLE 状态下的可达性管理等。

（2）服务网关（Serving Gateway，SGW）

SGW 是终结与演进的通用陆基无线接入网（Evolved Universal Terrestrial Radio Access Network，E-UTRAN）的接口，主要负责用户平面数据分组的路由和转发，支持在不同的 3GPP 接入技术间进行切换，在发生切换时充当用户平面的锚点（Anchor）。

（3）分组数据网网关（PDN GateWay，PGW）

PGW 是终结与外部数据网络（如互联网、IMS 等）的 SGi 接口，作为 3GPP 与非 3GPP 网络间的用户平面数据链路的锚点，主要功能有：提供管理 3GPP 和非 3GPP 网络间数据路由的能力；对 3GPP 接入和非 3GPP 接入（如 WLAN、WiMAX 等）间的移动进行管理；负责动态主机配置协议（Dynamic Host Configuration Protocol，DHCP）、策略执行、计费等功能。

（4）归属签约用户服务器（Home Subscriber Server，HSS）

HSS 主要用于保存用户标识、编号和路由信息、安全信息、位置信息、概要（Profile）信息等与用户相关的信息，实现 LTE 接入下的鉴权和移动性管理。

（5）策略和计费规则功能（Policy and Charging Rules Function，PCRF）

EPC 的策略控制采用 PCC 架构，PCRF 将基于业务和网络的实际情况生成供 PCEF 或承载绑定及事件上报功能（Bearing Binding and Event Report Function，BBERF）进行策略执行的策略规则。当 GPRS 隧道协议（GPRS Tunnelling Protocol，GTP）被用于 SGW 和 PGW 之间时，提供策略执行的是位于 PGW 中的 PCEF 模块；当 SGW 和 PGW 之间基于代理移动互联网协议（Proxy Mobile Internet Protocol，PMIP）进行通信时，提供策略执行的是位于 SGW 中的 BBERF 模块。

（6）策略和计费执行功能（Policy and Charging Enforcement Function，PCEF）

PCEF 主要提供业务数据流的检测、策略执行和基于流的计费等功能，是 PCC 系统中的策略及计费执行单元，其功能实体位于网关设备中。

（7）3GPP AAA 服务器

3GPP AAA 服务器提供对演进的高速分组数据（evolved High Rate Packet Data，eHRPD）网络接入的用户进行认证和移动性管理的能力。

在 3GPP AAA 服务器中，HSS 是 EPC 鉴权和认证的核心，支持 LTE、CDMA 和 WLAN 的网络认证。其中，对于 CDMA 和 WLAN，是由 3GPP AAA 服务器首先统一处理，再在 HSS 实现最终的接入认证和鉴权。

2. VoLTE 网络

VoLTE 是指采用 LTE 网络实现业务接入，并通过 IMS 网络进行业务控制的语音解决方案，是 4G 网络语音业务的终极解决方案。VoLTE 能为用户提供高清语音、清晰的视频通话、更丰富的多媒体业务体验。利用 VoLTE 技术能大幅提升无线资源的频谱效率。VoLTE 业务网络涵盖 LTE 网络及 IMS 网络，其端到端的网络逻辑架构如图 1-10 所示。

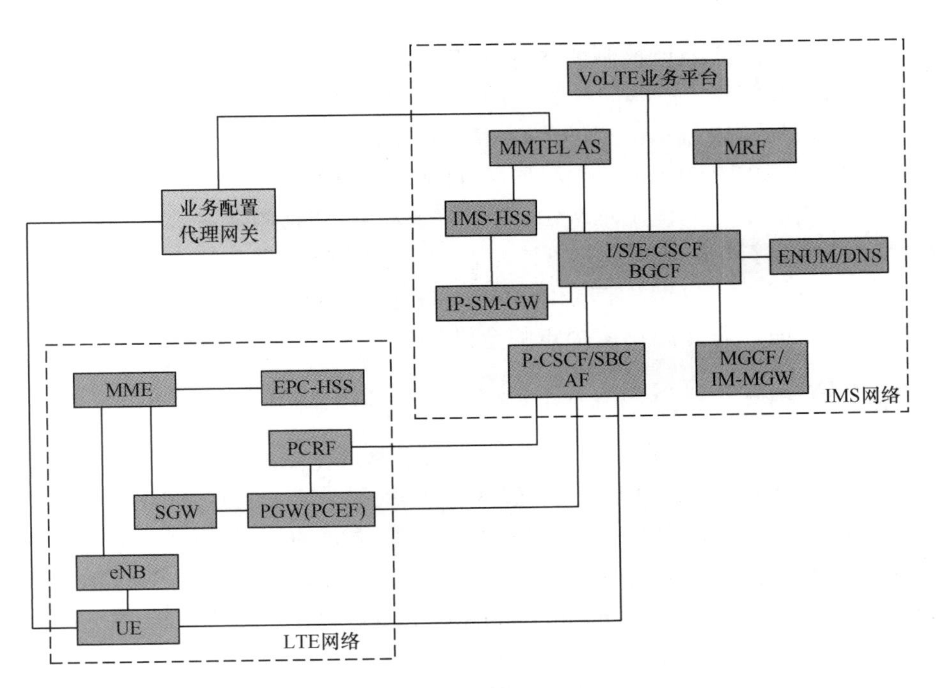

图 1-10　VoLTE 网络逻辑架构

IMS 网络负责 VoLTE 业务的呼叫控制及业务触发，由 P-CSCF/SBC 应用功能（Application Function，AF）、S-CSCF、I-CSCF、E-CSCF、IMS-HSS、多媒体电话业务应用服务器（Multimedia Telephony Application Server，MMTEL AS）、MGCF/IM-MGW、出口网关控制功能（Breakout Gateway Control Function，BGCF）等逻辑功能单元组成。短信、彩铃、智能网平台等都属于 VoLTE 业务平台。

LTE 网络由无线接入网与 EPC 构成。无线接入网由 eNB 组成，信令平面通过 S1-MME 接口接入 MME，用户平面通过 S1-U 接口接入 SGW。EPC 为 VoLTE 用户提供网络接入的数据通道和 QoS 保证。IMS 网络作为 VoLTE 业务的控制层，EPC 网络则是 VoLTE 业务的承载层。

虽然 VoLTE 诞生于 4G 时代，但它真正的绽放时刻却是在 5G 时代。根据 3GPP 的定义，5G 语音仍将沿用 4G 的语音架构，也是基于 IMS 提供语音业务的。但是，由于 5G 网络实现完善的全覆盖需要经历较长时间，所以在较长的一段时间内，语音会回落到 VoLTE，由 VoLTE 来担当重任。即使到 5G 后期会通过新空口来承载语音（Voice over New Radio，VoNR），但是在 5G 覆盖边缘区域，依然会下切到 4G，使用 VoLTE 来满足语音业务需求。毫无疑问，已经走过建设初期的 VoLTE，随着 5G 商用的到来以及难题的逐步解决，将逐步走向全面商用的时代。爱立信的报告中指出，预计到 2024 年年底 VoLTE 的用户数将达到 60 亿户，约占 LTE 和 5G 用户总数的 90%。

1.2.4 信令网发展概况

作为各种业务网络会话控制的支撑网络，信令网长期以来一直发挥着重要作用，相当于人体的神经网络。根据信令类型的不同，2G/3G/4G 移动通信网络中的信令消息可分为 No.7 信令、SIP 信令、GTP 信令和 Diameter 信令。按照信令承载方式来划分，可分为 TDM 信令和 IP 信令。目前，原始 TDM 承载模式只在部分 No.7 信令消息中保留，其他大多数信令已实现了承载 IP 化和信令本身 IP 化的演进。

在 2G/3G/4G 移动通信网络的各种信令中，属于鉴权、移动性管理类信令的有 No.7 信令和 Diameter 信令，这两种信令以用户码号为基础进行信令路由，需支持全国范围的漫游和鉴权管理，因此涉及信令点的全网组网。

1. No.7 信令网

No.7 信令网主要由各种信令点（Signaling Point，SP）、信令转接点（Signaling Transfer Point，STP）以及 SP 与 STP 间的链路构成，用于 TDM 网络的各网元间传输各类控制信息，是 TDM 网络时代运营商最大、最重要的信令网络。我国的 No.7 信令网分为 3 级，第一级是高级信令转接点（High Signaling Transfer Point，HSTP），第二级是低级信令转接点（Low Signaling Transfer Point，LSTP），第三级是 SP。HSTP 通常在各个省会城市设立，负责转接与其连接的信令节点的省际信令消息；LSTP 通常在各个地级市设立，负责中继省级和本地业务网络节点的信令消息；SP 则是各种交换系统和特种服务中心。HSTP 分为 A 平面和 B 平面，A 和 B 平面内的各个 HSTP 在它们各自的平面中以网状连接，A 和 B 平面之间通过成对的 HSTP 互相连接。通常情况下，LSTP 成对设置，且成对的两个 LSTP 之间必须互连，在业务量大的省内，LSTP 组网可以参考 HSTP A 和 B 平面模式。本地网络中，STP 和 SP 之间的直接连接情况如图 1-11 所示。

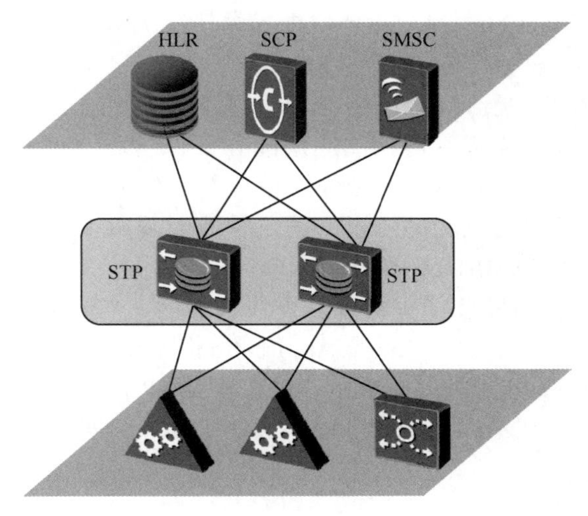

图 1-11　本地 No.7 信令网连接

2. 智能网应用规程

智能网应用规程（Intelligent Network Application Protocol，INAP）的作用是在智能网的各功能实体间传送相关信息流，通过信令连接控制部分（Signaling Connection Control Part，SCCP）、事务处理能力应用部分（Transaction Capabilities Application Part，TCAP）实现业务控制点（Service Control Point，SCP）的数据库登记和数据查询等功能，以便各功能实体协同完成智能业务。

智能网使用 No.7 信令系统进行通信，其中专用于智能网通信的 INAP 建立在 TCAP 和 SCCP 协议层之上。INAP 是一种远程操作业务单元（Remote Operation Service Element，ROSE）用户规程，包含在 TCAP 组件子层中传送。INAP 的体系结构如图 1-12 所示。

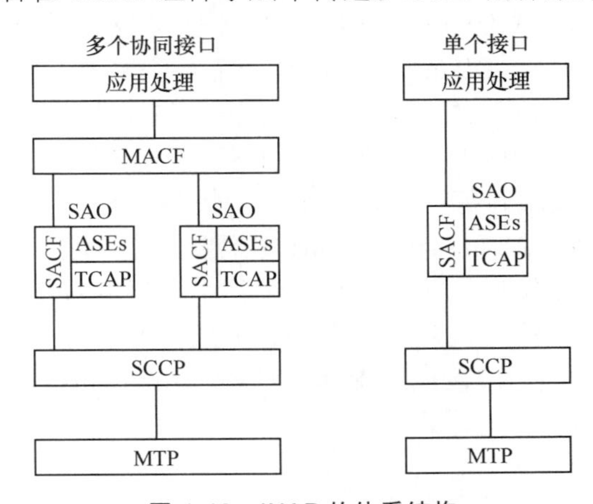

图 1-12　INAP 的体系结构

图 1-12 中，当一个物理实体与其他物理实体单独交互时，单相关控制功能（Single Association Control Function，SACF）使用一组应用服务单元（Application Service Element，ASE）提供协调功能。当多个物理实体进行交互时，多相关控制功能（Multiple Association Control Function，MACF）负责提供几组 ASE 之间的协调功能。INAP 是所有智能网 ASE 规定的总和，其中每个 ASE 支持一个或多个操作，而单关联客体（Single Association Object，SAO）是 SACF 以及与其他物理实体单独交互所需要的一系列 ASE 的总和。TCAP 和 SCCP 支撑智能网的应用部分，智能网中实体之间传输的操作包含在 TCAP 组件的子层中，并在 SCCP 中作为单位数据传输。

不同类型的智能网采用不同的协议：固定智能网采用 INAP，GSM 移动智能网采用 CAMEL 应用部分（CAMEL Application Part，CAP），CDMA 移动智能网采用无线智能网移动应用部分（WIN MAP）协议。无线智能网（Wireless Intelligent Network，WIN）协议是对移动应用部分（Mobile Application Part，MAP）协议的补充，仍然属于原有 MAP 协议的一部分。因此，WIN MAP 与 MAP 相同，是 TCAP 的一个用户；然而，CAP 协议的情况却不同，CAP 和 MAP 是 TCAP 的两个不同用户。

3. LTE 信令网组织

随着移动网络的发展，从信令演进的角度出发，LTE 通常采用 Diameter 信令网络来进一步简化网络配置，提供负载均衡、流量控制和会话绑定等功能。传统的 No.7 信令协议已经被 Diameter 协议所取代，Diameter 协议已经成为 LTE/EPC 网络核心网元之间广泛使用的通信协议。信令网络向 IP 化的方向发展，而传统的 2G/3G 网元和 Diameter 信令网络将长期共存。为满足用户持续增长的新业务需求并增强运营商网络的综合竞争力，信令网络需要同时支持 DRA 和 STP 功能。

DRA 是构建下一代信令网络的核心网元，主要功能是实现 LTE 网络内部以及网间信令的互联；信令处理系统（Signaling Process System，SPS）同时支持 DRA 功能和 STP 功能，能够同时处理 LTE 中 Diameter 信令转发处理平台、漫游边界网关及信令业务处理和短消息业务中心（Short Message Service Center，SMSC）、SCP、HLR 等网元的 No.7 信令消息。

SPS 提供 LTE 网络中的 Diameter 信令转发处理平台、漫游边界网关和信令服务的处理能力，如图 1-13 所示。Diameter 协议是一个互联协议，有 50 多个接口使用该协议。不同厂家对每个接口协议的理解和实现可能存在差异，有可能会导致不兼容。由于 Diameter 协议在不同的 3GPP 中的版本可能不一致，不同 Diameter 协议版本的网络接口也可能不兼容。为实现对每个厂家每个网元的 Diameter 信令的适配，Diameter 通过人机语言（Man-Machine Language，MML）配置命令，按照配置的策略，对于不同对端设备的不同接口，在发送—接收消息的过程中，根据对不同的应用 ID、源域名、目的域名、源主机名、目的主机名、命令码、消息类型的组合条件来确定对满足条件的 Diameter 消息进行增加、修改或删除属性值对（Attribute Value Pair，AVP）以及修改消息头等操作。

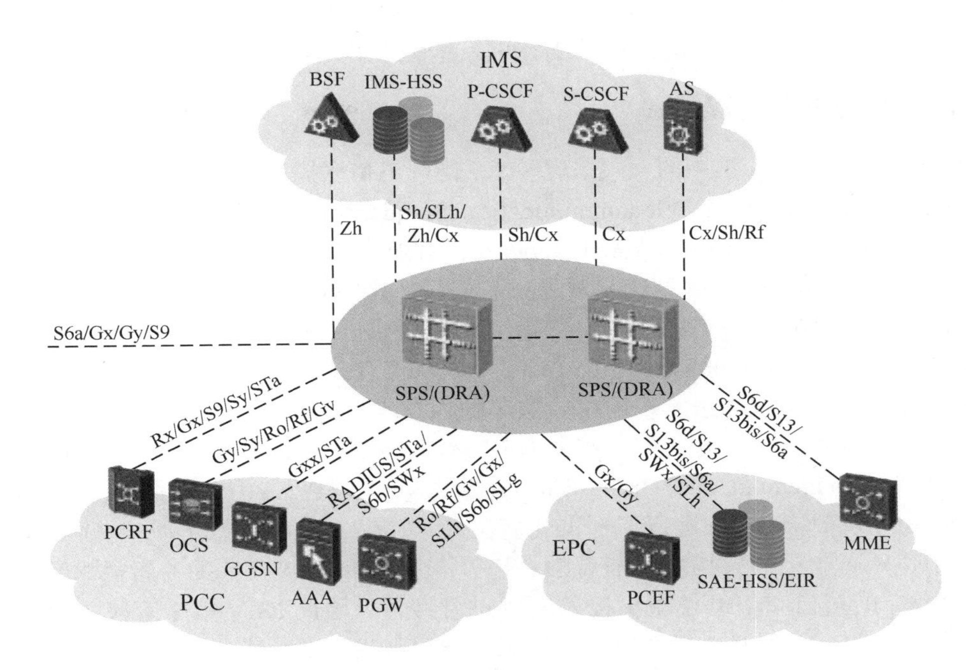

图 1-13　LTE 网内信令组织

当 SPS 用作 STP 设备时，它可以提供 TDM 和 Q703 2Mbit/s 链接以处理和转发传统网络中的 No.7 信令消息。

1.3　5G 核心网发展概述

1.3.1　5G 核心网的标准进展

1. 核心网的标准总体进展

R15 标准涵盖了 5G 核心网的基本特征，并且可以满足 eMBB 业务场景，该业务场景是 5G 的三大基础业务场景之一。R15 中的网络切片、服务化架构、支持能力开放、支持边缘计算、接入和移动性管理、会话管理、用户平面管理、会话与业务连续性、QoS 模型、策略框架、支持不可信的非 3GPP 接入、支持 IMS、SMS over NAS 服务、4G/5G 互操作与演进、认证框架、计费等内容与 5G 核心网相关。以上内容涵盖了业务需求、系统架构（包括 SA 和 NSA）、系统安全性、接口协议、网络管理、计费等主体部分。垂直行业和网络智能是 3GPP SA2（SA 为业务和系统结构组，分为 SA1 ~ SA5 五个小组，其中 SA2 主要负责系统结构）R16 的主要研究方向，其关键内容有：垂直行业架构增强，大数据/人工智能（Artificial Intellingence，AI）赋能网络自动化，增强微服务架构，增强对 uRLLC 的支持以及增强 V2X 支持等。

2. NFV 标准化情况

NFV 技术是 5G 标准中的一项关键技术，国际电信联盟电信标准部门（International Telecommunication Union Telecommunication Standardization Sector，ITU-T）将 NFV 与软件定义网络（Software Defined Network，SDN）等关键技术纳入未来网络的研究框架，这些项目为 5G 网络持续发展提供了保障。在 NFV 标准化方面，ETSI 取得了显著成果，为 NFV 相关产业的发展奠定了坚实的基础。ETSI 网络功能虚拟化工作组［即 NFV 行业规范组（Industry Specification Group，ISG）］由电信网络运营商于 2012 年 11 月发起成立，致力于实现网络虚拟化的需求定义和系统架构制定。ETSI 的主要工作进展包括：R1 中在 2013 年发布的 NFV 参考架构以及 2014 年发布的 NFV 管理和网络编排（Management and Orchestration，MANO）框架；2015 年的 R2 对功能、模型、接口和互操作性标准进行了标准化定义及改进；R3 的工作启动于 2016 年，聚焦研究 NFV 商业化的架构和功能特性，以及与接口和描述符有关的新需求和规范。由于互操作的接口和信息模型标准的问题进展缓慢，因此 NFV 第 3 阶段的总体进度较计划延后。自 NFV ISG 工作组成立以来，它已经发展成为拥有 ETSI 参与成员最多的工作组，共有 300 多个成员，其中包括 38 家运营商。中国通信标准化协会（China Communications Standards Association，CCSA）是国内主导 NFV 标准化的组织，主要负责承载网、核心网、接入网等 NFV 技术研究，编排和接口功能需求以及虚拟化管理技术研究。除上述标准化组织之外，在 NFV 技术标准研发方面，涌现出了一批 NFV 相关开源组织，如 NFV 开放平台（Open Platform for NFV，OPNFV）、OpenStack、KVM 等，这些组织为 NFV 的开源实现技术提供了参考。OPNFV 始于 ETSI NFV ISG，并于 2014 年 9 月 30 日正式成立了 OPNFV 开源社区。OPNFV 由 Linux 基金会主持，致力于为 NFV 提供一个统一、集成的开源基础平台，加速 NFV 产品和服务的导入。

3. MEC 标准化情况

移动/多接入边缘计算（Mobile/Multi-access Edge Computing，MEC）是 5G 时代非常重要的一项技术，是满足 5G 关键性能指标需求的重要支柱，尤其是在考虑低时延和带宽效率的情况下。

卡内基梅隆大学开发的 cloudlet 计算平台在 2009 年最先提出了 MEC 技术的概念。2014 年，ETSI 正式定义了移动边缘计算的基本概念，即移动边缘计算是指在移动网边缘为用户提供 IT 服务环境和云计算能力。同时，ETSI 成立了 MEC ISG，开始启动相关的标准化工作。MEC 规范的一个主要增值特性是应用能力可以通过标准化的应用程序接口（Application Programming Interface，API）获取本地环境的上下文信息和实时感知。2016 年，ETSI 将这一概念扩展成为多接入边缘计算，并将移动蜂窝网中的边缘计算应用推广到其他无线接入网（如 Wi-Fi）中。随着 ETSI 的推动，包括 3GPP 和 CCSA 在内的其他国内外标准化组织也先后开始相关工作。2018 年 6 月，ETSI MEC ISG 发布了一项新的白皮书——《5G 网络中的 MEC》，介绍 5G 服务化网络架构与 MEC 服务的融合方式，并描绘了多接入边缘计算在 5G 中的作用。

4. 网络切片标准化情况

ETSI 于 2015 年成立了 NGP ISG，即下一代协议工业规范组，致力于构建适应未来新业务和应用需求的下一代网络协议体系架构。NGP ISG 发布的主要成果包括：

➢《演进与生态；关于 ETSI NFV 体系结构框架支持网络切片的报告》（ETSI GR NFV-EVE 012 V3.1.1, Evolution and Ecosystem; Report on Network Slicing Support with ETSI NFV Architecture Framework），2017 年 12 月发布；

➢《端到端网络切片参考框架和信息模型》（ETSI GR NGP 011 V1.1.1, E2E Network Slicing Reference Framework and Information Model），2018 年 9 月发布。

5. 5G 信令网演进情况

5G 核心网采用超文本传输协议（Hyper Text Transfer Protocol，HTTP）2.0 版作为功能实体之间的通信协议。与 HTTP 1.x 版本相比，HTTP 2.0 可以提供更高效的传输并支持多路复用。同时，5G 核心网在服务化架构中引入了网络存储库功能（Network Repository Function，NRF）网元，负责全网控制平面网元的注册及发现，网元间互通采用全新的服务化接口，配置和路由查询均通过 NRF 完成。为降低网络功能（Network Function，NF）信令连接管理的复杂度，5G 信令网中引入了 HTTP Proxy 进行链路汇聚，由 HTTP Proxy 来转接信令。与用户码号无关的寻址通过 NRF 的服务注册发现机制完成，如接入和移动性管理功能（Access and Mobility Management Function，AMF）选择会话管理功能（Session Management Function，SMF）和用户平面功能（User Plane Function，UPF）的寻址。与用户码号相关的寻址则可选择通过 NRF 的服务发现机制或 HTTP Proxy 中继代理机制完成，如 AMF—统一数据管理（Unified Data Reposition，UDM）、SMF—策略控制功能（Policy Control Function，PCF）和 SMF—计费功能（Charging Function，CHF）寻址。

1.3.2 5G 核心网的主要特征

移动核心网在 5G 阶段实现了架构、功能和平台的全面重建，成为连接万物、赋能业务的社会化信息基础设施的重要组成部分。相较 4G EPC 组网，5G 核心网的目标网络架构更加有弹性，更加开放、灵活，同时也更复杂。

与传统的 4G EPC 相比，5G 核心网采用了原生适配云平台的设计思想、基于服务的架构和功能设计，可以提供更广泛的接入、更灵活的控制和转发，以及更友好的能力开放。5G 核心网和 NFV 基础设施相结合，为一般消费者、应用程序提供商和垂直行业需求者提供了各类新的业务功能，例如网络切片和边缘计算。5G 核心网将助力电信运营商从传统的因特网接入管道转变为全社会信息化的使能者。5G 核心网的创新驱动力源于 5G 业务场景和新型信息通信技术（Information and Communications Technology，ICT）的需求。它旨在建立一个高性能、灵活且可配置的广域网基础设施，全面提高面向未来的网络运营能力。

针对面向未来万物互联、垂直行业灵活多变的需求，5G 核心网主要具备以下关键特征。

（1）基于服务的全新架构

引入“互联网化”基因是 5G 核心网演进最显著的特征，该基因基于云原生架构设计并采用基于服务的架构（Service Based Architecture，SBA）。SBA 借鉴了 IT 领域中“微服务”的概念，将现有网元功能拆分成细粒度的网络服务，并“无缝”对接到云化 NFV 平台轻量级部署单元，可为差异化业务场景提供敏捷的系统架构支持。组件化设计、微服务独立加载，是实现标准化和通用化的基础，共用公共组件有利于网元功能的快速组装和业务的快速开通。

5G 在认证、移动性管理、连接、路由等基本功能方面与 4G 相同，但是 5G 采用了更加灵活的方式和技术来实现以上能力，主要体现在：AMF 和 SMF 分离，AMF 和 SMF 部署可以在不同的层次上分开；承载和控制分离，UPF 和 SMF 部署层次也可以分离；AMF 和 UPF 可以根据业务需求、传输资源条件、话务和信令流量灵活部署；通过服务化架构设计，解耦了网元功能，简化了接口。总的来说，5G 核心网组网更加灵活，同时，部署灵活性也对网络规划、传输以及网络运营管理等能力有了更高的要求。

（2）全面云化的基础设施

传统的 EPC 主要以先进电信计算架构（Advanced Telecom Computing Architecture，ATCA）平台为基础。由于每个网元都是完全独立的，软件和硬件是完全耦合的，数据和服务也是完全耦合的，只有部分单板硬件可以通用。所以运营商高度依赖设备供应商，并且资源利用率也比较低。

虚拟化技术被广泛应用于 5G 核心网，软硬件完全解耦，硬件 IT 化，形成了资源池。每个业务逻辑的内部接口在软件层面实现互通，并与传统的核心网兼容。承载核心网的基础设施基于 NFV/SDN 技术构建，可统一编排资源。目前，运营商扩容和新建核心网会优先考虑基于 NFV 技术的解决方案，全球已有 400 多个部署计划和 100 多个商用局点，涵盖了 EPC、IMS、物联网和其他网络场景。国内外的运营商经过近几年的概念验证、试验网、现网试点以及试商用等种种准备工作，已经基本掌握了 NFV 的核心技术和部署方法，并逐步进入 NFV 规模商用落地阶段。

（3）按需组网的网络切片

5G 核心网引入网络切片，为用户提供了可定制的网络功能和转发拓扑，网络业务可以通过“搭积木”的方式按需灵活定制。在应用层面，网络切片可以根据不同的业务调用不同的业务切片模板，并根据模板的配置进一步调用相应的组件和网络资源，从而快速生成各种端到端的网络切片，组成彼此隔离的逻辑网络。同时，也可以将已有的 4G 网络配置和部署成网络切片，以实现多标准的完全融合的核心网。

（4）超低时延的边缘计算

5G 时代是万物互联的时代，智能世界带来了丰富的应用，产生了海量的连接和数据。截至 2019 年年底，全球物联网已有约 100 亿个连接，根据 IDC 的预测，到 2025 年，全球物联网将有 270 亿的连接数，物联网设备将达到 1000 亿台，将会有海量数据随着设备数的急剧增长而飞速产生，预计 2025 年全球物联网总数据将达到 163ZB。随着 5G 边缘计算热潮的兴起，预计未来将有 70%以上的数据和应用在网络边缘生成和处理。

随着5G的规模部署，网络传输时延、带宽、连接数密度均有数量级的提升，给端—边—云协同提供了基础保障。5G为边缘计算产业的落地和发展提供了良好的网络基础，UPF的灵活部署、三大业务场景的支持以及网络能力开放等方面相互结合，相互促进。

5G UPF下沉实现数据流量的本地卸载：可以将边缘计算节点灵活部署在不同的网络位置来满足对时延、带宽有不同需求的边缘计算业务。同时，边缘计算也成为5G服务垂直行业、充分发挥新的网络性能的重要利器之一。

5G的三大典型业务场景也都与边缘计算密切相关，例如，对于时延要求极高的工业控制，对于带宽要求较高的VR/AR、直播，对于海量连接需求高的物联网（Internet of Things，IoT）设备接入等新兴业务。此外，对于移动业务的连续性要求，5G网络引入了3种业务与会话连续性模式来保证用户的体验，如车联网等。

5G支持将无线网络信息服务、位置服务、QoS服务等网络能力封装成边缘计算平台即服务（Platform as a Service，PaaS）平台的API，开放给应用。

第 2 章

5G 核心网关键技术

5G 网络的主要业务特征是大带宽、低时延及大容量。5G 网络环境下，高速率业务的下载速率是 4G 的 40～100 倍，低时延的端到端业务时延低至 1ms，大容量则要求每平方千米的机器类通信业务的终端连接数达到 100 万台。5G 网络特性如图 2-1 所示。

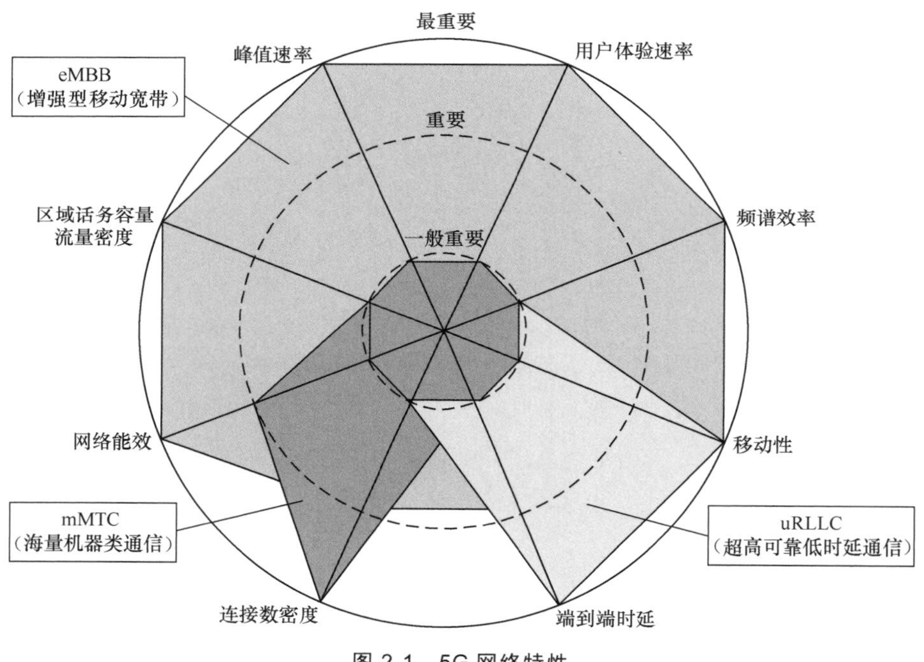

图 2-1　5G 网络特性

为了实现这些主要业务性能，5G 网络的无线侧需要具备大容量天线，回传侧需要构建大带宽、低时延的回传网络，核心网需要减少信令交互，业务处理需要接近用户等。为了满足 5G 的多样性、高质量及大带宽业务服务，5G 核心网引入了网络功能服务化、NFV、边缘计算、网络切片等关键技术。

网络功能服务化架构将网络中的网元功能拆分为细粒度的网络服务功能。基于服务的架构（SBA）为差异化的业务场景提供敏捷的系统架构支持。NFV 技术利用 IT 通用硬件构建网络环境，利用虚拟化技术实现业务网络的快速部署。NFV 网络针对不同应用场景的服务需求引入了不同的功能设计，终端接入时按需选择合适的网络功能实体。5G 核心网对各网元进行了重新定义，便于 NFV 模块化设计与部署。

5G 网络在靠近物体或数据源的一侧建设计算、存储、网络及应用一体化的开放平台，及时提供最近端服务。应用程序在网络边缘侧发起，可产生更快的网络服务响应，能满足行业在业务实时性、应用智能化及安全与隐私保护等方面的基本需求。面对 5G 时代的低时延业务需求，如果数据要先到云端及服务器中进行计算或存储，再把指令分发给终端，是无法实现低时延的。边缘计算是在近基站侧建立计算及存储能力，在最短时间内完成计算，发出指令。通过引入 MEC 技术，5G 就可以在用户侧方便地提供低时延业务。

网络切片技术是把运营商的单独一个物理网络切分成多个虚拟化的网络，每个虚拟网络对应不同的业务需求，这便于按照不同的时延、带宽及安全性和可靠性要求划分不同的虚拟网络，以适应不同的应用场景。通过网络切片技术在独立的运营商物理网络上切分出多个逻辑虚拟网络，可以避免为每个服务建设一个独立的物理网络，从而大大节约部署成本。5G 网络切片技术也可以满足网络功能服务化架构的需求。在一个 5G 网络中，运营商通过切片技术把网络切分为智能交通、无人机、智慧医疗、智能家居和工业控制等多个专用网络，分别开放给不同的业务运营者，每一个切片网络在网络带宽和网络可靠性上有不同的保证，计费体系和管理体系也不同。每一个切片可以为用户提供不同的网络、不一样的管理、不同的服务，使运营商可以更灵活地运营 5G 网络。

2.1 5G 核心网架构

2.1.1 5G 系统架构

5G 之前的移动网络架构通常采用参考模型架构来表示，参考模型架构重点对网元之间的接口关系进行描述。随着网络向以业务为中心的方向不断演进，5G 系统也提出了基于业务的系统架构（网络功能服务化架构）。无论是传统的参考模型架构，还是 5G 时代的服务化架构，它们仅仅是表达系统架构的方式不同，并不影响 5G 系统架构的具体内容。

5G 核心网的服务化架构设计借鉴了 IT 系统服务化的理念，通过模块化实现网络功能间的解耦和整合，解耦后的网络功能（服务）可以独立扩容、独立演进、按需部署；各种服务采用服务注册和发现机制，实现了网络功能在 5G 核心网中的即插即用、自动化组网；同一服务可以被多种网络功能调用，以提升服务的重用性，简化业务流程设计。服务化架构的关键技术体现在以下几个方面。

一是服务的提供通过生产者（Producer）与消费者（Consumer）之间的消息交互来达成。交互模式简化为两种：Request-Response、Subscribe-Notify，从而便于网络功能之间按照服务化接口交互。在 Request-Response 模式下，网络功能服务消费者向网络功能服务生产者请求特定的网络功能服务，服务内容可能是进行某种操作或提供一些信息；网络功能服务生产者根据消费者发送的请求内容，返回相应的服务结果。在 Subscribe-Notify 模式下，网络功能服务消费者向网络功能服务生产者订阅网络功能服务，网络功能服务生产者向所有订阅了该服务的网络功能服务消费者发送通知并返回结果。消费者订阅的信息可以是按时间周期更新的信息，或特定事件触发的通知（例如请求的信息发生更改、达到了阈值等）。

二是实现了服务的自动化注册和发现。网络功能通过服务化接口将自身的能力作为一种服务在网络中发布，并可以被其他网络复用；网络功能通过服务化接口的发现流程公开发布可用服务并获取所需网络功能服务的网络功能服务实例。这种注册和发现是通过 5G 核心网引入的新型网络功能——NRF 来实现的：NRF 接收其他网络功能发来的服务注册信息，维护网络功能实例的相关信息和支持的服务信息；NRF 接收其他网络功能发来的网络功能发现请求，返回对应的网络功能实例信息。

三是采用统一服务化接口协议。5G 系统在设计接口协议时充分考虑了 IT 化、虚拟化、微服务化的需求，目前定义的接口协议在传输层采用了 TCP，在应用层采用了 HTTP 2.0，在序列化协议方面采用了 Java 脚本对象标记（Java Script Object Notation，JSON），接口描述语言采用 OpenAPI 3.0，API 的设计采用表述性状态转移（Representational State Transfer，REST）方式。

可以看出，5G 核心网采用的基于服务化架构的接口协议栈与传统移动核心网的协议栈相比，更加复杂。用同样的硬件来实现的话，其性能相对传统协议是下降的，因此需要通过高性能的云资源来补偿接口性能的损失。目前服务化架构的自动化组网能力还不完善，例如在容灾和过载控制以及多 NRF 级联方面还不能实现自动化。这都需要标准化组织进一步研究和推动，在实际网络部署和运营中也需要加以注意。

5G 核心网在 4G 核心网控制与承载分离的架构基础上对网络功能进行了重构，具有如下主要特征。

➢ 将用户平面功能从控制平面功能中分离，使用户平面功能获得独立的可扩展性、可独立演进以及灵活部署的能力。

➢ 采用模块化功能设计，能够实现灵活、高效的网络切片。

➢ 控制平面采用 SBA，将网络功能之间的交互流程定义为服务，便于重复使用。

➢ 每个网络功能之间可以直接交互，也可以引入类似 DRA 的中间网元来辅助进行控制平面网络功能之间的消息路由。

➢ 最大限度地减小了无线接入网与核心网之间的依赖关系，通过通用的接口实现 3GPP 接入与非 3GPP 接入。

➢ 支持统一的认证框架。

➢ 支持无状态的网络功能，即计算资源与存储资源解耦部署。

➢ 支持能力开放。

➢ 用户平面功能可以部署在接入网附近，以支持大量接入的并发低时延业务及本地网络接入。

➢ 漫游时，支持本地业务转发及归属地业务转发。

1. 网络功能描述

（1）接入和移动性管理功能（Access and Mobility Management Function，AMF）

AMF 负责实现接入和移动性管理功能，主要包含以下内容：终结无线侧的控制接口信令；终结 NAS 信令，完成 NAS 加密和完整性保护；负责终端注册、接入、可达性及移动性管理；合法拦截，提供 UE 和 SMF 之间的 SMS 承载，透传 SM 消息；提供接入鉴权、授权。此外，AMF 还提供安全锚定功能（Security Anchor Function，SEAF）。

（2）会话管理功能（Session Management Function，SMF）

SMF 负责实现会话管理功能，包括接入设备与 UPF 之间的连接通道建立、修改及维护，主要包含以下内容：UE IP 地址分配与管理；用户平面的选择与控制；对 UPF 进行策略配置，把流量路由至合适的目的地；终结与 PCF 之间的接口；合理拦截；收集计费数据并提供计费接口；对 UPF 的计费数据收集进行控制；终结 NAS 消息的 SM 部分；确定一个连接的会话与业务连续性（Session and Service Continuity，SSC）模式。

（3）用户平面功能（User Plane Function，UPF）

UPF 是移动终端在同一个无线系统内或者不同无线系统间移动性管理的锚点及外部分组数据单元（Packet Data Unit，PDU）与数据网络互联的会话点，主要具备如下功能：分组数据路由和转发（例如，支持上行链路处理器将业务流路由到数据网络的实例，支持多宿主 PDU 会话）；数据分组检查［基于服务数据流模板的应用流程检测以及从 SMF 接收的可选分组流描述（Packet Flow Description，PFD）］；用户平面部分策略、规则实施（例如门控、重定向、流量转向）；合法拦截（用户平面收集）；流量使用报告；用户平面的 QoS 处理，例如上行链路（Uplink，UL）/下行链路（Downlink，DL）速率实施，DL 中的反射 QoS 标记；UL 流量验证（SDF 到 QoS 流量映射）；UL 和 DL 中的传输级分组标记；下行数据分组缓冲和下行数据通知触发；将一个或多个“结束标记”发送和转发到源 5G 无线接入网设备。

（4）策略控制功能（Policy Control Function，PCF）

PCF 通过统一的策略框架对网络行为进行管理，向控制平面提供规则、策略，通过 PCF 功能实体（Functional Entity，FE）从统一数据存储（Unified Data Repository，UDR）处获取用于制定规则的用户信息。

（5）网络开放功能（Network Exposure Function，NEF）

NEF 对第三方、外部/内部 AF、边缘计算等开放 3GPP 网络业务及能力并提供安全保障；此外，它也支持把 AF 的信息（如移动模型、通信模型）提供给 3GPP 网络。通过这种方式，NEF 可实现对 AF 的控制（鉴权、授权、调节等）、对 AF 之间及内部网络功能之间信息交换的翻译、对其他网络功能单元能力开放信息的收集。NEF 功能实体通过标准化接口，把收集到的信息按照结构化数据存储在 UDR 中。存储的信息可以被访问或者由 NEF 开放给其他网络功能及应用，也可以用作其他用途（如分析）。

（6）网络存储库功能（Network Repository Function，NRF）

NRF 负责业务功能发现，它从网络功能（NF）实例接收 NF 发现请求，并为它提供发现的 NF 实例信息，对可以提供的 NF 实例、支持的业务功能描述进行维护。NF 功能描述应包括以下内容：NF 实例 ID；NF 类型；公共陆地移动网（Public Land Mobile

Network，PLMN）ID；网络切片相关的标记；NF 的 IP 地址或全域名（Fully Qualified Domain Name，FQDN）；NF 能力信息；NF 特殊业务授权信息；业务名称；所支持业务的实例终端信息。

（7）统一数据管理（Unified Data Management，UDM）

UDM 负责统一数据管理，其功能包括：执行 3GPP 认证和密钥协商（Authentication and Key Agreement，AKA）鉴权流程；用户标识处理；接入授权；注册及移动性管理；订阅管理；SMS 管理；UDM 的用户数据及鉴权数据存储在 UDR 中，UDM 功能实体执行业务逻辑。

（8）鉴权服务功能（Authentication Server Function，AUSF）

AUSF 负责鉴权服务。

（9）非 3GPP 互通功能（Non-3GPP Inter-Working Function，N3IWF）

N3IWF 负责非 3GPP 网络终端接入 3GPP 网络，包括如下功能：N3IWF 可以与用户之间建立 IP 安全协议（IP Security Protocol，IPSec）通道，N3IWF 在 NWu 接口终结与用户之间的第 2 版互联网密钥交换（Internet Key Exchange version2，IKEv2）/IPSec 协议，在 N2 接口转接用户的鉴权与授权信令，在 N2、N3 接口终结用户与 5G 核心网的控制平面及用户平面通道；在 N1 接口转接用户与 AMF 之间的 NAS 信令；负责处理 SMF 的 PDU 及 QoS 相关信令；建立 IPSec 安全联盟（IPSec Security Association，IPSec SA）以支持 PDU 传输业务；转接用户与 UPF 之间的用户平面数据分组；按照 N3 接口的 QoS 要求对 N2 接口进行 QoS 增强；在 N3 接口对用户上行数据进行打标；对已标记“MOBIKE”接入的不可信非 3GPP 终端接入进行本地移动业务锚定；支持 AMF 选择。

（10）应用功能（Application Function，AF）

AF 与 3GPP 核心网交互并提供业务，包括：应用协助选择业务路由；访问 NEF；与 PCF 进行交互，进行策略控制。

无线接入点（Access Point，AP）一般被运营商认为是可信的，AP 被允许直接与网络功能交互。

（11）统一数据存储（Unified Data Repository，UDR）

UDR 对公共结构化数据进行存储，包括存储、解析 UDM 功能实体提供的用户数据；存储、解析 PCF 的策略数据；存储、解析 NEF 的结构化数据和应用数据（包括应用检测的 PFD、多 UE 的应用请求信息等）。

UDR 部署时可以考虑和非结构化数据存储功能（Unstructured Data Storage network Function，UDSF）协同。

（12）非结构化数据存储功能（UDSF）

UDSF 是 5G 核心网的可选功能，用于存储、解析任何网络功能单元的非结构化数据。UDSF 部署时可以考虑和 UDR 联合部署。

（13）短消息业务功能（SMS Function，SMSF）

SMSF 通过 NAS 支持 SMS 服务，提供的功能包括：SMS 订阅核查；与用户之间进行 SM-RP/SM-CP（短消息中继信令/控制信令）交互；转发用户与 SMS-GMSC/IWMSC/SMS-Router 之间的短信；生成短信呼叫数据记录（Call Data Record，CDR）；短信合法侦听；与 AMF 及 UDM 进行交互来判断用户短消息是否可达。

（14）网络切片选择功能（Network Slice Selection Function，NSSF）

NSSF 网元主要实现以下功能：对服务于用户的网络切片实例进行选择；确定哪些网络切片选择辅助信息（Network Slice Selection Assistance Information，NSSAI）可用；决定用户可以使用哪些 AMF 集，或者通过查询 NRF 确定 AMF 备选集合。

（15）5G—设备识别寄存器（5G-Equipment Identity Register，5G-EIR）

5G-EIR 是一个可选功能网元，用于核查设备状态（例如核查是否在黑名单中）。

2. 非漫游系统架构

在非漫游情况下，用户可以接入一个或多个 UPF，当用户接入一个 UPF 时，基于服务的 5G 系统架构如图 2-2 所示。

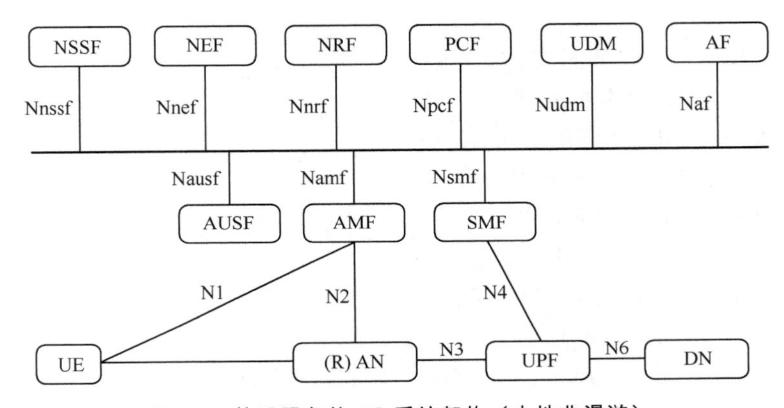

图 2-2　基于服务的 5G 系统架构（本地非漫游）

在图 2-2 所示的非漫游系统架构中，5G 系统架构可以分为承载层、接入控制层和业务控制层。承载层负责用户设备到数据网、业务网的业务及信令互通；接入控制层负责完成用户的接入鉴权、接入移动性管理和连接管理；业务控制层负责实现更多面向业务的服务功能，如网络切片服务功能、网络开放功能、网络功能登记和统一数据管理等。面向业务的控制平面功能架构描述更易于核心网功能开放及流程定制。

按照参考点模型表示的非漫游系统架构如图 2-3 所示。

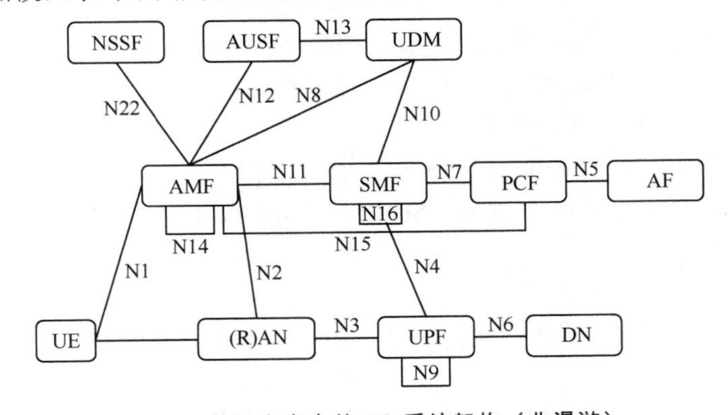

图 2-3　基于参考点的 5G 系统架构（非漫游）

虽然在基于参考点的系统架构中没有 UDSF、NEF、NRF、NDR，但其他网元都需要和 UDSF、NEF、NRF、NDR 进行交互来对外提供服务。

5G 系统架构包含下述参考点。

N1：UE 和 AMF 之间的参考点。

N2：（R）AN 和 AMF 之间的参考点。

N3：（R）AN 和 UPF 之间的参考点。

N4：SMF 和 UPF 之间的参考点。

N6：UPF 和数据网络（DN）之间的参考点。

N9：UPF 之间的参考点。

下述参考点用于描述网络功能间的服务交互，这些参考点通过相应的网络功能服务化接口来实现。

N5：PCF 和 AF 之间的参考点。

N7：SMF 和 PCF 之间的参考点。

N8：UDM 和 AMF 之间的参考点。

N10：UDM 和 SMF 之间的参考点。

N11：AMF 和 SMF 之间的参考点。

N12：AMF 和 AUSF 之间的参考点。

N13：UDM 和 AUSF 之间的参考点。

N14：AMF 之间的参考点。

N15：非漫游架构下，PCF 和 AMF 之间的参考点；漫游架构下，拜访地 PCF 和 AMF 之间的参考点。

N16：非漫游架构下，SMF 之间的参考点；漫游架构下，拜访地 SMF 和归属地 SMF 之间的参考点。

N17：AMF 和 5G-EIR 之间的参考点。

N18：NF 和 UDSF 之间的参考点。

N22：AMF 和 NSSF 之间的参考点。

N23：PCF 和网络数据分析功能（Network Data Analytics Function，NWDAF）之间的参考点。

N24：拜访网络 PCF 和归属网络 PCF 之间的参考点。

N27：拜访地 NRF 和归属地 NRF 之间的参考点。

N28：PCF 和 CHF 之间的参考点。

N31：拜访地 NSSF 和归属地 NSSF 之间的参考点。

N32：拜访地安全边缘保护代理（Security Edge Protection Proxies，SEPP）和归属地 SEPP 之间的参考点。

N33：NEF 和 AF 之间的参考点。

当用户通过不同的 PDU 会话接入多个 UPF 时，基于参考点的 5G 系统架构如图 2-4 所示。

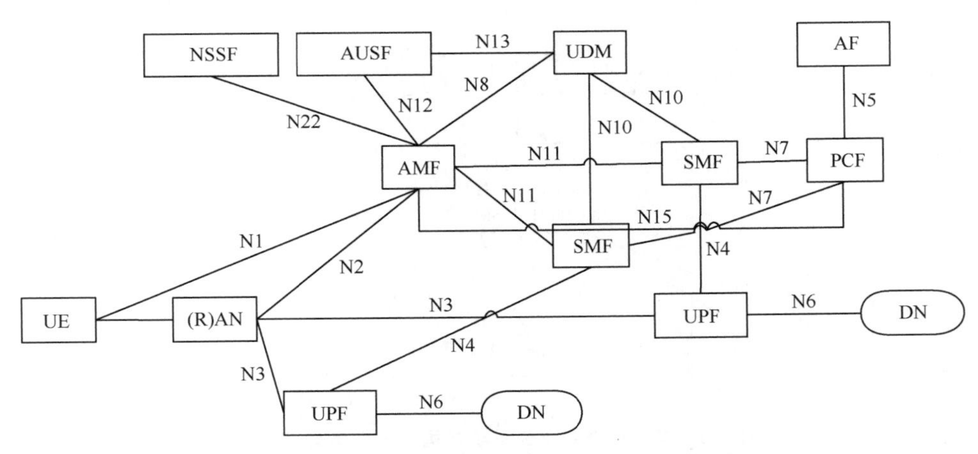

图 2-4 基于参考点的 5G 系统架构（多 PDU 会话对应不同的用户数据功能）

图 2-4 中，用户通过不同的 SMF 对不同的 PDU 会话进行控制，从而接入不同的用户数据平面。当然，同一个 SMF 也可以通过同一个 PDU 控制不同的用户数据平面行为。此时，基于参考点的 5G 系统架构如图 2-5 所示。

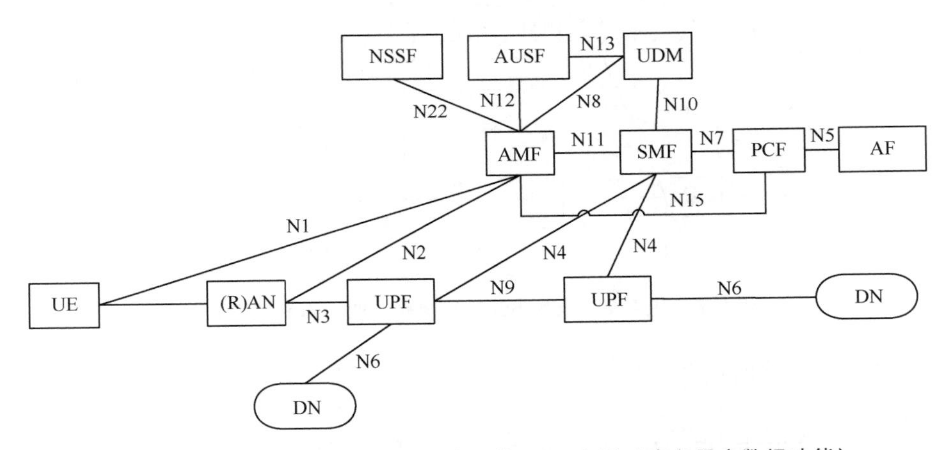

图 2-5 基于参考点的 5G 系统架构（单 PDU 会话对应多用户数据功能）

3. 漫游系统架构

当用户漫游时，用户的数据业务既可以在拜访地转发，也可以回归属地转发。当选择本地（拜访地）转发时，系统架构如图 2-6 和图 2-7 所示。

在本地转发架构中，拜访地公共陆地移动网（Visited Public Land Mobile Network，VPLMN）中的 PCF 没有用户策略信息，PCF 通过与 AF 交互，为通过 VPLMN 传送的服务生成 PCC 规则。VPLMN 中的 PCF 遵照与归属地公共陆地移动网（Home Public Land Mobile Network，HPLMN）运营商的漫游协议使用本地配置的策略作为 PCC 规则生成的输入。

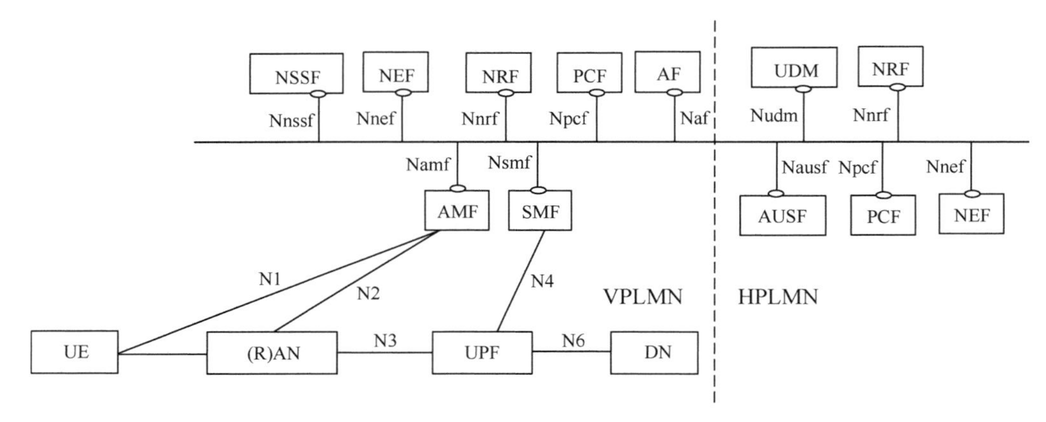

图 2-6　基于服务的 5G 系统架构（业务本地转发）

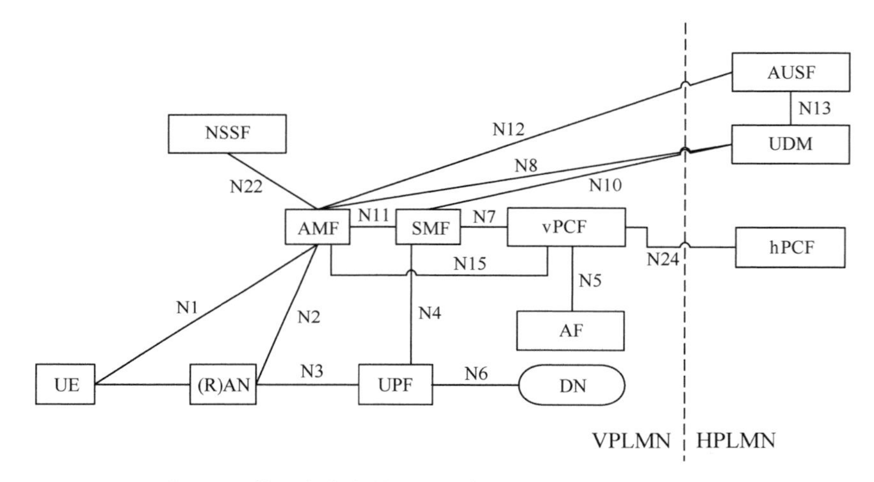

图 2-7　基于参考点的 5G 系统架构（业务本地转发）

当漫游用户的数据业务由归属地转发时，系统架构如图 2-8 和图 2-9 所示。

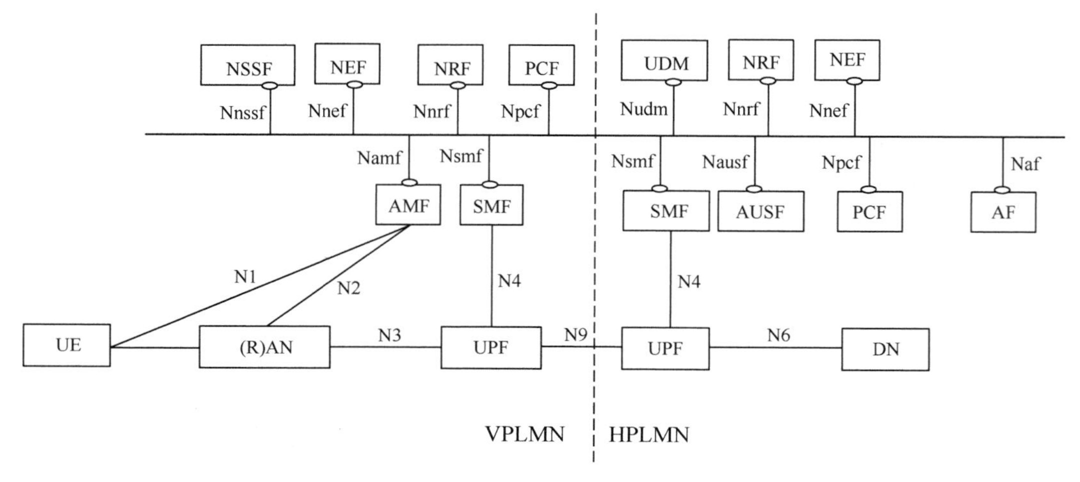

图 2-8　基于服务的 5G 系统架构（业务归属地转发）

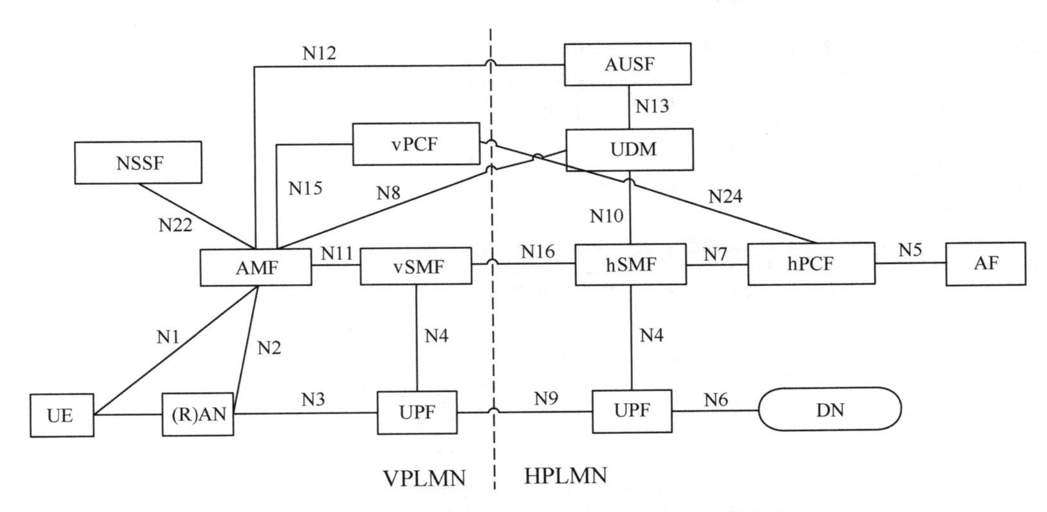

图 2-9　基于参考点的 5G 系统架构（业务归属地转发）

用户漫游时，HPLMN 和 VPLMN 互相隐藏了网络功能及网络拓扑结构，网络之间的功能访问需要通过 NRF 来实现，如图 2-10 所示。

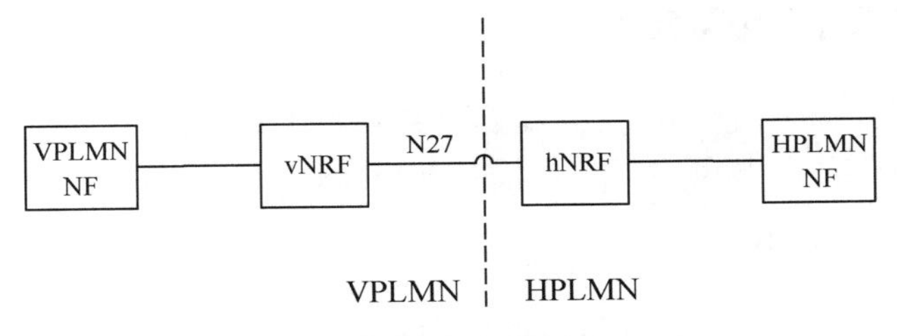

图 2-10　NRF 漫游架构

2.1.2　数据存储架构

5G 系统架构允许任意 NF 向 UDSF 存储和寻回它的非结构化数据。UDSF 与 NF 一般归属于同一个 PLMN。控制平面的多个 NF 可以共享一个 UDSF 或者独享自己的 UDSF（比如每个 NF 设置独立的 UDSF），如图 2-11 所示。

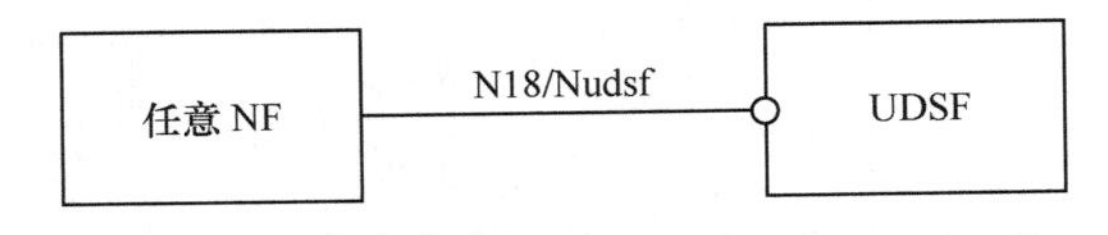

图 2-11　5G 网络功能非结构化数据的存储架构

5G 网络中，UDM、PCF 及 NEF 在 UDR 中存储用户数据、策略数据及 NEF 请求信息。UDR 部署在每个 PLMN 中，它的功能如下：

支持相同 PLMN 的 NEF 访问；

如果 UDM 支持网络切片，UDR 支持相同 PLMN 的 UDM FE 访问；

支持相同 PLMN 的 PCF 访问；

存储 PLMN 下的漫游用户数据。

一个网络中可以有多个 UDR，分别存储不同的网络数据并服务不同的网络功能。

例如，可以针对 UDM FE、PCF 及 NEF 部署不同的 UDR，如图 2-12 所示。

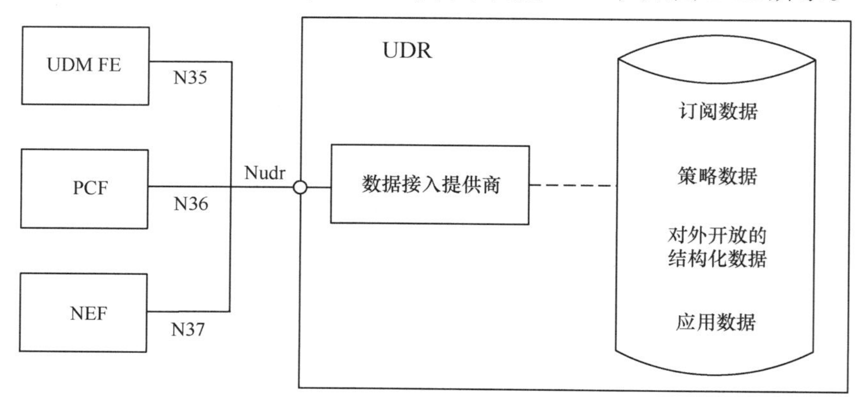

图 2-12 5G 数据存储架构

图 2-12 中的 Nudr 接口用于网络功能（如 UDM FE、PCF、NEF）对 UDR 进行更新、读取及删除数据，也用于从 UDR 订阅数据变更通知等。

2.1.3 与 4G 网络互通架构

5G 和 4G 将长时间并存，双模终端需要在 4G 和 5G 网络之间进行切换，当 4G 网络与 5G 网络互操作时，其网络架构如图 2-13 至图 2-15 所示。

1. 非漫游网络架构

在非漫游情况下，4G 网络与 5G 网络互操作架构如图 2-13 所示。

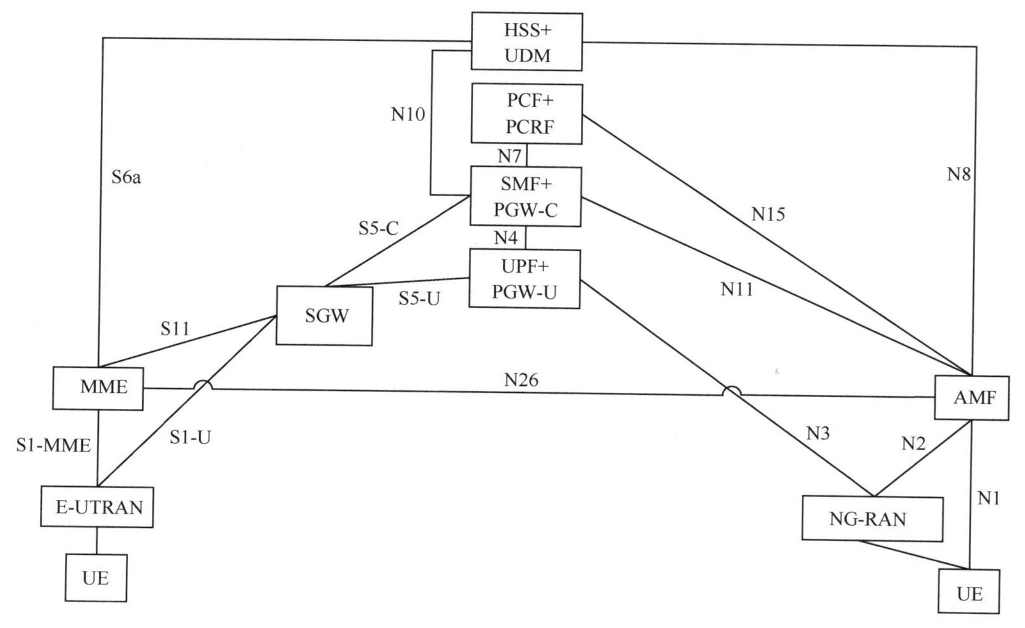

图 2-13 5G 网络与 4G 网络互操作架构（非漫游）

EPC和5G下一代核心网（Next Generation Core network，NGC）之间通过N26接口进行互操作，但由于N26接口功能是EPC中S10接口功能的子集，因此N26接口在网络中是可选的。PCF + PCRF、SMF + PGW-C和UPF + PGW-U等专用于EPC和NGC的互操作，根据终端需求和网络能力按需部署，如果终端不需要在4G网络和5G网络之间进行互操作，则可以部署各个网络的专有网元，如EPC的PGW/PCRF，或者5G核心网的SMF/UPF/PCF。

2. 漫游网络架构

在漫游情况下，按照用户业务在拜访地转发还是归属地转发，5G网络与4G网络互操作有两种架构，分别如图2-14和图2-15所示。

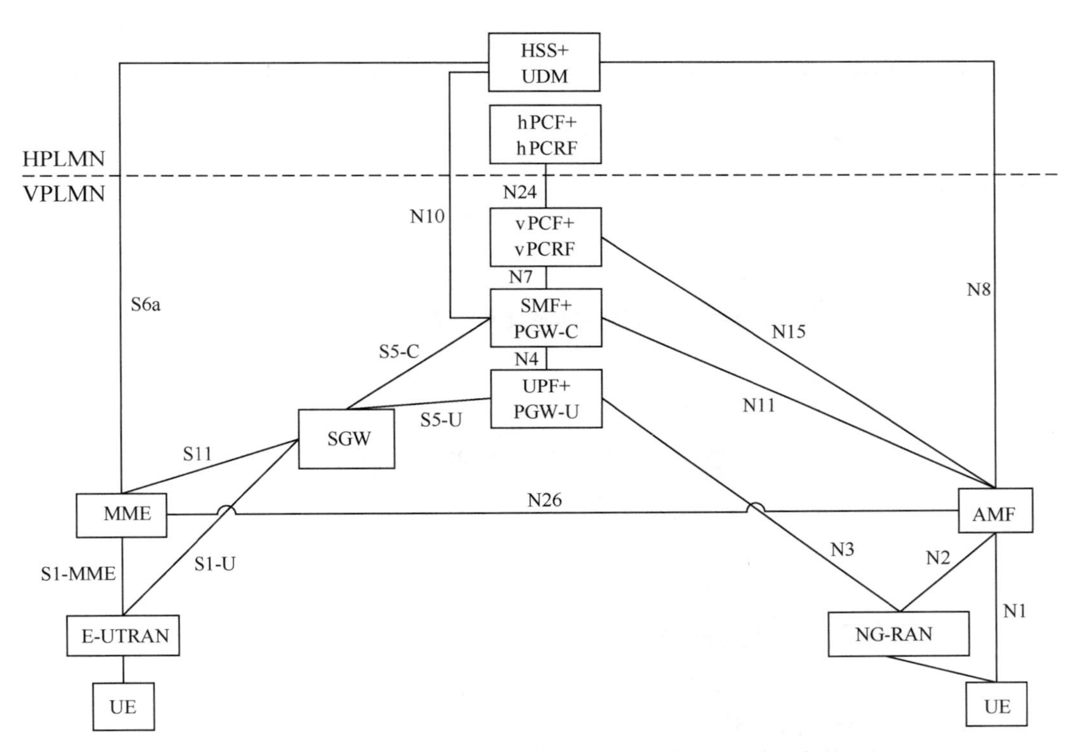

图2-14 5G网络与4G网络互操作架构（漫游时拜访地业务转发）

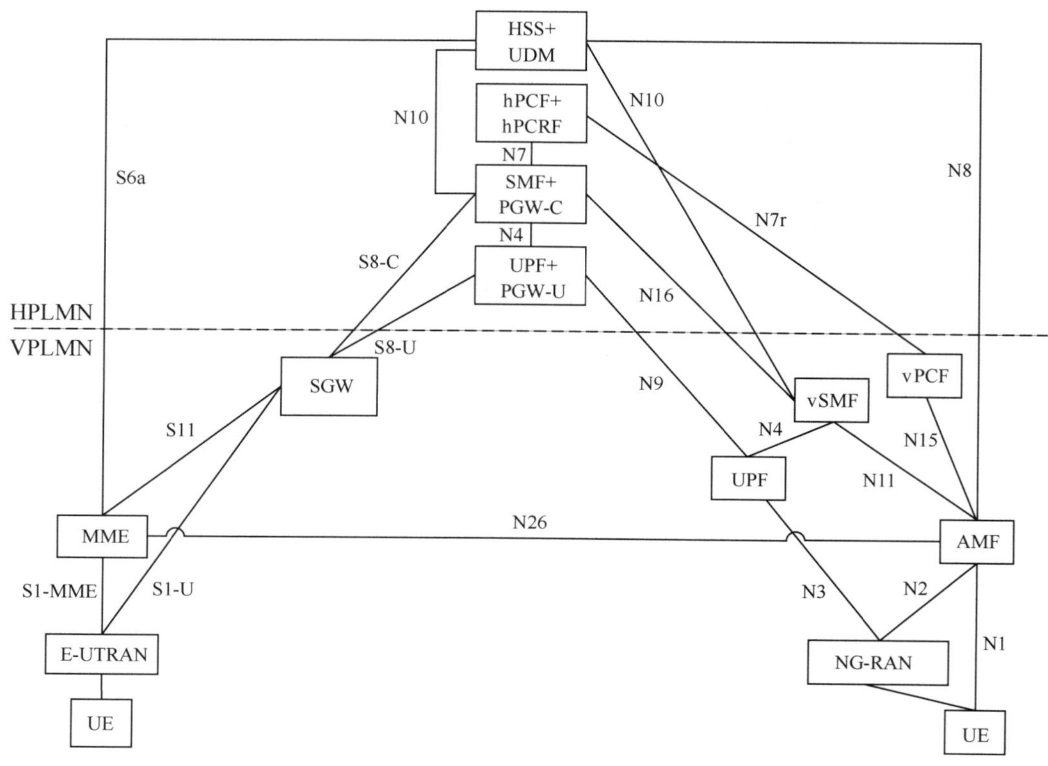

图 2-15　5G 网络与 4G 网络互操作架构（漫游时归属地业务转发）

2.2　网络功能服务化

2.2.1　服务化架构引入背景

1. 现有架构存在的问题

现有的移动网络架构经历了第一代至第四代的升级，网元众多，网元功能多样繁杂，网元与功能紧密耦合，且存在功能与功能之间的重复，同样的一套功能控制逻辑被许多不同的业务复用。大量控制功能之间的紧密耦合及接口的复杂性使得整体网络缺乏灵活性，因而带来了新业务上线周期过长、网络运行维护成本过高等问题。而网络组合灵活、动态开通部署、个性化定制以及便捷扩展能力恰恰是新一代的移动网络所必须具备的特性，现有核心网的网络架构难以适应未来 5G 网络多变且复杂的应用场景。

现有核心网架构存在以下问题。

（1）协议定义固化

现有核心网的网络协议多采用二进制编码，网元接口定义基于固定的消息格式，而且个别网络协议的编解码及传输开销较大，业务的上线周期比较长，这些都限制了网络和新业务的快速创新能力。而为了满足针对各类业务的快速组网定义和灵活部署，网络需要重新定义轻量化且灵活的网络协议，以方便新业务的快速上线部署，从而使网络能够创造更好的价值。

（2）网络拓扑过于复杂

现有核心网架构下，随着运营商网络的不断发展和迭代，网络接口及网元的功能复杂度不断增加：从 2G 到 4G，每次增加一个新网元，就必须考虑该网元引入之后增加的新接口以及这些新接口与现有网络之间兼容性的问题，每一个新网元和新接口的引入都可能会对其他现有网元和接口造成影响，并增加网络维护成本及难度。传统网络架构下的固定连接模式导致后续新网元和新功能引入困难。在后续功能增强中，一个消息参数的修改需要端到端地考虑整个信令流程的兼容性，导致前向演进的复杂度会随着版本的升级不断提高。

（3）网络运维依赖人工

现有移动网络的大量网络维护工作仍然依赖人工参与，自动化程度较低。例如，需要通过人工来打通不同环节，工程实施部门、网络维护部门需要在专业网管系统上对设备进行维护，维护模式针对逐个网元设备进行操作，并且需要理解大量设备相关信息，操作效率很低。5G 时代对网络自动化提出了极大的需求，要求能够根据需要自动定义组网结构、自动部署、灵活扩充。并且，同一张网络中可以存在若干个网络切片，每一个网络切片都将拥有特定的拓扑结构、网络功能以及资源分配模型，如果仍然需要大量依赖人工的方式对网络进行维护和部署，将给运营商的网络维护体系带来极大的挑战。

（4）网络功能开放性差

运营商希望能够通过开放网络能力为用户提供更丰富的增值服务，但至今能力开放的商业成果仍不能满足运营商日益迫切的转型需求。导致这种结果的原因，除商业模型限制外，还有本身网络架构的局限性。3GPP 前期网络架构的设计中并没有将网络能力开放需求考虑在内，虽然运营商可以通过对网元功能的修改来使网络具备部分能力开放，但也无法满足众多电信级 API 快速灵活部署的需求。普通的 Web API 上线周期为几小时或者几天，而由于网络架构的限制，电信级 API 上线周期一般都需要数月甚至更长时间，这使得网络能力的开放困难重重。

2. 服务化架构特性

5G 核心网进行了架构重构，以网络功能的方式重新定义了传统核心网网元，各网络功能对外按独立的服务（功能）提供服务（功能）并可互相调用，从而实现了从传统的刚性网络（网元固定功能、网元间固定连接、固化信令交互等）向基于服务的柔性网络的转变。服务化架构如图 2-16 所示。

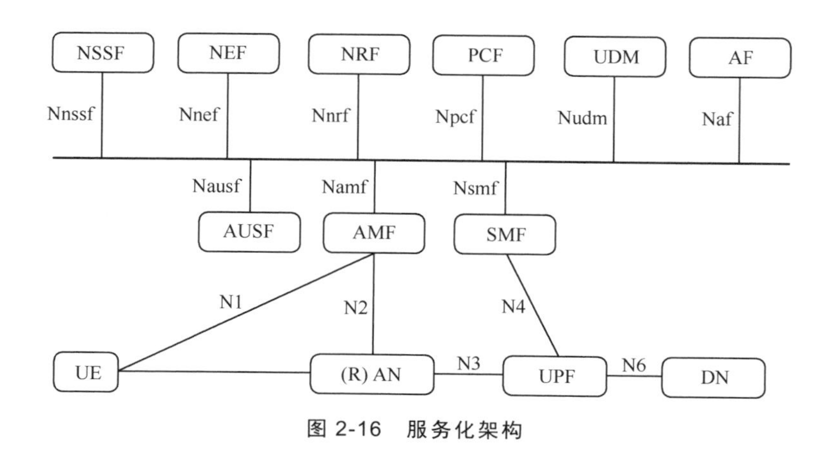

图 2-16 服务化架构

服务化架构按照功能的不同可以表示为图 2-17 所示的结构。

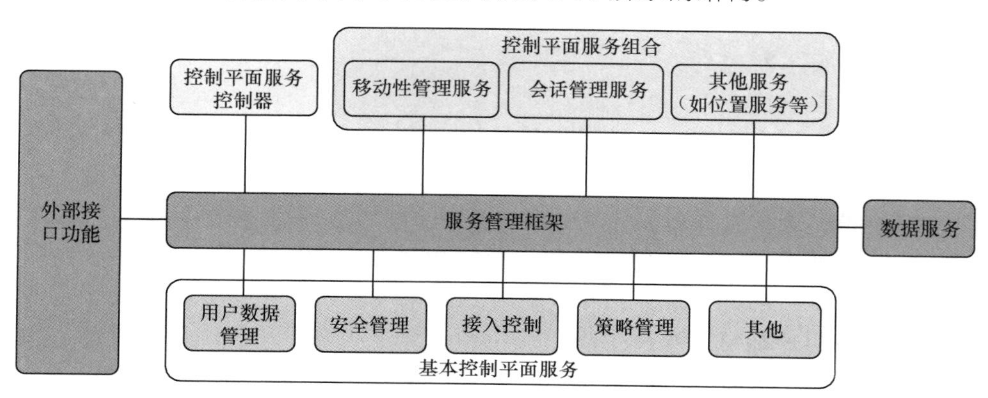

图 2-17 服务化架构功能框架

整体来说，5G 核心网服务化架构具有如下关键特性。

（1）网元功能的解耦及网络服务化

传统核心网网络架构中，各个网元之间的消息传递是在两个消息传递者之间点对点进行的，这种模式下网元之间相互紧密耦合。在新的 5G 核心网网络架构下，各个网络功能实体间的消息传递机制被解耦成为功能提供者和功能消费者的模式，功能提供者对外发布相关能力，但并不关心由谁来消费该功能。功能消费者订阅这些能力，而并不关心这些功能是由谁提供的。这种从 IT 技术借鉴的消息传递模式，适用于对消息传递双方的接口进行解耦。

5G 核心网中的各网络功能实体在功能级别上解耦，网络功能实体将自身分解为多个可以自我保护、重复使用、自我管理的网络功能服务，并且拆分的网络功能服务相互之间不存在依赖关系，可以独立运行。网络功能服务可独立进行升级、弹性伸缩。网络功能服务提供标准化接口，便于与其他网络功能服务进行通信。

（2）网络运行自动化管理维护

和 IT 领域的面向服务的体系架构（Service Oriented Architecture，SOA）理念相同，5G 核心网引入了一个新的网络功能实体——NRF，用于提供网络功能实体的服务注册管理，以及服务发现机制等功能。网络功能实体作为消费者，只需通过 NRF 即可找到适用的目标网络功能/网络功能服务。核心网通过这种服务化的机制实现了自动化运行，网络功能实体或网络功能服务即插即用。在需要对某一服务进行升级时，仅仅需要对已注册上线的服务实例进行“去注册”操作，升级操作完成后再重新注册上线。在服务升级过程中，将暂停对外提供服务，已经与该服务实例建立连接的消费者在该服务连接不可用时会从 NRF 重新获取新的服务实例列表，并通过选择其他可用的服务实例重新连接以保证自身业务的连续不中断，从而实现网络的高可用性及快速升级更新。

（3）网络能力开放

5G 服务化网络的“总线式”设计将使所有控制平面网元接口协议的统一成为必然，5G 核心网架构摒弃了 GTP 控制平面协议、Diameter 等传统移动网络协议，采用更灵活、更轻量的 HTTP，使移动网络内外无缝交互成为可能，进一步为更深层次的网络能力开放提供灵活的电信级 API 开发及调用能力，并且为了方便进行能力开放制定了特定的网络功能服务。

面向垂直行业的业务需求是多样化的而且多为定制化的需求。5G 网络架构的设计要支持将自身能力开放给 OTT（Over The Top）应用，并应满足垂直行业的多样定制化的需求，所以需要进行网络能力开放。通过网络能力的开放，5G 网络使得网络能力、网络制定的策略与 OTT 应用及垂直行业的需求之间产生互动，互相优化适配，进而为用户提供全方位的业务场景以及更具备价值的网络服务，提升用户体验。

为了满足 5G 网络的全方位能力开放以及 OTT 应用之间频繁互动的需求，5G 网络架构设计时考虑部署了专用的能力开放实体功能，提供了安全且统一的能力开放手段，能力开放实体与外部应用进行对接，产生产品解决方案。能力开放实体使网络功能服务化能力可以与其他网络服务之间自发现且全互联，各个网元均通过能力开放实体功能对外开放自身的能力。

（4）网络切片支持

核心网中的网络功能实体可以为不同的切片服务（共享切片），也可以为一个特定的切片服务（指定切片）。根据切片配置的不同，核心网组成不同的切片网络。5G 核心网中的 NSSF 实体提供切片选择服务。不同的应用可根据切片要求的不同使用不同的切片网络资源，从而满足业务的要求。

（5）信令交互的扁平化

现有核心网网元间传递消息的路由及链路具有固定性。如 4G 网络中的用户位置消息一定要从无线接入网基站上传至 MME，随后由 MME 将消息通过 SGW 路由至 PGW，消息最后在 PCRF 进行策略更新。但是，在 5G 网络的服务化架构之下，各个网络功能服务间的消息可以按照需求随意地进行通信，优化了消息传递的路由及链路。还是以用户位置消息为例，PCF 网元可以对用户位置更新消息进行提前订阅，AMF 的网络功能服务在检测到用户位置消息出现变更后，对外发布用户位置变更消息事件，PCF 通过订阅直接接收事件，免去了中间其他网络实体进行中转的过程。

3. 服务化接口与参考点的关系

基于服务化接口与基于参考点是两种不同的展现 5G 核心网架构的方式。参考点是两个非重叠功能组交互处的概念点，参考点可以由一个或多个提供等效功能的服务化接口替代，如图 2-18 所示。

两个特定的网络功能之间就存在参考点。即使不同网络功能之间的两个参考点的功能相同，也必须用不同的参考点名称来表述。如图 2-19 所示，使用基于服务的接口表示时，可以立即看出它们是相同的服务化接口，并且每个接口上的功能相同。

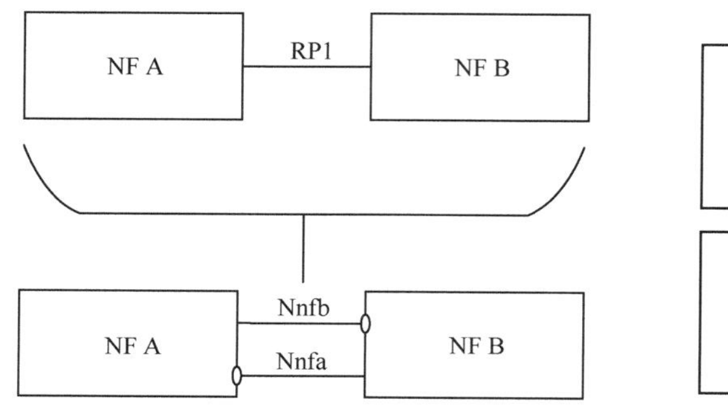

图 2-18 参考点与服务化接口的替代关系

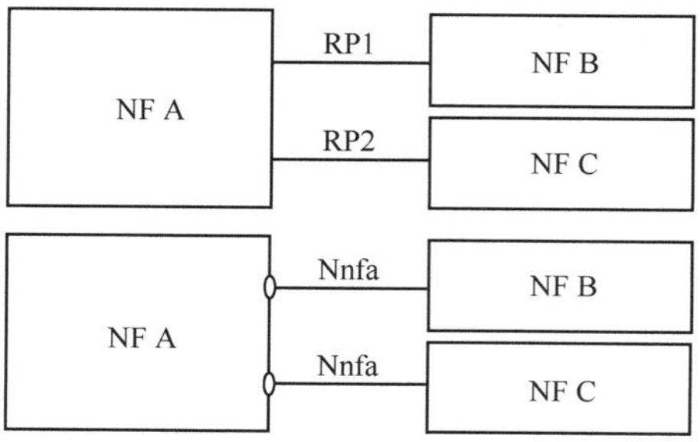

图 2-19 参考点与服务化接口的区别

两个网络功能之间可以通过服务化接口展现一个或多个服务，如图 2-20 所示。

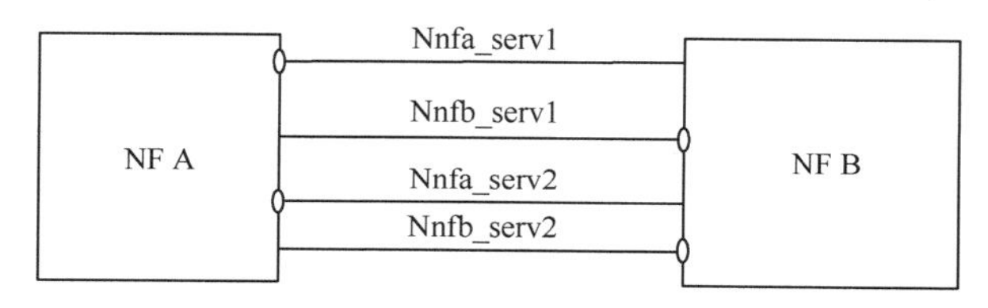

图 2-20 表示多个服务的服务化接口

2.2.2 网络功能服务化架构

5G 核心网引入了服务化架构，各网络功能实体可以灵活地通过激活/去激活流程来决定是否对外提供自身服务，这种模块化的设计使核心网的部署、扩容变得异常灵活，也为系统整体云化提供了坚实的基础。

5G 核心网控制平面网络功能均使用服务化架构，控制平面网络功能之间的交互都通过服务化接口进行。5G 核心网系统架构中包含以下服务化接口，见表 2-1。

表 2-1 5G 服务化接口

接口名称	接口描述
Namf	AMF 展示的服务化接口
Nsmf	SMF 展示的服务化接口
Nnef	NEF 展示的服务化接口
Npcf	PCF 展示的服务化接口

续表

接口名称	接口描述
Nudm	UDM 展示的服务化接口
Naf	AF 展示的服务化接口
Nnrf	NRF 展示的服务化接口
Nnssf	NSSF 展示的服务化接口
Nausf	AUSF 展示的服务化接口
Nudr	UDR 展示的服务化接口
Nudsf	UDSF 展示的服务化接口
N5G-eir	5G-EIR 展示的服务化接口
Nnwdaf	NWDAF 展示的服务化接口

用户平面网络功能继续使用传统架构和接口，包括 SMF 与 UPF 之间的 N4 接口、AMF 与 UE 之间的 N1 接口、AMF 与（R）AN 之间的 N2 接口等。

服务化接口采用 TCP 作为传输层协议、HTTP 2.0 协议作为应用层协议、JSON 作为应用层数据封装协议、OpenAPI 作为接口定义语言，服务化接口使用轻量的 IT 技术架构用以满足 5G 网络组网灵活、动态开通部署、快速开发的要求。图 2-21 为服务化接口协议栈示例。

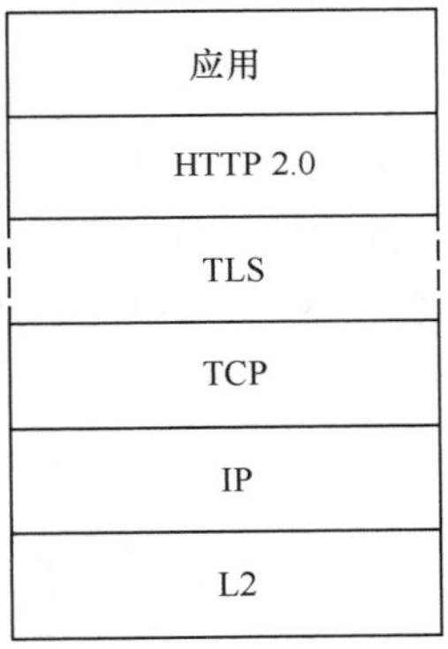

应用
HTTP 2.0
TLS
TCP
IP
L2

图 2-21　服务化接口协议栈

网络功能服务是网络功能（网络功能服务生产者）通过服务化接口向其他授权的网络功能（网络功能服务消费者）公开的一种能力。网络功能可以支持一个或多个网络功能服务。

1. 网络功能服务的交互机制

网络功能服务框架内的两个网络功能（消费者和生产者）之间的交互遵循以下两种机制。

一是“请求—响应”模式。控制平面网络功能 A（网络功能服务消费者）向另一个控制平面网络功能 B（网络功能服务生产者）请求提供某个网络功能服务，该服务既可以是执行操作，也可以是提供信息，或者两者同时进行。网络功能 B 根据网络功能 A 的请求提供网络功能服务。为了满足请求，网络功能 B 可能会转向其他网络功能请求服务。在“请求—响应”模式中，通信在两个网络功能（消费者和生产者）之间是一对一的，并且服务消费者预期在一定的时间范围内从服务生产者处得到关于请求的一次性响应。

“请求—响应”模式网络服务示例如图 2-22 所示。

二是“订阅—通知”模式。控制平面网络功能 A（网络功能服务消费者）订阅由另一个控制平面网络功能 B（网络功能服务生产者）提供的网络功能服务。多个控制平面网络功能可以订阅相同的控制平面网络功能服务。网络功能 B 将此网络功能服务的结果通知给订阅此网络功能服务的网络功能。订阅请求应包括网络功能服务消费者的通知端点（例如通知 URL），这样网络功能服务生产者的事件通知才能发送到该服务消费者。另外，订阅请求也可以包括用于定期更新的通知请求或通过某些事件触发的通知（例如所请求的信息被改变，或达到特定阈值等）。对于通知的订阅，可以通过以下方式来完成。

➢ 网络功能服务消费者和网络功能服务生产者之间的一次单独请求/响应交换。

➢ 通知的订阅包含在同一网络功能服务的另一个网络功能服务操作的一部分中。

➢ 根据网络功能和网络功能服务注册流程中作为 NRF 的网络功能服务参数，在网络功能服务消费者有兴趣接收的每种类型的通知中注册通知端点。

"订阅—通知"模式网络服务的一种示例如图 2-23 所示。

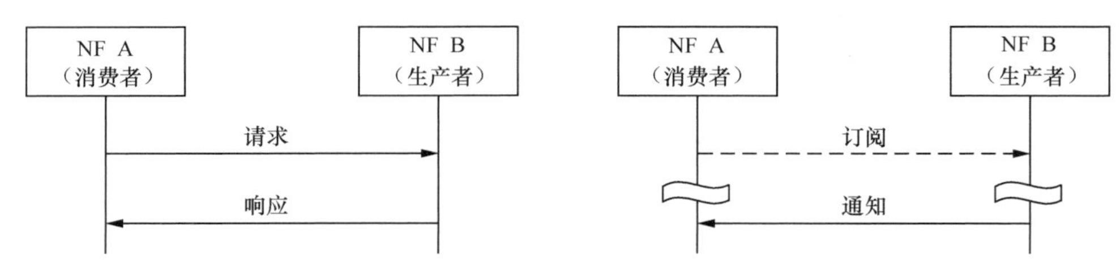

图 2-22　"请求—响应"模式网络服务示例　　图 2-23　"订阅—通知"模式网络服务示例 1

控制平面网络功能 A 还可以代表控制平面网络功能 C 订阅由控制平面网络功能 B 提供的网络功能服务，比如它请求网络功能服务生产者将事件通知发送给另一个消费者。在这种情况下，网络功能 A 的订阅请求中包括网络功能 C 的通知端点。此外，网络功能 A 还可以在订阅请求中包括与订阅改变相关的事件 ID，例如在订阅请求中订阅关联 ID 改变使得网络功能 A 可以接收订阅改变相关事件的通知。

"订阅—通知"模式网络服务的另一种示例如图 2-24 所示。

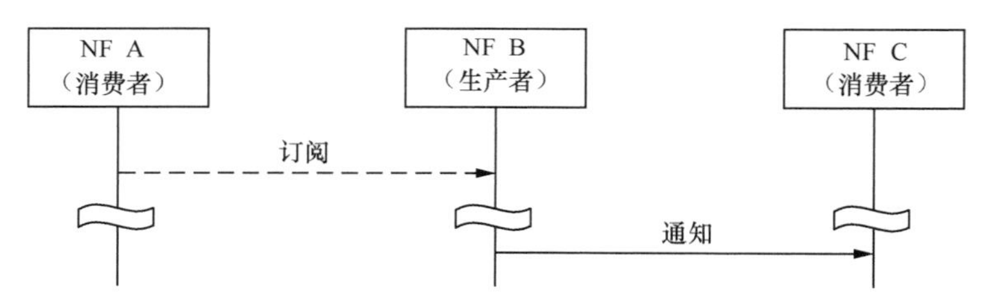

图 2-24　"订阅—通知"模式网络服务示例 2

2. 网络功能服务的发现

5G 核心网的控制平面网络功能可以通过基于服务的接口将其能提供的服务进行展示，并可以由控制平面核心网网络功能重复使用。

网络功能服务发现使核心网网络功能能够发现提供预期网络功能服务的网络功能实例。网络功能服务发现是通过 NRF 来实现的。

3. 网络功能服务的授权

网络功能服务授权应确保网络功能服务消费者按照网络功能的策略、运营商的策略、运营商间的协议等授权情况，接入网络功能服务提供者的网络，享受网络功能服务。

服务授权信息应配置为网络功能服务生产者的网络功能配置文件中的一个组件，它应包括允许使用网络功能服务生产者的网络功能服务的网络功能类型和网络功能域/来源。

由于漫游协议和运营商策略不同，网络功能服务消费者应基于UE/订阅/漫游信息和网络功能类型进行授权，服务授权可能需要以下两个步骤。

➢ 在网络功能服务发现过程中检查网络功能服务使用者是否被允许发现其请求的网络功能服务实例。这是通过NRF以每网络功能粒度来执行的。

➢ 在每次提供网络功能服务前检查网络功能服务消费者是否被允许接入请求的网络功能服务生产者。这是针对每个UE、用户或漫游协议粒度来执行的。这种类型的网络功能服务授权应嵌入在相关的网络功能服务逻辑中。

4. 网络功能服务的注册和注销

为了使NRF能够正确维护可用的网络功能实例及其支持服务的信息，每个网络功能实例都会向NRF告知它支持的网络功能服务列表。

当网络功能实例第一次变得可操作（注册操作）或网络功能实例内的单独网络功能服务实例激活/去激活（更新操作）时，例如在缩放操作之后触发，网络功能实例将网络功能服务列表告知NRF。网络功能实例在注册时向NRF提供能够支持的网络功能服务列表的同时，针对每一种准备提供的网络服务，网络功能实例都会提供每种类型的通知服务对应的通知端点信息。网络功能实例还可以更新或删除网络功能服务相关参数（例如删除通知端点信息）。或者，在网络功能服务实例生命周期事件触发时（注册或注销操作取决于网络功能实例的实例化、终止、激活或去激活），另一个授权实体可以代表某网络功能实例通知NRF（类似于OA&M功能）。注册至NRF时需包括实例化时的容量和配置信息。

当网络功能实例即将以受控方式正常关闭或断开与网络的连接时，网络功能实例也可以从NRF取消注册。如果网络功能实例由于意外而变得不可用或无法访问时（例如网络功能崩溃或存在网络问题），则授权实体应从NRF将该网络功能实例取消注册。

2.2.3 各网络功能提供的服务

网络功能具备不同的能力，可以对外为不同的消费者提供差异化的网络功能服务。网络功能提供的每项服务都应是独立、可重用并使用管理方案将其独立于同一网络功能提供的其他服务。

每一个网络功能服务都能够通过接口访问，一个接口可能由一个或多个操作组成。一系列网络服务的调用就组成了5G核心网的系统流程。

各网络功能能够提供的网络功能服务见表2-2。

表 2-2　网络功能服务描述

网元	服务名称	描述
AMF	Namf_Communication	使网络功能服务消费者能够通过 AMF 与 UE 和/或 AN 通信。该服务使 SMF 能够请求 EPS 承载标识符分配以支持与演进的分组系统（Evolved Packet System，EPS）的互通
	Namf_EventExposure	允许其他网络功能服务消费者订阅或获得与移动性相关的事件和统计信息
	Namf_MT	使网络功能服务消费者确保 UE 可以访问
	Namf_Location	使网络功能服务消费者能够请求目标 UE 的位置信息
SMF	Nsmf_PDUSession	该服务使用从 PCF 接收的策略和计费规则对 PDU 会话进行管理。此网络功能服务的开放使得网络功能服务消费者能操作 PDU 会话
	Nsmf_EventExposure	此服务将 PDU 会话上发生的事件开放给网络功能服务消费者
PCF	Npcf_AMPolicyControl	该 PCF 服务向网络功能服务消费者提供接入控制、网络选择和移动性管理相关策略、UE 路由选择策略
	Npcf_SMPolicyControl	该 PCF 服务向网络功能服务消费者提供与会话相关的策略
	Npcf_PolicyAuthorization	该 PCF 服务授权 AF 请求，并根据请求针对授权 AF 会话所绑定的 PDU 会话创建策略。该服务允许网络功能服务消费者订阅/取消订阅接入类型、RAT 类型、PLMN 标识符、接入网络信息、使用报告等通知
	Npcf_BDTPolicyControl	该 PCF 服务向网络功能服务消费者提供后台数据传输策略
UDM	Nudm_UECM	1. 向网络功能服务消费者提供与 UE 的交互信息相关的信息，例如 UE 的服务网络功能标识符、UE 状态等； 2. 允许网络功能服务消费者在 UDM 中注册和注销其服务 UE 的信息； 3. 允许网络功能服务消费者更新 UDM 中的某些 UE 上下文信息
	Nudm_SDM	1. 允许网络功能服务消费者在必要时检索用户订阅数据； 2. 向订阅的网络功能服务消费者提供更新的用户订阅数据
	Nudm_UEAuthentication	1. 向订阅的网络功能服务消费者提供更新的认证相关订阅数据； 2. 对于基于 AKA 的身份验证，此操作还可用于从安全上下文同步失败情况中恢复； 3. 用于获取 UE 身份验证流程的结果
	Nudm_EventExposure	1. 允许网络功能服务消费者订阅服务并接收事件； 2. 向订阅的网络功能服务消费者提供事件的监控指示
NRF	Nnrf_NFManagement	为网络功能、网络功能服务的注册、注销和更新提供支持。为网络功能服务消费者提供新注册的网络功能及其网络功能服务的通知
	Nnrf_NFDiscovery	允许一个网络功能服务消费者发现具有特定网络功能服务或目标网络功能类型的一组网络功能实例；允许一个网络功能服务发现另一个特定的网络功能服务

续表

网元	服务名称	描述
AUSF	Nausf_UEAuthentication	AUSF 为网络功能服务消费者提供 UE 认证服务。对于基于 AKA 的身份验证，此操作还可用于从安全上下文同步失败情况中恢复
NEF	Nnef_EventExposure	为事件开放提供支持
	Nnef_PFDManagement	为 PFD 管理提供支持
	Nnef_ParameterProvision	提供对可用于 5G 系统中的 UE 的供给信息的支持
	Nnef_Trigger	为设备触发提供支持
	Nnef_BDTNegotiation	为有关未来后台数据传输的传输策略协商提供支持
	Nnef_TrafficInfluence	提供影响流量路由的能力
SMSF	Nsmsf_SMService	此服务允许 AMF 为 SMSF 上的服务用户授权 SMS 和激活 SMS
UDR	Nudr_DM	允许网络功能服务消费者检索、创建、更新、订阅更改通知，取消订阅更改通知以及删除存储在 UDR 中的该网络功能服务消费者适用的数据。该服务还可用于管理运营商的特定数据
5G-EIR	N5G-eir_EquipmentIdentityCheck	该服务使5G-EIR能够检查永久设备标识符（Permanent Equipment Identifier，PEI）并确认 PEI 是否在黑名单中
NWDAF	Nnwdaf_EventsSubscription	该服务使网络功能服务消费者能够从 NWDAF 订阅/取消订阅不同类型的分析信息（例如网络切片实例的负载级别信息）
	Nnwdaf_AnalyticsInfo	该服务使网络功能服务消费者能够从 NWDAF 请求并获得不同类型的分析信息（例如网络切片实例的负载级别信息）
UDSF	Nudsf_UnstructuredDataManagement	允许网络功能消费者检索、创建、更新和删除存储在 UDSF 中的数据
NSSF	Nnssf_NSSelection	向网络功能服务消费者提供请求的网络切片信息
	Nnssf_NSSAIAvailability	根据每个TA为网络功能服务消费者提供 S-NSSAI 的可用性
BSF	Nbsf_Management	允许 PCF 注册/注销自己以及是否能由网络功能服务消费者发现
LMF	Nlmf_Location	该服务使网络功能能够请求目标 UE 的位置确认。它允许网络功能请求目标 UE 的当前测量和城市（可选）位置
CHF	Nchf_SpendingLimitControl	该服务能够将与订阅支出限制相关的策略计数器状态信息从 CHF 转移到网络功能服务消费者

| 2.3 NFV技术 |

2.3.1 NFV引入背景

传统核心网网元种类繁多，专用硬件资源难以共享，网元间接口多且不够开放。系统容量的规划和升级扩容也很复杂，软硬件高度耦合，功能定制烦琐，造成新业务部署周期长。传统的核心网已经不能适应 5G 时代流量井喷式暴增、业务快速迭代、需求多样化的要求，亟待在未来的核心网中引入新的技术。

NFV 技术主要是利用虚拟化技术来解耦传统电信设备的功能和相关硬件，实现电信功能节点的软件化，通过通用硬件的有效运用来改善传统电信设备的架构方式，实现网络价值由专用硬件设备向软件+通用硬件方式的迁移和调整，使其由原有的竖井式体系逐步向节点式、软件化的方向发展，实现快捷的网元部署、更新以及容量的按需调整。NFV 技术的引入有利于降低系统部署和管理维护成本，提供更好的网络弹性，快速支持功能升级及扩展，加快新业务上线速度。自 2013 年研究至今，NFV 技术的引入及部署策略日益完善，产业重心加速调整，并已取得了实质性的成果。在核心网中引入 NFV 技术，可以使电信运营商的网络结构更简洁，运维效率更高。NFV 是 5G 网络的必选基础技术之一。

2.3.2 NFV标准架构

NFV 从整体架构上可分为 NFV 基础设施（Network Function Virtualization Infrastructure，NFVI）域、虚拟网络功能（Virtual Network Function，VNF）域和 MANO 域，如图 2-25 所示。

NFVI 域：NFVI 是 NFV Infrastructure 的缩写，可以理解为云计算中的基础设施资源池。NFVI 采用虚拟化技术，将物理计算、存储、网络资源转变为虚拟资源。NFV 标准架构中并未对 NFVI 定义特殊需求，主要利用 IT 领域的当前技术。

VNF 域：VNF 主要实现传统电信网元的功能；VNF 所需资源需要分解为虚拟的计算、存储、网络资源，并由 NFVI 来承载。多个 VNF 间的接口依然采用传统网络定义的接口（如 3GPP、ITU-T 等定义的接口），VNF 的网络管理依然采用网元（Network Element，NE）—网元管理系统（Element Management System，EMS）—网络管理系统（Network Management System，NMS）的方式。

MANO 域：MANO 是 ETSI NFV-ISG 提出的创新架构，是实现电信级网络虚拟化的重要技术手段。MANO 负责管理和编排 NFVI 和 VNF，以及业务和 NFVI 资源间的映射关联、运营支撑系统（Operation Support System，OSS）业务资源流程的实施等。MANO 内部包括虚拟化基础设施管理器（Virtualized Infrastructure Manager，VIM）、

VNF管理器（VNF Manager，VNFM）和NFV编排器（NFV Orchestrator，NFVO）3个功能实体，分别完成对NFVI、VNF和网络服务（Network Service，NS）3个层次的管理。

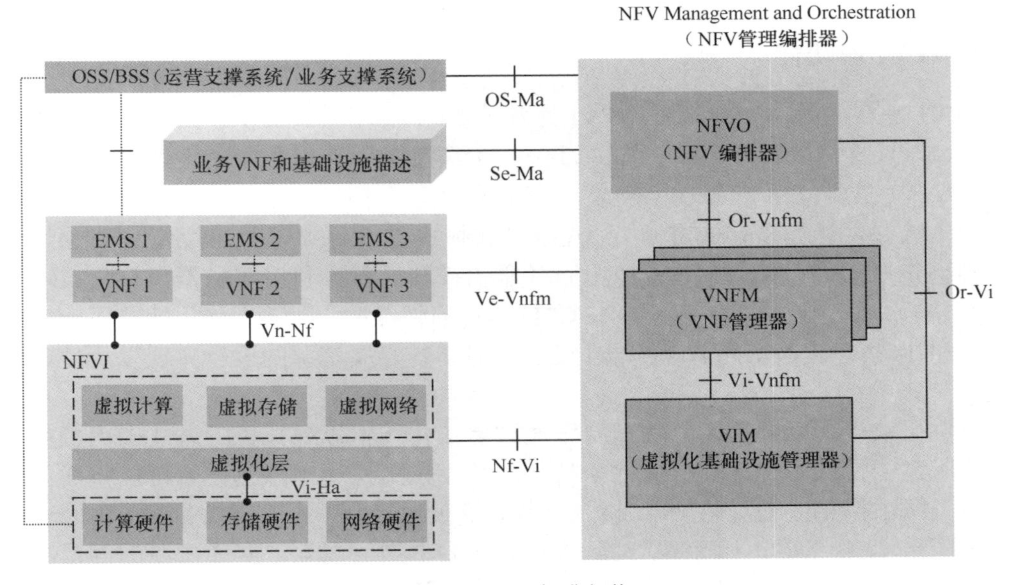

图 2-25　NFV标准架构

按照NFV技术架构，一个业务网络可以分解为一组VNF和VNF链路（VNF Link，VNFL），表示为VNF转发图（VNF Forwarding Graph，VNF-FG）；每个VNF又可以分解为一组VNF组件（VNF Component，VNFC）和内部连接图，每个VNFC实例以1:1方式映射到NFVI虚拟化层接口Vn-Nf；每个VNFL对应着一个IP连接，需要分配特定的链路资源（由流量、QoS、路由等参数表征）。通过MANO的编排，业务网络可以自顶向下分解到资源层，虚拟机（Virtual Machine，VM）等资源由NFVI分配，VNFL资源需要与承载网网管系统交互，由IP承载网分配。

NFVO：NFVO是MANO域的控制中心，负责统一管理和编排NFV基础设施资源和软件资源；实现网络业务（分解到多个网元的组合）到NFVI的部署；一般整个网络部署一套编排器，可采用分布式、集群方式部署，从而提升编排器的处理能力和可靠性。

VNFM：VNFM负责管理VNF的生命周期，包括实例化、升级、扩容、缩容、下线等；VNFM与VNF间的关系可以是1:1，也可以是1:*N*；VNFM可以管理同类VNF，也可以管理不同类VNF。

VIM：包括资产管理功能、资源池化功能、资源管理和分配功能以及运维功能。资产管理功能包括物理资产（服务器/交换机/存储）和软件资产（Hypervisor/基本输入输出系统BIOS等）管理；资源池化功能将硬件资源虚拟化，形成计算、网络、存储资源池；资源管理和分配功能支持虚拟机的分配和调整，管理虚拟机的生命周期；运维功能提供NFVI的管理和可视化，对NFVI性能和故障进行监测、统计分析，故障信息收集、上报和资源隔离，NFVI 容量规划、优化等。

2.3.3 NFV 功能与接口

1. NFVI 域功能

NFVI 是整个 NFV 的基础，NFVI 为各种 NFV 应用场景提供了所需的各类软硬件资源。NFVI 支持多物理节点分布式部署，可满足各种应用场景对地理位置和时延的要求。NFVI 主要包括计算（含存储）、虚拟化和基础网络 3 个域。

计算域提供计算和存储资源，通过虚拟化域提供给各类 VNF 网元，同时通过接口与基础网络域通信。NFVI 基于通用服务器和存储设备，利用服务器虚拟化技术实现资源的整合，同时通过应用高速多核 CPU 实现高性能分组处理，利用智能网卡实现负载分担和 TCP 卸载等功能。计算域主要关注计算、存储资源的逻辑实现以及性能优化问题。

虚拟化域将计算域提供的物理资源通过虚拟化技术以虚拟机的方式向上提供，虚拟化技术是云计算中的一项核心底层技术。从理论上说，虚拟化技术可以将任何异构的物理资源虚拟化成通用的 CPU 指令集等，但实际上会带来性能的损耗，因此一般都是基于同一 CPU 架构（如 x86）构建虚拟化平台。如何高效地实现资源的复用与隔离是虚拟化域主要关注的问题，这类问题在云计算相关书籍中有详细论述。对于 NFV 应用而言，性能是一个非常重要的指标。目前主要存在下述性能优化方式。

➢ 多核处理器支持多个独立并行线程。

➢ 单片系统（System on Chip，SoC）集成包括动态随机存取存储器接口、网络接口、存储接口、多核处理、网络/存储/安全/应用加速在内的多种功能。

➢ 特定的 CPU 增强功能，实现对内存的调度以及对虚拟机内存的直接访问。

➢ PCI-e 总线增强，如单根 I/O 虚拟化（Single Root I/O Virtualization，SR-IOV）。

基础网络域主要实现分布式 VNF 间的通信、不同 VNF 间的通信、VNF 和 MANO 间的通信、NFVI 和 MANO 间的通信、远程配置 VNF、与运营商网络的连接等功能。除此之外，基础网络域还需具备下述能力。

➢ 编址方式，包括地址分配和管理。

➢ 路由机制。

➢ QoS 机制，如带宽分配机制、分组丢失优先级机制、有保证的最小时延抖动。

➢ 操作管理和维护（Operation, Administration and Maintenance，OAM）机制，确保网络连接的可靠性、可用性和完整性。

2. VNF 域功能

VNF 是由 NFVI 承载，并受 MANO 管理的一个网络功能集。VNF 的具体实现根据其功能不同而有所不同，但从软件实现架构的角度而言，VNF 具有统一的功能架构，如图 2-26 所示。

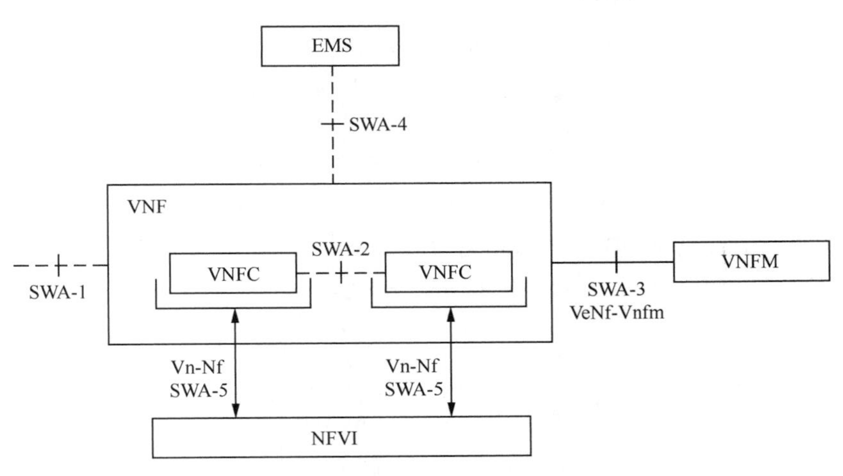

图 2-26　VNF 技术架构

VNF 可实现 3GPP 或因特网工程任务组（Internet Engineering Task Force，IETF）等标准化组织规定的网元功能和接口，一个 VNF 也可实现一系列网元功能集。为了实例化一个 VNF，VNFM 会创建一个或多个 VNFC 基础设施（VNFC Infrastructure，VNFCI）。每个 VNF 都会有一个对应的 VNF 描述器（VNF Descriptor，VNFD），初始的配置与状态信息存储在其中，同时迁移、横向扩展、纵向扩展、改变网络连接等操作信息也存储在 VNFD 中。

VNF 中的基本软件单元称为 VNFC，VNF 的功能由一个或多个 VNFC 组成，VNFC 实例以 1:1 的方式映射到 NFVI 虚拟化层接口 Vn-Nf。值得注意的是，实现一个 VNF 功能所包含的 VNFC 以及多个 VNFC 间的接口由 VNF 提供商自行决定，因此，不同厂家提供的两个功能相同的 VNF 网元可能有着截然不同的 VNFC 或者 VNFC 间的内部接口。如何从一系列 VNFC 构造一个 VNF，取决于很多因素，包括可扩展性、可靠性、安全或其他非功能目标的权衡、来自其他 VNF 提供商的组件的集成、运营考虑以及已有代码库等。

NFV 的一个重要目标就是网络的功能可以实现软硬件解耦，软件能力由多个 VNF 实现，VNF 可以按需实现动态伸缩。如何将一个网络功能/网元划分为一个或多个 VNF，是一个非常值得关注的问题，应遵守 ETSI 提出的两项基本原则。

- 功能性：被业界广泛认可及定义的功能。
- 原子性：VNF 的划分必须确保开发、测试和部署的独立性。

3. MANO 域功能

NFV 架构带来了新的功能实体，即 VNF。多个 VNF 能够以业务链的方式进行连接，从而提供灵活的网络功能，这些都对虚拟资源的管理和编排提出了新的要求。NFV 的 MANO 域正是为了解决 NFV 基础设施管理、资源和网元灵活编排等问题而提出的。

总体而言，MANO 的管理对象包括 NFVI、VNF 以及 NS。对于 NFVI 而言，MANO 负责资源的发现、配置、部署、编排、监控以及故障/性能管理；对于 VNF，除实现传统的故障、配置、计费、性能、安全（Fault, Configuration, Accounting, Performance and

Security，FCAPS）五大通用管理功能外，还包括了对 VNF 的生命周期管理，如 VNF 实例创建、缩放、更新/升级、终结、监测等；对于 NS，MANO 负责实现生命周期管理，包括网络业务发放、实例化、伸缩、升级、业务链的生成与管理，及业务的终结等。

MANO 功能架构如图 2-27 所示，主要包括 VIM、VNFM、NFVO 等功能模块，涉及 NS 目录、VNF 目录、NFV 实例库、NFVI 资源库等数据仓库，同时与业务支撑系统（Business Support System，BSS）/OSS、EMS/NMS、VNF 和 NFVI 等模块实现交互。

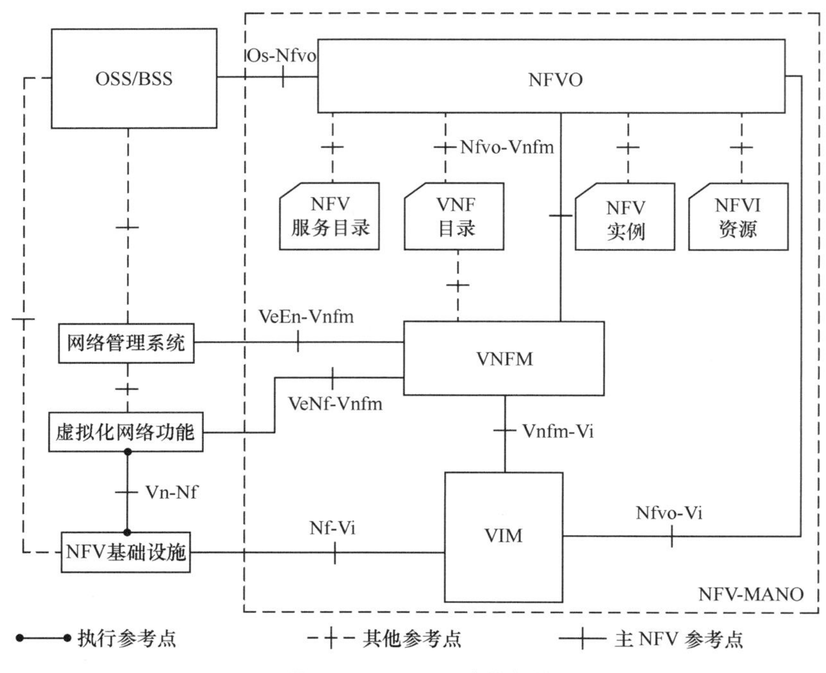

图 2-27　MANO 功能架构

为了对指定数据流加载指定的网络功能，需要将多个网元按照特定顺序连接在一起，数据将依次流经这些网元并被处理。按照这种方式连接在一起的网元便形成了“业务链”。

IETF 业务功能链（Service Function Chaining，SFC）工作组认为传统的网络业务链存在下述几类问题。

（1）拓扑相关性

网络业务的部署往往与网络拓扑紧耦合，业务提供商很难对资源进行优化并降低复杂性，这也限制了业务部署的规模、容量和冗余性。同时，这种拓扑仅是“插入”业务功能（确保流量能经过业务功能点），而不是从流量传输的角度去考虑。举例来说，防火墙经常需要一个 IN 方向和一个 OUT 方向的二层分段，增加一个防火墙就需要重新改变拓扑结构（即需要新增一个二层网络段）。随着所需的网络业务增多（一般这些业务都有着严格的顺序要求），拓扑结构需随之改变。在这种拓扑结构中，无论业务是否被启用，所有的流量均需遵循同样的流向。

与拓扑的紧耦合同时限制了网络业务的选择与部署位置。网络业务在拓扑中的位置是固定的，因此改变业务的顺序或者基于流来引导流量是不可能实现的。一个典型的例子是 Web 服务器使用负载均衡器作为默认网关，当 Web 服务处理不需要负载均衡的流量（如管理或备份流量）时，仍需通过负载均衡器。这就使网络管理员需要配置复杂的路由策略或者创建更多的接口来提供可变化的拓扑。

（2）配置复杂性

拓扑相关的一个直接后果就是整体配置复杂，特别是部署 SFC 时。一些诸如改变业务顺序等简单的动作都需要变更拓扑。而拓扑的频繁改变正是运营商需要极力避免的。

（3）有限的高可用性

与拓扑相关导致业务功能的高可用性受限。由于各类网络业务均需基于特定拓扑来实现，冗余业务节点也需要与主业务节点在同一个拓扑中。

（4）业务功能的顺序调整困难

对于管理员而言，许多网络业务有着严格的顺序规定，因此很难实现对业务顺序的灵活调整。

（5）虚拟局域网（Virtual Local Area Network，VLAN）依赖性

业务链依靠如 VLAN 包头等信息来实现业务策略选择。这些信息受可扩展性、多租户及复杂性等因素的影响，改变起来很困难。同时，这些包头信息不能传递足够的信息给业务。

（6）传输独立性

网络业务需要被部署在网络的多个节点上，包括 Underlay 网络和 Overlay 网络。拓扑相关的结果导致业务需支持多种传输封装或者需要提供网关才能在多个网络节点环境中实现传递。

（7）业务部署的弹性不足

对于业务的更改，很大程度上需要调整 VLAN 和路由策略，因此业务部署很难快速实现。

（8）流量选择实现困难

所有在同一网络段的流量都必须流经业务网元，无论是否确实需要。

（9）有限的端到端业务可视性

业务的故障定位是复杂的，必须同时考虑网络和业务，特别是对于跨数据中心或跨管理域的场景。另外，由于物理环境和虚拟环境的拓扑可以高度不一致，因此拓扑的变化也会导致故障定位困难。

（10）预分类缺乏标准

每个业务的分类方式都不一样，没有统一的标准。

（11）双向流配置复杂

SFC 是双向的还是单向的取决于业务对状态的要求。在单向 SFC 中，业务仅在一个方向有效，而双向 SFC 则在两个方向均有效。如深度分组检测（Deep Packet Inspection，DPI）和防火墙等一般需要双向 SFC，从而确保流状态的一致性。现有的业务部署模型基于静态的方法，因此需要复杂的配置。

（12）多厂家业务功能互操作受限

在多厂家设备上部署业务，各厂家的配置规范都不同，因此导致互操作性受限。

为解决上述问题，一条理想的 SFC 应该具备业务叠加、业务分类和数据平面元数据的能力。

业务叠加是指业务链可基于叠加（Overlay）方式实现业务拓扑的创建。该方式在不改变底层网络拓扑的情况下利用叠加网技术实现各类网元的灵活串接及网络业务的提供，服务提供商可以灵活地部署网元。拓扑连接灵活，可以以任意顺序将各网元进行串接。增加新的网元或提供新的网络业务也仅需要在叠加网层面进行变动，而不需要改变底层的物理网络设备和配置。另外，该方式还能提供详细的、基于业务的特定信息，从而有助于业务的故障检测。

业务分类实现了基于业务的流量甄别，不同流量的流向可以不同。这种分类能力取决于用户的需求以及业务具备的能力。基本的分类可以实现不同的流量对应不同的 SFC，高级的分类可以在一个特定的 SFC 内改变业务功能的顺序。

数据平面元数据提供在逻辑分类点和业务网元间交换信息的能力。元数据包括了前序分类器以及/或来自外部源的信息。业务网元利用元数据进行本地策略决策。使用元数据还可以对网络策略与网络拓扑进行解耦，并实现基于业务的分类（重分类）。

在 NFV 的定义中，一条典型的 SFC 如图 2-28 所示，在两个物理网络功能间存在不同的 SFC，将不同的 VNF 网元串接，从而提供不同的网络业务。这些 SFC 通过元数据实现信息的共享、流量的识别以及转发路径的生成。

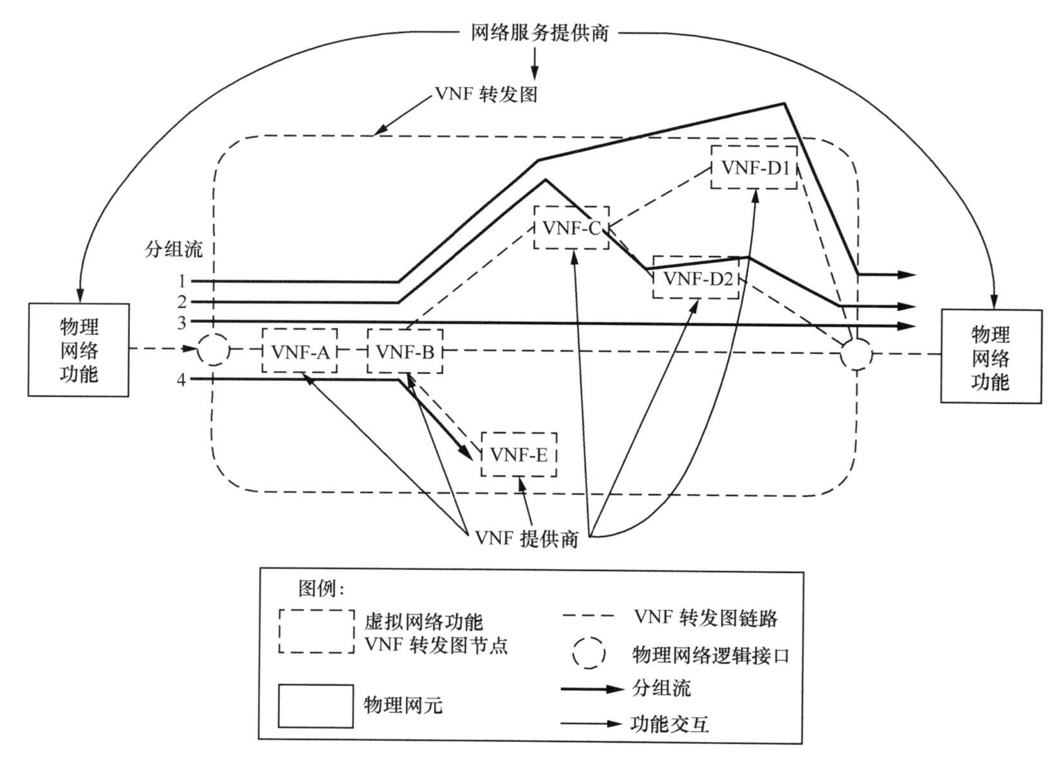

图 2-28　SFC

4. NFV 架构接口

NFV 架构的各部分之间通过以下接口进行交互。

➢ Vi-Ha：虚拟化层和硬件资源之间的接口，为虚拟化层创建 VNF 运行环境，并收集有关硬件资源的状态信息。

➢ Vn-Nf：VNF 和 NFVI 之间的接口，表示 NFVI 提供给 VNF 的运行环境。

➢ Vi-Vnfm：VNFM 组件和 VIM 组件之间的接口，用于 VNFM 发出的资源分配请求、虚拟硬件资源配置和状态信息交换。

➢ Or-Vnfm：MANO 编排组件和 VNFM 组件之间的接口，作用包括资源相关请求、发送配置信息到 VNFM，收集对于网络服务生命周期管理必要的 VNF 状态信息。

➢ Or-Vi：MANO 编排组件和 VIM 组件之间的接口，用于编排组件的资源预留和分配请求、虚拟硬件资源配置和状态信息交换。

➢ Nf-Vi：NFVI 和 VIM 组件之间的接口，用于虚拟资源分配、虚拟资源状态信息转发、硬件资源配置和状态信息交换。

➢ Ve-Vnfm：VNF/EMS 和 VNFM 组件之间的接口，用于 VNF 生命周期管理请求、配置信息交换、网络服务生命周期管理所需信息的交换。

➢ Se-Ma：VNF 业务和基础设施描述与 MANO 之间的接口，用于检索 VNF 部署模板信息、VNF 转发图、服务相关信息和 NFV 基础设施信息模型。这些信息可被 MANO 的编排组件和 NFVM 组件使用。

➢ OS-Ma：OSS/BSS 和编排组件与 NFVM 组件之间的接口，用于 VNF 生命周期管理请求、NFV 相关状态信息转发和数据分析交换等。

2.3.4 NFV 性能提升技术

通信网元可以分为控制类网元和转发类网元：控制类网元需要提供高可靠性保证，转发类网元需要提供高吞吐量线速转发。

但目前通用化硬件 I/O 能力及软件化网元功能仍不能匹配电信网络的需求，难以满足一些要求较高计算能力的特殊功能（如加解密、编解码、深度报文解析等）。另外，NFV 引入中间件会造成一定的性能损耗。因此，目前业界主要从虚拟计算能力和虚拟网络转发能力两方面出发，提出了多种解决方案，对虚拟化内核进行有针对性的优化，从而满足电信网络高速转发、密集计算的性能需求，实现 NFV 真正大规模落地部署。

1. 虚拟计算能力优化

（1）CPU 绑定隔离

CPU 绑定是指将某个虚拟机的 vCPU 与物理 CPU 做一对一的绑定，从而防止虚拟机对物理 CPU 的无序竞争和抢占，保证一些关键电信业务不受其他业务的干扰，提高这些电信业务的性能和实时性，如图 2-29 所示。

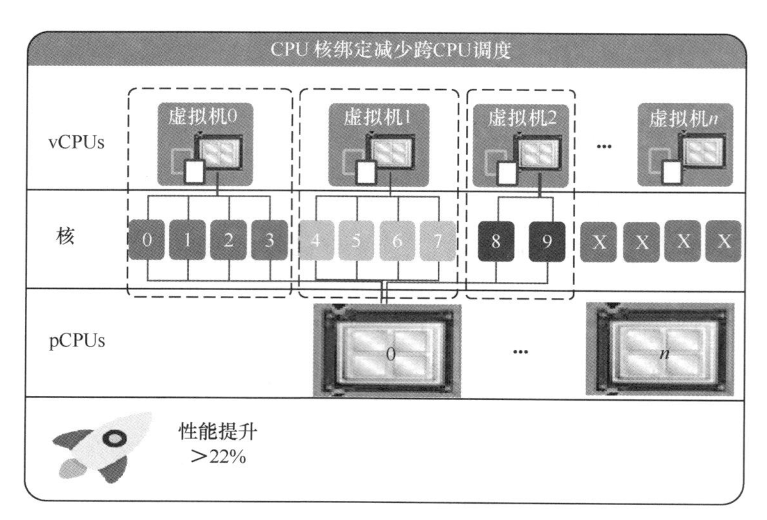

图 2-29　CPU 绑定隔离

（2）非统一内存访问（Non-uniform Memory Access，NUMA）

NUMA 技术将全局内存打散，分给每个 CPU 独立访问，避免多个 CPU 访问内存时因资源竞争导致性能下降。云平台在虚拟机部署时，尽量将其虚拟 CPU 与内存部署在一个 NUMA 节点内，避免虚拟机跨 NUMA 节点部署，以此降低内存访问的时延，如图 2-30 所示。

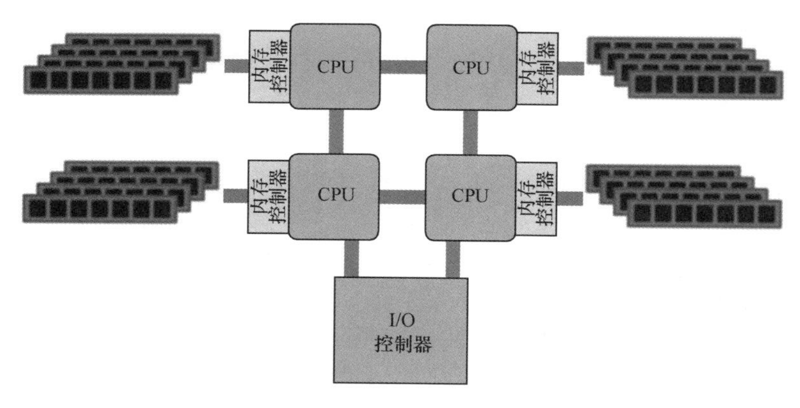

图 2-30　NUMA

（3）巨页内存

虚拟机使用巨页内存机制，减少客户程序缺页次数，从而提高访问性能，如图 2-31 所示。

巨页内存的基本原理如下：

假设虚拟机 Hypervisor 将地址范围为 11～20 的这部分内存分配给线程使用，对于 Hypervisor 来说，这部分内存的地址范围为 11～20，但线程内部有自己的寻址方式，可能是 1～10。因此，Hypervisor 需要维护内外地址的对应关系，称为地址映射。

CPU 内存管理单元的寄存器中会保存地址映射表，但能够保存的条目有限，因此剩余的地址映射关系将在内存中保存。在地址映射表中查询不到的映射关系需要到内存中查询，因此访问地址映射表的速度比访问内存快得多。

现代操作系统对内存都是分页处理，默认页大小为4KB。内存管理单元中保存的地址映射表和内存中保存的地址映射关系都是以页为单位，内存越大，页数越多，地址映射表条目越不足。因此，提高页尺寸能够降低地址映射表的大小，提高地址映射表的命中率，减少客户程序缺页次数，能够达到提升内存性能的效果，如图2-31所示。

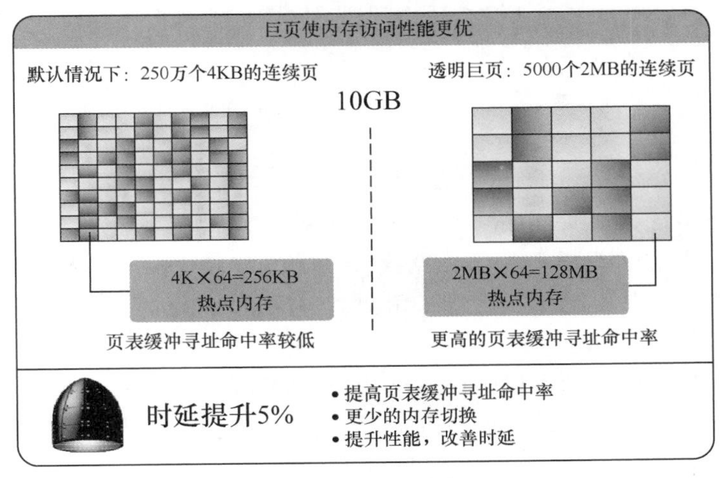

图2-31 巨页内存

2. 虚拟网络转发能力优化

（1）数据平面开发套件（Data Plane Development Kit，DPDK）

英特尔提供了x86平台报文快速处理的库和驱动的套件，通过旁路内核协议栈、采用轮询方式进行报文收发、巨页内存机制、基于流识别的负载均衡等多项技术来实现高性能网络报文转发能力，如图2-32所示。

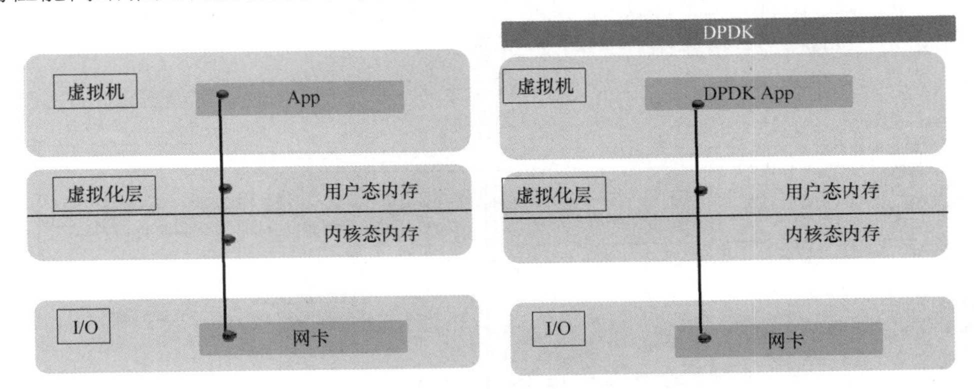

图2-32 DPDK实现高性能网络报文转发

（2）单根I/O虚拟化（Single Root I/O Virtualization，SR-IOV）

SR-IOV是一种基于硬件的虚拟化通道技术。虚拟机直接连接到物理网卡上，获得等同于物理网卡的I/O性能，提升吞吐量并降低时延，且多个虚拟机之间可以高效共享物理网卡，如图 2-33 所示。

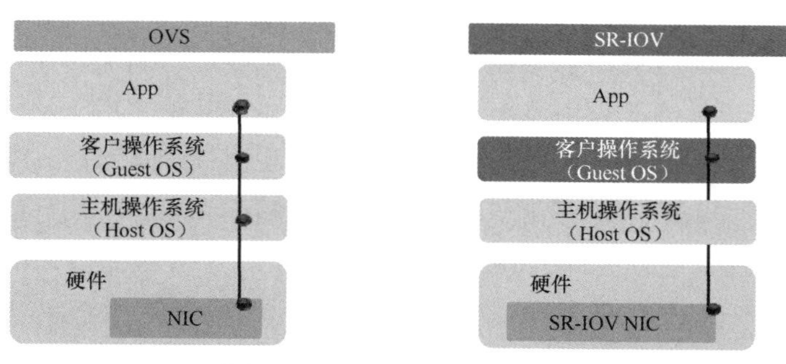

图 2-33　SR-IOV 高性能转发

（3）开源虚拟交换机（Open vSwitch，OVS）

OVS 是基于软件实现的开源虚拟交换机，OVS 支持 OpenFlow 协议，可与许多开源虚拟化平台整合，传递虚拟机之间的流量，并实现虚拟机与外界网络间的通信。

（4）超线程技术

要求硬件支持超线程技术以提高 CPU 的并发处理数，使得单个处理器可使用线程级并行计算，减少 CPU 的闲置时间。

（5）硬件加速机制

NFV 技术采用通用硬件来承载电信业务，对于某些特殊业务，采用上述（1）～（3）的软件加速方式而不是专有硬件处理，会导致转发性能的显著下降，因此需要引入硬件加速技术来解决相关业务的转发性能问题。目前业界主流的专用硬件加速技术包括通用加速资源池、专用 PCI 加速卡或 CPU 内置加速芯片等。面向 eMBB、uRLLC 及边缘计算场景，转发加速和计算加速需求更为突出。当前重点关注的业务需求主要包括：

- OVS 加速，为所有网元提供普遍的网络转发加速能力；
- 网元业务加速，如 UPF；
- 面向 AI、图像处理的图形处理器（Graphic Processing Unit，GPU）加速等。

NFV 硬件加速方案整体架构如图 2-34 所示。

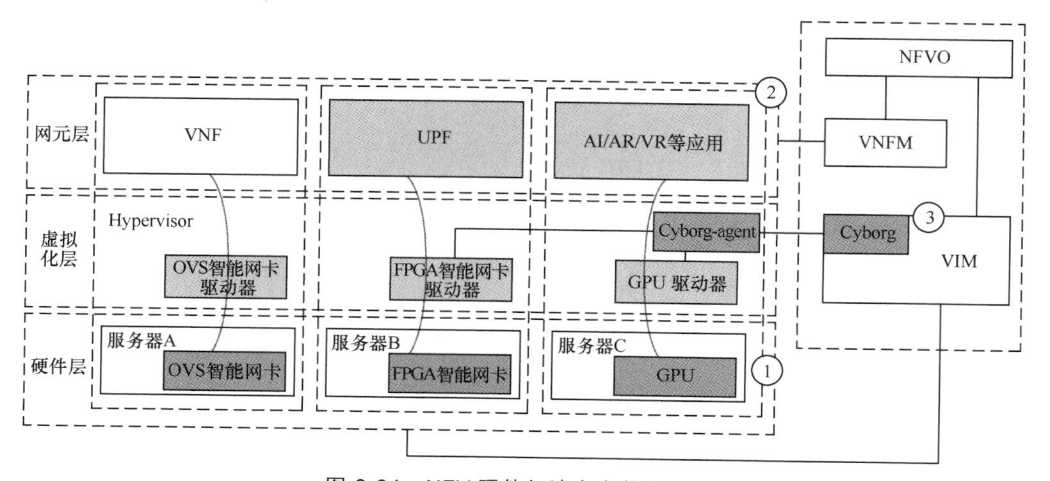

图 2-34　NFV 硬件加速方案整体架构

2.4　边缘计算技术

2.4.1　MEC 引入背景

5G 业务呈现出需求多样性的特点。eMBB 场景提供大流量移动宽带业务，峰值速率超过 10Gbit/s，带宽要求高达每秒几十吉比特，典型业务场景包括高清视频、高速下载、VR/AR 等。eMBB 业务大带宽的特点给无线回传网络带来了很大的压力，而将业务下沉至网络边缘，增加业务在本地的分流有利于减轻回传网络的压力。uRLLC 场景面向超高可靠低时延业务，端到端可靠性要求高达 99.999%，时延要求小于 1ms，典型业务场景包括自动工业控制、自动驾驶、远程医疗等，满足数字化工业更高的要求。面对 uRLLC 场景，将业务下沉至网络边缘，使业务提供节点尽量靠近用户，可以减少网络传输的跳数，同样有利于降低网络时延。

而传统的电信云通常采用大规模集中部署的方式建设，无法满足上述两个场景的应用特点，因此需要结合业务需求的变化调整电信云部署方式，以及时应对 5G 时代不同场景的业务需求。MEC 技术正是面向这种需求的完美解决方案。5G 时代，MEC 技术的应用前景十分广阔，云计算、NFV、SDN 和 ICT 等技术的应用也推动了 MEC 技术的发展。ETSI 发布了 MEC 技术的七大业务场景，具体业务场景特点及解决的问题详见表 2-3。

表 2-3　MEC 技术的七大业务场景

场景名称	场景特点	MEC 解决的问题
智能视频加速	大容量	网络拥塞
视频流分析	大容量	视频云端或源头处理成本高、效率低
VR/AR	低时延	信息处理的精确性和时效性
密集计算辅助	大连接	密集计算能力
企业网与运营商网络协同	企业网平台优化	运营商网络和企业网智能选择
车联网	低时延	分析和决策的时效性
IoT 网关	海量数据	数据本地处理与存储

MEC 作为融合了网络、计算、存储、核心应用能力的开放平台，是 5G 演进的关键技术。MEC 通过将计算、存储能力与业务向网络边缘迁移，实现应用和内容的本地化、近距离分布式部署，具备超低时延、超大带宽、高实时性分析处理等特点，从而在一定程度上解决了 eMBB、uRLLC 以及 mMTC 等应用场景的多样化业务需求，满足行业数字化在快速连接、实时业务、数据优化、应用智能、安全与隐私保护等方面的关键需求。首先，MEC 部署在网络边缘位置，边缘服务在终端设备上运行，反馈更迅速，可有效支撑时延敏感型业务（车联网、远程控制、视频监控与分析等）以及大计

算和高处理能力要求的应用，提升了用户的业务体验，促进运营商实现从连接管道向信息化服务使能平台的转型。其次，MEC 将内容与计算能力下沉，提供智能化的流量调度，将业务本地分流、内容本地缓存，降低对核心网及骨干传输网的占用，有效提升运营商的网络效率。另外，MEC 通过充分挖掘网络数据和信息，实现网络上下文的感知分析，并开放给第三方业务应用，为合作开发者提供协作和开发新商业模式的机会，有效提升了网络智能化水平，促进业务深度融合，为运营商构建网络边缘生态奠定基础。因而，MEC 将是 5G 网络边缘云部署的最佳选择。基于服务化架构，5G 协议模块可以根据业务需求灵活调用，为构建边缘网络提供了技术标准，使 MEC 可以按需、分场景灵活部署在无线接入云、边缘云或汇聚云等层面上。

MEC 的业务本质是云计算在数据中心之外汇聚节点的延伸和演进，主要包括云边缘、边缘云和边缘网关 3 类落地形态；以“边云协同”和“边缘智能”为核心能力发展方向；软件平台需要考虑导入云理念、云架构、云技术，提供端到端实时、协同式智能、可信赖、可动态重置等能力；硬件平台需要考虑异构计算能力，如鲲鹏、ARM、x86、GPU、嵌入式神经网络处理器（Neural-network Processing Units，NPU）、现场可编程门阵列（Field Programmable Gate Array，FPGA）等。

基于边缘计算 2.0 的 MEC 形态如图 2-35 所示。

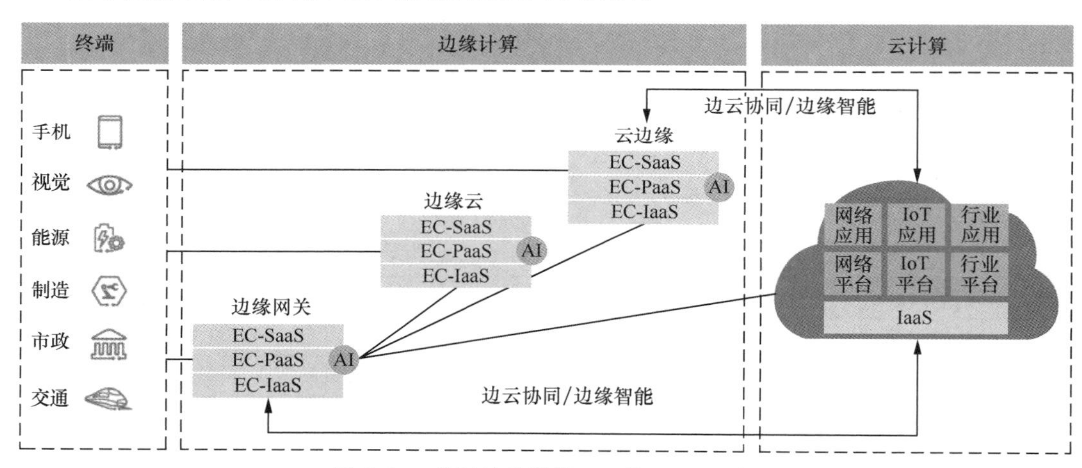

图 2-35　基于边缘计算 2.0 的 MEC 形态

云边缘：云边缘形态的边缘计算，是云服务在边缘侧的延伸，逻辑上仍是云服务，主要的能力提供依赖云服务或需要与云服务紧密协同。如华为云提供的 IEF 解决方案、阿里云提供的 Link Edge 解决方案、AWS 提供的 Greengrass 解决方案等均属于此类。

边缘云：边缘云形态的边缘计算，是在边缘侧构建中小规模云服务能力，边缘服务能力主要由边缘云提供；集中式数据中心侧的云服务主要提供边缘云的管理调度能力。如 MEC、内容分发网络（Content Delivery Network，CDN）、华为云提供的 IEC 解决方案等均属于此类。

边缘网关：边缘网关形态的边缘计算，以云化技术与能力重构原有的嵌入式网关系统，边缘网关在边缘侧提供协议/接口转换、边缘计算等能力，部署在云侧的控制器提供边缘节点的资源调度、应用管理、业务编排等能力。

2.4.2 MEC 平台架构

根据 ETSI 的定义，MEC 平台架构如图 2-36 所示。MEC 平台架构定义了 MEC 平台的功能实体以及包括 Mp、Mm、Mx 在内的 3 类参考点，同时对功能实体之间的关系进行了描述。3 类参考点中，ME 平台应用相关参考点用 Mp 表示，管理相关参考点用 Mm 表示，外部实体相关参考点用 Mx 表示。

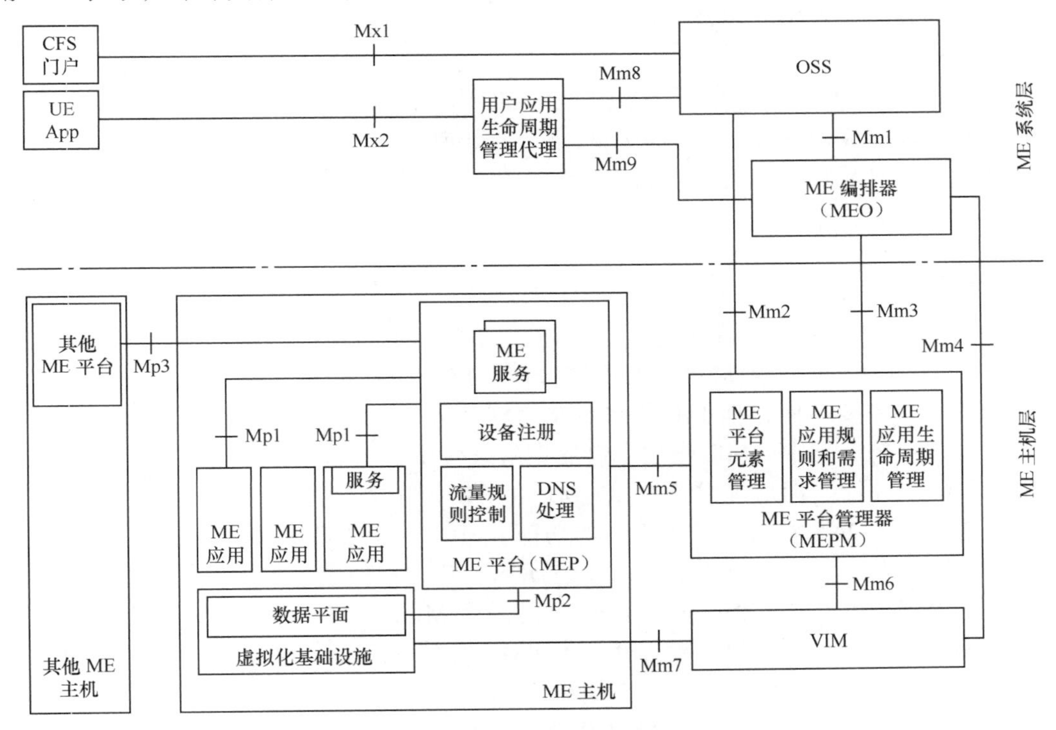

图 2-36 MEC 平台架构

ETSI 定义的 MEC 平台架构按纵向分层方式可分为 ME 主机层和 ME 系统层，按功能架构可分为 ME 主机、ME 管理、面向用户的服务（Customer-Facing Service，CFS）门户等。

1. ME 主机

ME 主机由虚拟化基础设施、ME 平台（Mobile/Multi-access Edge Computing Platform，MEP）和 ME 应用（ME App）组成。

（1）虚拟化基础设施

虚拟化基础设施为移动边缘应用程序提供计算、存储和网络资源，以及为 ME 应用提供与时间相关的信息。虚拟化基础设施同时实现数据转发平面的功能，为 ME 平台的数据执行数据转发规则，为各种应用和服务提供流量路由。

（2）ME 平台

ME 平台是运行在虚拟化基础设施上的 ME 应用程序，提供移动边缘服务所需的基本功能和服务能力。ME 平台接收 ME 应用或服务、ME 平台管理器（ME Platform Manager，MEPM）下发的流量转发规则，并基于转发规则向数据转发平面下发指令。ME 平台的基础功能主要包括内容路由选择、底层数据分组解析、上层应用注册管理以及无线信息交互等，具备无线网络信息提供、虚拟机通信服务、流量旁路、应用与服务注册等能力。ME 平台通过 API 完成和基站、上层应用层之间的接口协议封装。

ME 平台支持本地配置 DNS 代理服务器，由 DNS 代理服务器负责对数据流量进行重定向，并指向所需应用及服务。

（3）ME 应用

ME 应用是运行在虚拟化基础设施上的虚拟机实例，利用 MEC 功能组件进行组合封装，形成虚拟应用并通过标准接口对第三方开放，从而实现无线网络能力的对外开放以及第三方对无线网络能力的调用。典型的 ME 应用包括本地分流、无线缓存、AR、业务优化以及定位等。

2. ME 管理

ME 管理包括 MEPM、VIM 以及运行在运营商网络中的 ME 编排器（ME Orchestrator，MEO）和 OSS 功能、用户应用生命周期管理代理（User App LCM Proxy）等。

MEPM 的主要功能包括 ME 平台元素管理、ME 应用生命周期管理以及 ME 应用规则和需求管理。其中，ME 应用生命周期管理负责创建和终止 ME 应用程序，并将应用相关的事件指示消息提供给 MEO。ME 应用规则和需求管理则主要负责实现认证、流量规则设置、DNS 配置和冲突协调等功能。MEPM 和 ME 平台之间采用 Mm5 参考点互通，该参考点负责配置平台和流量过滤的规则、管理应用的重定位，并对应用的生命周期程序提供支持。MEPM 与 OSS 之间采用 Mm2 参考点互通，Mm2 参考点主要负责对 ME 平台进行配置和性能管理。MEPM 与 MEO 之间采用 Mm3 作为参考点，负责支撑应用生命周期管理以及应用策略设置，同时为 ME 可用服务提供时间相关信息。

VIM 主要负责对承载 ME 应用的虚拟资源进行管理，主要功能包括分配或释放包含计算、存储和网络在内的各类虚拟资源，也可以在 VIM 上存储软件映像，提供应用的快速实例化。VIM 还负责收集并向上层管理实体上报虚拟化资源信息，向 MEO 上报信息的参考点为 Mm4，向 MEPM 上报信息的参考点为 Mm6。

MEO 主要负责对 MEC 的资源和容量进行宏观的掌控，是 ME 服务所提供的最核心的功能。MEO 掌控范围内的资源主要包括已完成部署的 ME 主机/服务、主机可用资源、实例化应用和网络拓扑等。MEO 通过综合考虑用户需求以及主机可用资源来为用户选择合适的 ME 主机，并在用户需要切换主机时触发切换程序。ME 应用的实例化通过位于 MEO 和 OSS 之间的 Mm1 参考点来触发，ME 应用的终止亦然。MEO 与 VIM 之间通过 Mm4 参考点来管理虚拟化资源和应用的虚拟机映像，同时维护可用资源状态信息。

ME 管理中的 OSS 功能是支持 MEC 系统运行的最高层面管理实体。OSS 负责接收来自 CFS 门户和 UE 的实例化请求或终止 ME 应用请求，并对应用数据分组进行检查，确认请求是否完整以及授权信息是否合法。通过 OSS 检查的请求数据分组将经由 Mm1 参考点转发至 MEO 进行处理。

用户应用生命周期管理代理是提供 ME 用户请求应用相关的实例化和终止等服务的实体，负责对所有来自外部云的请求进行认证，可以实现外部云和 MEC 系统之间的应用重定位，然后分别通过 Mm8 和 Mm9 参考点发送给 OSS 和 MEO 做进一步处理。生命周期管理（Life Cycle Management，LCM）仅可通过移动网络接入，LCM 通过 Mx2 参考点与 UE 实现通信。

3. CFS 门户

CFS 门户主要负责为第三方提供 MEC 系统的接入点。开发商可以通过 CFS 门户将自己开发的应用接入运营商的 MEC 系统，个人/企业用户也可通过 CFS 门户选择并使用 MEC 系统中的应用，应用使用的时间和地点也可以通过门户来指定。Mx1 参考点为 CFS 与 OSS 之间的通信提供基础保障。

2.4.3 MEC 关键技术

1. 基于 MEC 的本地分流技术

MEC 技术能够提供低时延、大带宽传输能力的前提是业务应用的就近部署，因此 MEC 平台首先需要具备的基础能力之一就是为数据提供本地分流的能力。

为了满足 5G 应用场景大带宽和低时延的特性要求，MEC 边缘云在部署时将与 5G 网络架构深度融合，其业务分流、策略控制、QoS 保证等功能都将通过标准的 5G 网络功能予以实现。基于 5G 核心网的 C/U 分离式架构，UPF 需要下沉到网络边缘部署，实现数据流量的本地分流。而 SMF 等控制平面功能网元则通常采用集中方式部署，对部署在 MEC 的 UPF 进行统一配置以及分流策略的统一下发。本地 MEC 上 UPF 需要的分流规则，通过接口告知 PCF，PCF 将分流策略配置给 SMF，SMF 对所有流量进行集中调度，可采用本地数据网络（Local Area Data Network，LADN）、UL CL（上行分类）或 IPv6 多归属等方案实现边缘 UPF 的选择，需要分流的本地流量直接在本地边缘 UPF 卸载，非本地流量则由本地边缘 UPF 转发至中心 UPF 处理，这样可以减少经过中心节点迂回的流量，提升网络的承载效率与用户业务体验。

（1）LADN 分流方案

如图 2-37 所示，LADN 是和区域服务或应用相关联的 DN 设计，用户使用该应用是通过 LADN 进行访问的。通过 LADN PDU 会话接入 DN 只在特定的 LADN 服务区有效，当用户不在 LADN 的服务区内时，不能接入 LADN。

支持 LADN 是 5G 支持边缘计算的一种会话管理机制，LAND 服务区用一组 TA 来标识，通常 LADN 和单一边缘计算平台的服务区域是一一对应的。

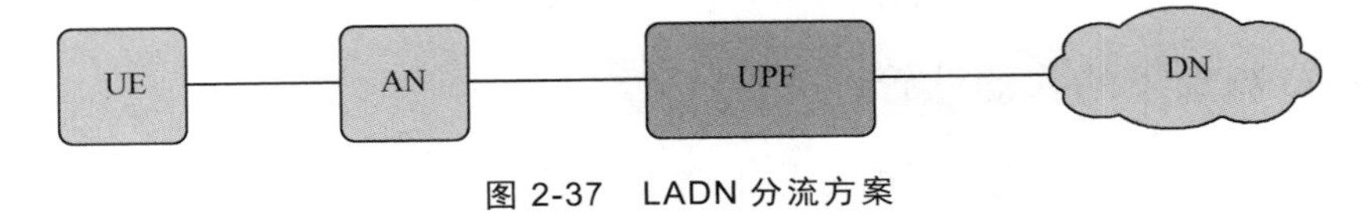

图 2-37 LADN 分流方案

（2）上行分类（UL CL）分流方案

如图 2-38 所示，在 5G 网络中，由 SMF 依据切换过程中的终端位置决定 UL CL 的增加和删除。当终端移入 MEC 覆盖区域时，SMF 通过 N4 接口对 UPF 增加 UL CL 功能和 PDU 会话锚点来完成本地流量通路的创建。SMF 可以在一个 PDU 会话的数据路径上引入多个支持 UL CL 功能的 UPF。PDU 会话可以基于 IPv4 或 IPv6，UL CL 通过识别业务流的传输特征信息实现分流。

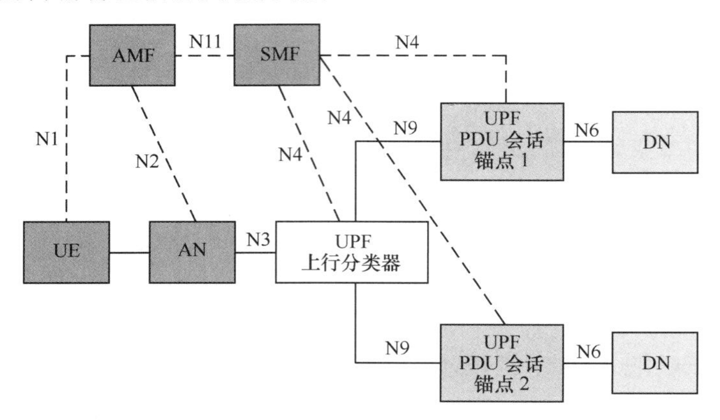

图 2-38　UL CL 分流方案

（3）IPv6 多归属分流方案

如图 2-39 所示，多归属（Multi-Homing）场景下通过对分支点的增加/删除来实现本地业务锚点的创建和分流功能。SMF 通过 N4 接口对 UPF 功能进行控制。当会话为 IPv6 类型时，通过分支点将需要分流的本地流量疏导到本地锚点上。PDU 会话可以与多个 IPv6 前缀关联，提供多个 IPv6 PDU 会话锚点接入 DN。

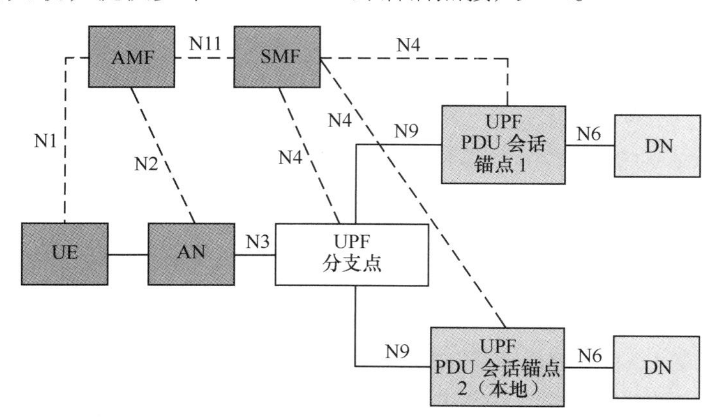

图 2-39　IPv6 多归属分流方案

2. MEC 场景下的移动性管理

在大连接、高速率、低时延的 MEC 应用场景中，MEC 平台需要解决如何有效保证终端用户业务连续性和无缝切换的问题。

（1）5G 网络业务连续性

5G 网络具有选择或重选 UPF 的能力，支持将用户业务路由到本地数据网。5G 核心网控制平面 AMF 根据 UPF 的部署场景（如集中部署、靠近或直接在接入网站点部署）来选择或重选 UPF，在本地 MEC 内实现业务处理和内容访问。

为解决用户移动以及业务应用迁移等移动性问题，5G 网络可采用以下 3 种 SSC 模式来满足业务连续性和会话连续性的需求。

SSC 模式一：终端移动过程中，无论 UE 采用何种接入技术，PDU 会话建立时的锚点 UPF 保持不变。这种模式与 LTE 网络中公共数据网络（Public Data Network，PDN）锚点不变的方式类似。此时 UE IP 不会发生变化。

SSC 模式二：当终端离开当前 UPF 的服务区域时，网络将触发原有 PDU 会话的释放流程，并指示 UE 建立新的 PDU 会话至同一数据网络。新会话建立时，可选择一个新的 UPF 作为 PDU 会话锚点 UPF，需要保证新建立的 PDU 会话信息的 UE IP 与原 PDU 会话信息的 UE IP 相同。

SSC 模式三：当终端离开锚点 UPF1 的服务区域时，保持原有的 PDU 会话及锚点 UPF1，同时选择新的锚点 UPF2，并在锚点 UPF2 上建立新的 PDU 会话，此时终端同时与两个锚点 UPF 保持 PDU 会话连接。在这个过程中，UE IP 始终保持不变，最终释放原有的 PDU 会话。

根据运营商网络配置 SSC 模式选择策略，终端可以为一个或一组应用选择合适的 SSC 模式。可以为所有应用配置一个默认 SSC 模式。如果终端没有为应用选择 SSC 模式，网络也可以根据签约信息、本地配置和应用请求等信息，为该应用选择一个合适的 SSC 模式，以支撑边缘计算业务的连续性。如图 2-40 所示，终端移动到 UPF1 覆盖区域内，5G 核心网采用 SSC 模式一，并通过上行分类或 IPv6 多归属方式，保持本地分流业务的连续性。当终端移动到 UPF2 覆盖区域时，5G 核心网采用 SSC 模式三，将业务迁移到新的 UPF2，而不中断业务。当终端移动到 MEC 覆盖区域之外，5G 核心网采用 SSC 模式二，业务中断或者通过云接续。

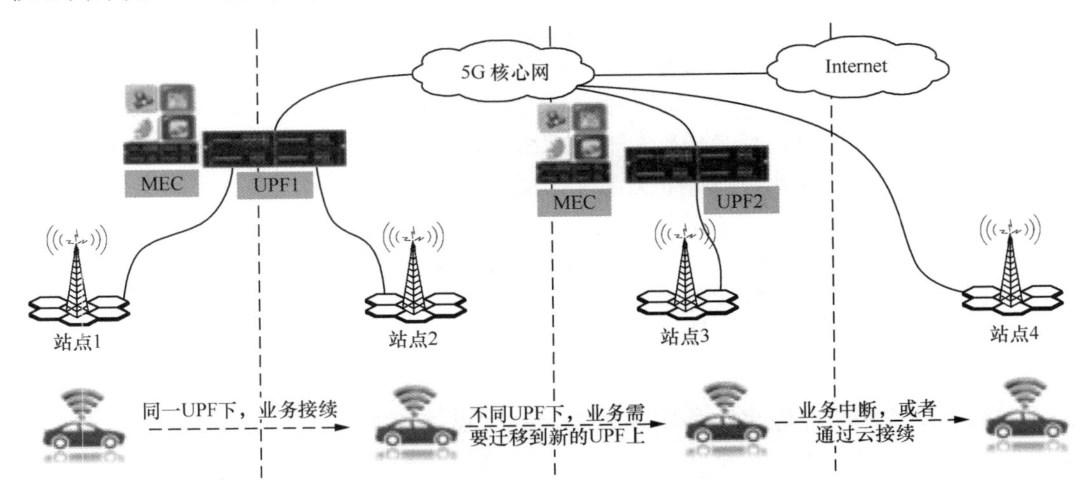

图 2-40　5G 网络会话连续性与业务连续性

（2）MEC 应用连续性

移动性管理技术已经广泛应用于传统的异构蜂窝网络。但是，现有的移动性管理技术没有考虑 MEC 服务器上的计算资源对切换策略的影响，所以并不能直接应用到 5G 网络中。在 MEC 中，如何保证用户在移动过程中获得服务的连续性是不能忽略的关键问题之一。

当移动中的 UE 正在运行 MEC 平台上的应用程序时，如果 UE 所属的 MEC 区域发生了变化，MEC 服务的可持续性可根据不同的场景特点采用以下 3 种方法来保障。

方法一：当用户移动速度较慢，并且移动距离较近时，只需简单地增加基站的传输功率，就可以保障 MEC 服务的可持续性和用户的 QoS。

方法二：当用户与原 MEC 之间的距离仍然不算太远时，用户至 MEC 平台的时延仍在可控范围内，UE 可通过回传网络与原 MEC 通信。

方法三：如果用户的移动速度快并与原 MEC 距离过远，则需要将用户正在使用的虚拟机迁移至新的 MEC 平台上。迁移完成之后，关闭原 MEC 上的虚拟机，由新的 MEC 平台继续为用户提供服务。这种方法与前两种方法相比，增加的是虚拟机迁移的成本，但用户获取服务的时延较低。

虚拟机迁移决策既要考虑系统成本，也要保证 QoS。目前 IEEE 在 MEC 应用连续性方面开展了大量的研究工作，以下是几项较典型的研究成果。

第一种是利用马尔可夫链模型来描述移动通信系统中的用户移动，并对各状态之间的转化关系进行分析。假设一定比例的虚拟机将迁移至最佳 MEC，在此基础上模拟计算用户和最佳 MEC 的平均距离、用户获得服务的平均时延、虚拟机迁移的平均成本和虚拟机迁移的平均时延等指标。研究结果表明，虚拟机全体迁移成本高于虚拟机部分迁移成本，但虚拟机全体迁移之后用户获取服务的时延最低。

第二种是利用一维移动模型简化移动通信网络的描述，同时采用连续时间马尔可夫决策过程（Continuous Time Markov Decision Process，CTMDP）作为虚拟机的迁移策略，期望可以寻找到以较低的服务迁移成本保障良好的用户体验质量的最佳虚拟机迁移阈值策略。研究结果表明，该服务迁移决策机制可以达到较好的期望收益。

第三种是基于移动性的服务迁移预测的方案，希望可以在成本和服务质量中取得一种折中。此方案首先需要预估用户在网络漫游时可以从各个 MEC 服务器接收到的吞吐量，然后估算用户执行 MEC 切换时所需的时间窗，根据测算出的吞吐量指标确定最优 MEC 主机，并执行虚拟机迁移。该方法即通过预测用户移动性，持续优化虚拟机迁移策略，并在成本和服务质量之间进行折中。研究结果表明，该方案的优点是可以降低 35%的时延，但缺点是迁移成本更高并且实现较复杂。

3. 基于 MEC 的缓存加速

（1）基站缓存

基站缓存是移动边缘缓存的实现方式之一。根据缓存部署位置的不同，可将基站缓存分为宏基站缓存和小基站缓存，通常宏基站的缓存容量更大些。当基站部署缓存之后，用户请求内容的流程为：

➢ 用户发起内容请求，如果在小基站命中缓存，则小基站立刻响应用户；

➢ 如果小基站没有命中，小基站将用户的内容请求转发至宏基站，如果在宏基站命中缓存，则立刻响应用户；

➢ 如果在宏基站也没有命中，则宏基站将用户请求转发至移动核心网，直至目标内容。

基站部署缓存可以大大缓解回传链路及移动核心网的压力，缩短网络时延。基站部署缓存之后，可以将移动基站网络抽象成分布式的网络模型，内容缓存策略和基站之间加强协作有利于内容分发的改善，从而进一步提高缓存资源利用率。

（2）透明缓存

透明缓存是一种内容缓存和分发机制，可实现在距离终端用户更近的位置缓存热点内容。内容具体在什么位置缓存，对用户来说是透明的。透明缓存不需要改变终端用户的客户端，只是利用 DPI、基于物理规则的渲染（Physically Based Rendering，PBR）和边界网关协议（Border Gateway Protocol，BGP）等技术将用户流量重定向到缓存服务器。

移动网络中透明缓存的部署原理与通用的透明缓存类似，但具体部署位置是根据移动网络的特点来选择的。缓存部署架构主要有 In-line 和 Out-of-band 两种，两者均采用两级缓存，如图 2-41 所示。在 In-line 方式中，两级缓存分别部署在核心网侧和无线接入网侧（即边缘网络）。核心网缓存为边缘网络缓存提供后备支撑，两级缓存互相配合可以提供更高速的内容分发能力。在 Out-of-band 方式中，两级缓存分别部署在核心网侧和基站侧，除边缘部署位置略有不同之外，与 In-line 方式的主要区别是缓存系统基于旁路方式部署。

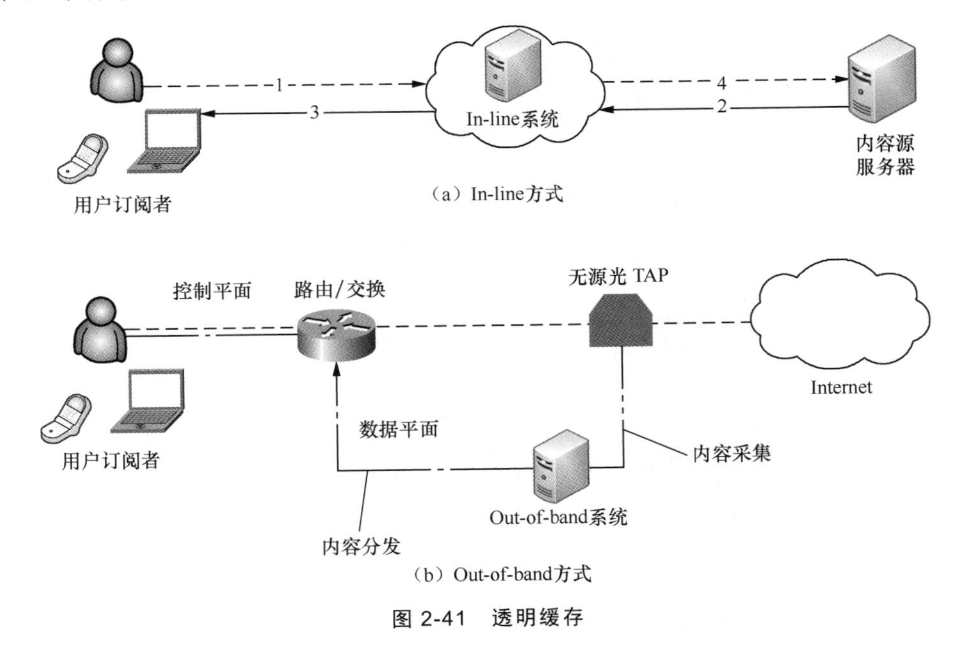

图 2-41 透明缓存

4. 面向 5G 的 MEC 计算卸载技术

计算卸载技术是 MEC 系统实现终端业务实时化处理的重要手段。计算卸载是指将部分计算功能由移动设备迁移到 MEC 服务器执行，通过将业务计算及时卸载到移动边缘计算服务器进行处理，有效地扩展移动设备的即时计算能力，降低计算时延，并提高移动终端的电池寿命。因而，在边缘计算技术中，高效的计算卸载策略扮演着不可或缺的角色。

计算卸载的主要过程包含卸载决策、卸载执行、结果回传 3 个部分。其中，卸载决策是计算卸载的理论基础，它决定某项计算任务将以何种方式进行高效卸载；卸载执行是计算卸载的核心，它将计算能力在 MEC 服务器和终端间进行合理划分；结果回传是计算卸载最终实现并完成的关键，它将计算任务处理结果下发给终端用户。

计算卸载的基本原理为：当终端发起计算卸载请求时，终端上的资源监测器检测 MEC 系统的资源信息，判断可用的 MEC 主机的资源情况，包括服务器计算资源情况、业务负载情况以及通信开销等；然后，终端的计算卸载决策引擎决定哪些任务在边缘计算节点执行，哪些任务在本地执行；最后，根据计算卸载决策引擎的指示，分割模块将任务分割成可以在不同设备独立执行的子任务，其中，本地执行部分由终端在本地进行，边缘计算节点执行部分经转化后卸载到 MEC 服务器进行运算处理。

MEC 协作式卸载方案是指在 5G 网络环境下分布式部署 MEC，且各 MEC 之间通过协作方式为终端提供计算卸载服务。由于 MEC 资源体量受限，协同服务不仅仅局限在 MEC 之间，MEC 和移动云计算（Mobile Cloud Computing，MCC）也可以提供协同服务。协作式卸载方案可以在保证负载均衡的前提下，实现资源消耗和时延的最小化。具体协作方案如图 2-42 所示。

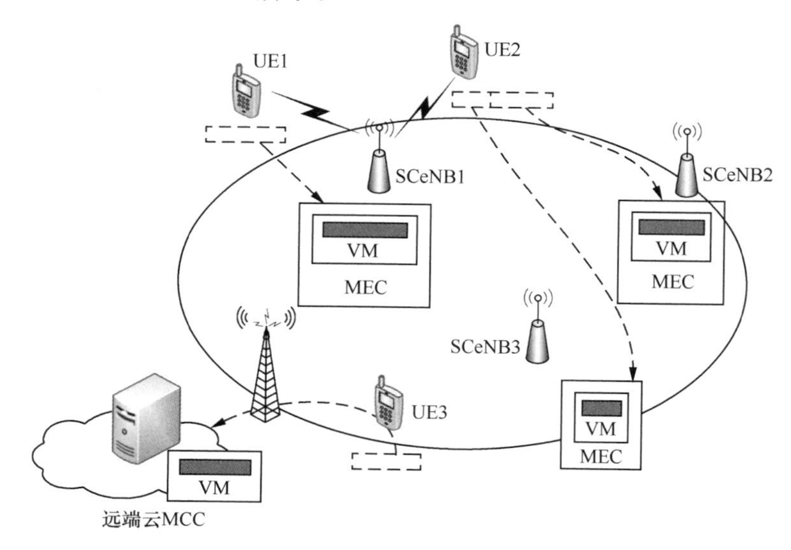

图 2-42　MEC 协作式卸载方案

一般情况下，为保证通信时延最小，SCeNB 会优先选择为其覆盖区域内的终端提供服务，如图 2-42 中的 SCeNB1 负责为 UE1 分配计算资源。当 SCeNB 因负载过高等原因无法处理其覆盖区域内的终端所提出的应用请求时，可以通过两种途径来解决：第一种是将请求转发给同一集群中的其他 SCeNB，如图 2-42 所示的由 SCeNB2 和 SCeNB3 负责完成 UE2 的计算，这种方式下，MEC 之间的协作会引入能耗增加的问题；

第二种是将请求发送到 MCC，由 MCC 负责完成 UE 的计算卸载，如图 2-42 所示的由 MCC 负责完成 UE3 的计算。第二种途径中，由 MCC 负责完成计算卸载任务的方式将带来较大的时延，因此需要考虑关于能耗和时延的全局目标优化问题。目前是采用一致性算法的解决方案，即在 SCeNB 集群中，为所有 SCeNB 设定相同的优化目标，经多次迭代后确定全局最优的卸载方案。

MEC 协作式卸载方案的优势在于通过 MEC 服务器间的协同实现网络资源的优化调度，同时保证较低的服务时延，从优化资源提供和降低时延的角度提升用户体验质量。但当计算任务需要多个 MEC 服务器共同协作完成时，则需要引入移动性管理技术（如利用虚拟机迁移）来解决业务的连续性问题。以支持业务连续性为主要目标的方案考虑的主要因素是：在时延仍在可容忍范围的前提下，以能耗优化为主要目标并据此确定虚拟机是否需要迁移、迁移后资源如何分配。一般采用马尔可夫决策过程（Markov Decision Process，MDP）算法来进行优化，在虚拟机迁移消耗的能量与 MEC 之间协作得到的能量减小收益之间进行均衡。

5. 基于边缘计算的能力开放

当前运营商实现业务赋能的主要方式是与合作伙伴共同合作开发创新业务。为此，需要向合作伙伴开放边缘能力，包括开放边缘网络能力、开放平台管理及开放平台服务能力。

（1）边缘计算能力开放系统架构

边缘计算能力开放系统架构如图 2-43 所示，主要由边缘能力开放层、边缘能力封装与调用层和边缘能力接入层 3 个层次构成。

边缘能力开放层主要面向应用和开发者提供边缘通信、边缘 IT 以及特色服务等能力，支持能力在线编排组合。边缘能力开放层负责对接入能力开放层的应用和合作伙伴进行管理，保证能力开放 API 调用的灵活性、稳定性、高效性和安全性。边缘能力封装与调用层负责对边缘能力接入层接入的多种能力进行封装，同时负责通过 5G 通信能力开放平台实现 5G 网络能力的调用。边缘能力接入层负责实现多接入网络、业务、基础设施资源等能力的接入适配。

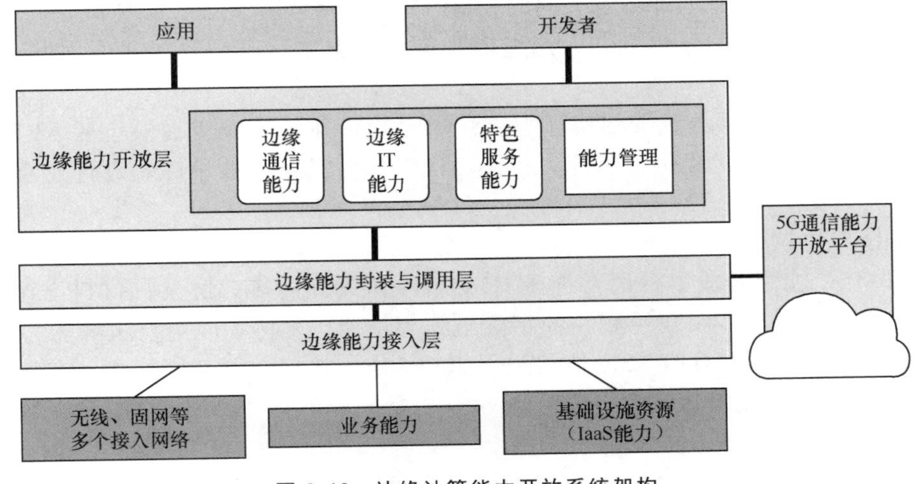

图 2-43　边缘计算能力开放系统架构

（2）边缘计算开放能力

网络能力是运营商最具竞争力的能力和资源，通过边缘计算能力开放可以增加运营商的收入渠道，实现移动网络的能力变现。可对外开放的关键网络能力主要包括无线信息、位置服务、QoS 服务和安全服务等能力。MEC 平台可以直接为客户提供通过授权的用户位置服务，也可以通过对用户身份、行为习惯等实时信息内容进行大数据分析处理，为客户提供个性化、标签化的交互式服务。MEC 平台通常部署在网络的边缘，其靠近用户位置的特点更便于及时获取 UE 承载信息、无线网络条件等实时性的无线网络信息。第三方应用或开发者通过开放 API 调用 MEC 平台内的无线网络信息，从而优化自身的业务流程，实现网络和业务的深度融合。同样，第三方应用或开发者也可以结合自身业务需求，通过 MEC 平台提供的网络 QoS 服务获得差异化的网络服务，提高网络服务与用户需求的匹配程度。边缘计算 PaaS 平台功能模块如图 2-44 所示。

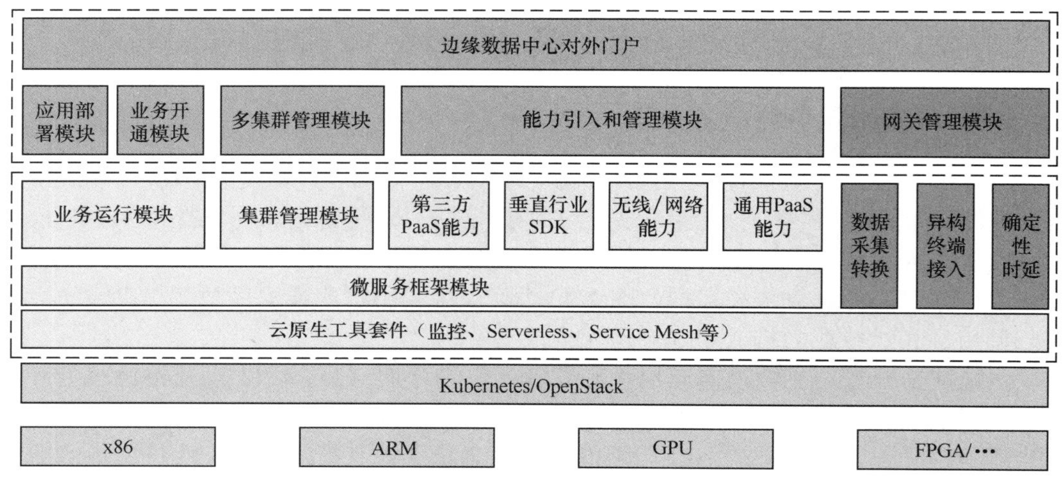

图 2-44 边缘计算 PaaS 平台功能模块

构建应用生态必须要开放 MEC 平台的管理能力，支持第三方按需申请平台计算资源，从而获得良好的运行环境。同时，MEC 平台应可以根据需求对外提供 App 生命周期管理、监测及配置等能力，通过增强第三方自主运营的权限和能力推动 MEC 应用生态的构建。

另外，结合不同业务场景的实际需求，MEC 可向第三方应用提供包括 AI 算法库、视频编解码等在内的多样化特色能力，使 MEC 平台具备承载相应垂直行业应用的核心能力。

（3）接口协议

目前 MEC 能力开放平台通常选择 HTTP 2.0 协议作为接口协议。HTTP 2.0 协议具有流量优先级设置、多路复用和头部字段压缩等功能，支持多应用与边缘能力 API 的快速对接和并发调用。HTTP 2.0 协议采用 JSON 作为接口数据交互格式，有利于构建通用、灵活、便捷的 REST API。

（4）能力的封装与编排组合

MEC 平台不仅可以为用户提供多样化的原子能力 API，而且可以在此基础上结合业务需求对原子能力 API 进行实时、在线的封装、编排和组合，最终形成复合能力 API，提供给不同的应用场景。同时，MEC 能力开放还支持应用与开发者对复合能力 API 进行参数屏蔽与参数值映射，实现对开放复合能力 API 的个性封装，从而满足应用的个性化 API 定制需求。

MEC 能力开放支持应用与开发者对能力 API 调用的顺序、优先级与逻辑进行设置，对多个能力 API 调用的嵌套检测，以及多个能力 API 编排组合的冲突检测，从而满足应用对多个能力 API 灵活、快速和无冲突的调用。

（5）能力管理

MEC 对外开放的能力不仅包括运营商自有的网络通信能力、平台管理能力、特色能力等，同时支持引入第三方能力对外开放。这就需要支持统一管理的面向边缘应用开放的能力 API，建立统一的能力 API 注册与注销、激活与去激活、发布与订阅更新以及更新通知等机制，在提供灵活便捷的应用调用能力的同时支持统一运营与维护。

能力管理负责对能力 API 的状态与性能进行统一的监控管理，实时监测能力 API 的状态和并发量等数据。能力管理还需要对应用调用能力 API 的数量、调用频度等数据进行实时监测与持续统计，对能力 API 调用成功率以及调用时延等指标按一定的周期进行采集与统计。

MEC 平台可以根据应用所调用的应用接入位置和能力 API 特征，灵活调度和就近提供多能力 API 调用，从而保证能力 API 的调度与分发管理。同时，MEC 平台还支持引入第三方 PaaS 能力，并在应用调用第三方能力 API 时，向第三方平台分发能力调用信息。

2.4.4 MEC 发展面临的挑战

MEC 是当前技术及应用的热点，但其在规模商用化发展方面仍面临一些挑战。

（1）网络集成

为了能够加快 MEC 技术在现网中的应用，在 3GPP 网络中引入 MEC 服务器时，不能对现有 3GPP 网络架构和已有的接口产生影响。此外，现有 3GPP 规范的用户设备和核心网元同样也不应受到 MEC 服务器的影响。如果 MEC 服务器的引入需要终端增加支持新功能以及网络侧修改，则会极大地增加 MEC 技术在现网推广部署的难度。对于 5G 网络，特别是无线网络上下文信息的感知以及开放，网络设备（基站等）以及终端应该会涉及新的协议接口设计，需要与 MEC 技术引入同时考虑。

（2）应用程序的可移植性

为了促进 MEC 技术的发展，一个基本需求就是相同的应用程序可以无缝地加载和执行在不同厂商提供的 MEC 平台上，即 MEC 技术需要支持应用程序的可移植性，从而避免针对每一个平台的专门开发或集成工作，减轻软件应用程序开发人员的研发难度和工作量。可移植性使应用程序可以在不同的 MEC 服务器之间快速移植，提供不受虚拟设备位置和所需资源约束的服务。

因此，为了确保应用程序的可移植性，平台管理框架及应用程序管理工具和机制都需要保持一致性，同时 MEC 平台需要为业务应用提供精确并且可扩展的接口定义。

如果 MEC 平台管理框架多变，则会增加使用 MEC 的开发人员的工作复杂度。而在跨平台、跨供应商部署应用程序时，只有保持提供应用程序封装、部署功能的应用程序管理工具的一致性，才能实现应用软件与应用程序管理框架的无缝集成。

（3）安全

MEC 平台及其应用程序在传统封闭的移动网络中的引入，给电信领域的安全带来了挑战。MEC 平台需要在满足 3GPP 安全需求的前提下为应用程序提供全面的安全保障，具体要求如下：

- 确保虚拟机以及运行在虚拟机上的应用程序之间的隔离；
- 确保虚拟机只能访问其被授权的平台资源和业务；
- 确保平台软件和硬件以及应用程序软件不被恶意修改；
- 确保应用程序之间的通信以及应用程序与平台之间的通信是安全的；
- 确保数据流隔离，只有目标接收者才能访问和接收数据。

同时，MEC 平台安全还包括部署环境的物理安全。例如，在宏基站上部署 MEC 平台比在大型数据中心部署 MEC 平台的物理安全要差很多。MEC 平台的设计需要同时具备应对逻辑入侵和物理入侵的能力。

因此，MEC 平台的部署应以可信任云平台为基础，同时防备逻辑攻击和物理攻击，保证 MEC 平台的安全。

除了 MEC 平台的安全，MEC 平台还需要确保虚拟机以及虚拟机安装的应用程序的来源可靠，以避免第三方应用程序带来的安全威胁。只有经过身份验证和授权后，第三方应用才可以安全加载到 MEC 平台上。

（4）性能

如前所述，运营商希望 MEC 平台可以实现对终端用户和网络的透明部署，同时不会对网络性能 KPI（吞吐量、时延和数据分组丢失等）造成影响。因此，MEC 平台以及相应的应用程序的处理能力必须满足 3GPP 网元的所有用户数据处理要求。即 MEC 平台在对终端以及网络透明的前提下，既不影响无线网络的固有 KPI，又能够最大限度地提升终端用户的体验质量。

由于 MEC 平台通常基于虚拟化基础设施搭建，因此需要考虑并尽可能降低虚拟化技术的应用所带来的性能损耗。

（5）容错能力

MEC 平台的引入应符合网络运营商高可靠性网络服务的要求，因此 MEC 解决方案需要提供故障恢复的标准。当 MEC 平台发生故障时，针对故障的安全机制应该保证网络不受其影响，正常工作。

此外，MEC 平台上运行的应用程序也需要具备一定的健壮性和业务恢复能力。为了防止应用程序异常，MEC 平台应采用必要的容错机制，确保正常运行。如果检测到故障或发现应用程序在被配置的边界之外运行，MEC 平台将采用特定的纠正措施，防止由于故障干扰到用户数据或其他应用程序。

（6）可操作性

MEC 技术引入了 3 个新的管理层次：MEC 平台物理资源管理系统、MEC 应用平台管理系统以及 MEC 应用管理系统，分别实现 IT 物理资源、MEC 应用平台功能组件/API 以及 MEC 应用的管理和向上开放。虚拟化和云计算技术使 MEC 技术可以实现灵活的分层部署，各个组织可以分层负责管理，例如传统电信运营商可负责基础设施和应用平台层管理，第三方可负责 MEC 应用层管理。因此，管理框架的实现应该考虑潜在的多样化的部署场景。此外，管理框架还需要考虑与现有无线接入网的管理框架互补。

2.5 网络切片技术

新型网络应用对 5G 网络提出了不同的应用场景需求，比如大带宽、广覆盖的 eMBB，低功耗、超大连接的 mMTC，低时延、高可靠性的 uRLLC。这些应用场景的需求差异很大，已经难以用一张统一的物理网络来满足多样化的业务需求，因此需引入网络切片（Network Slice）技术。

网络切片是一种端到端独立的逻辑网络，可以提供一种或多种网络服务。用户使用哪种服务是在与访问服务相对应的网络切片中提供的。网络切片也是 5G 中 NFV 应用的关键之处，虽然网络切片在理论上并不一定使用虚拟化技术，但它只有使用虚拟化技术才具有商业可行性和商业效益。

2.5.1 网络切片的业务背景

从移动网络的不断演进来看，一个重要并且不可回避的现象就是网络功能从单一化向多业务形态和综合业务形态演变。初期移动通信承担的功能就是移动用户的语音业务，如果说有数据业务的话，也仅仅只是在以移动语音为主要业务的移动网络中附带的移动数据业务，而且这些简单的数据业务的实现也是寄生在语音业务的网络资源之上。在移动数据的需求逐渐旺盛的背景下，整网结构变得多样化和复杂化，目的就是为了能够通过这样一张网络来实现具有不同特性的差异化业务。

随着移动业务的不断发展，通过这样一个复杂的网络结构，虽然可以实现上面所提到的具有不同需求和不同特征的业务，但是网络结构过于复杂，从网络建设难度、网络运营成本、业务实现的技术复杂度、网络互操作的复杂性等方面都不太符合通信领域的发展方向，所以需要一种简洁的网络结构，通过这种结构能够实现上述多种类型的业务。通过特殊的架构和方式来实现，并且通过在网络中定义不同的 QoS 来区分业务和定义不同业务的实现方式。5G 业务需求分类具体见表 2-4。

表 2-4 5G 业务需求分类

业务分类	用户速率	端到端时延	移动性
高密度区域宽带接入	下行：300Mbit/s 上行：50Mbit/s	10ms	0～100km/h

续表

业务分类	用户速率	端到端时延	移动性
室内超高速率接入	下行：1Gbit/s 上行：500Mbit/s	10ms	步行
拥挤区域宽带接入	下行：25Mbit/s 上行：50Mbit/s	10ms	步行
全区域不低于 50Mbit/s	下行：50Mbit/s 上行：25Mbit/s	10ms	0～120km/h
低 ARPU 值区域的 超低价值宽带接入	下行：10Mbit/s 上行：10Mbit/s	50ms	0～50km/h
车载移动宽带接入 （汽车、火车）	下行：50Mbit/s 上行：25Mbit/s	10ms	最高 500km/h
飞机接入	下行：15Mbit/s/用户 上行：7.5Mbit/s/用户	10ms	最高 1000km/h
低功耗、长期、 大规模低价值机器类通信	低（1～100kbit/s）	秒级～小时	0～500km/h
宽带机器类通信	参考高密度区域宽带、任意地方 50+Mbit/s 场景		
超低时延	下行：50Mbit/s 上行：25Mbit/s	<1ms	步行
流量突发	下行：0.1～1Mbit/s 上行：0.1～1Mbit/s	普通通信，时延不关键	0～120km/h
超高可靠/超低时延	下行：50kbit/s～10Mbit/s 上行：1kbit/s～10Mbit/s	1ms	0～500km/h
超高可达性/可靠性	下行：10Mbit/s 上行：10Mbit/s	10ms	0～500km/h
广播业务	下行：200Mbit/s 上行：500kbit/s	<100ms	0～500km/h

为了满足不同业务、不同 QoS 标准的差异化服务以及分类管理、灵活部署的需要，5G 网络需要引入网络切片技术。运营商的一个物理网络可以通过网络切片分为多个虚拟网络，每一个虚拟网络能根据不同的服务需求灵活地适配不同的网络应用场景。

2.5.2 网络切片架构

1. 网络切片的概念

采用网络切片技术提供服务时，应按照业务需求对接入网切片和核心网切片进行组合以提供合适的切片业务，并满足相应的通信需求。每一个核心网切片就是一个网络功能集（NFs）。核心网切片的一个重要因素是有些网元需要服务于多个网络切片，而有些网络功能只服务于对应的切片。网络切片架构如图 2-45 所示。

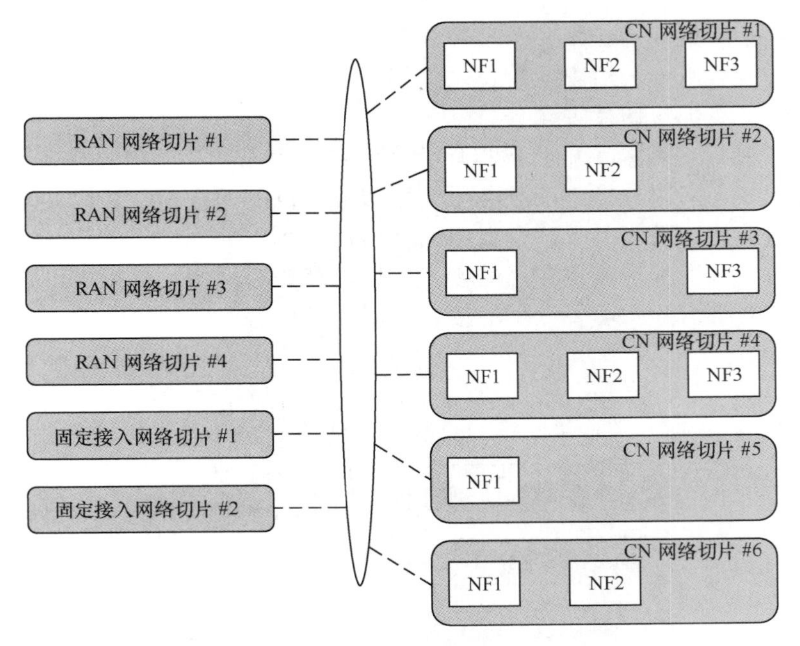

图 2-45 网络切片架构

终端、接入网切片、核心网切片的比例既可以是1:1:1，也可以是1:m:n。如图2-46所示，一个终端可以接入多个接入网切片，一个接入网切片也可以接入多个核心网切片。

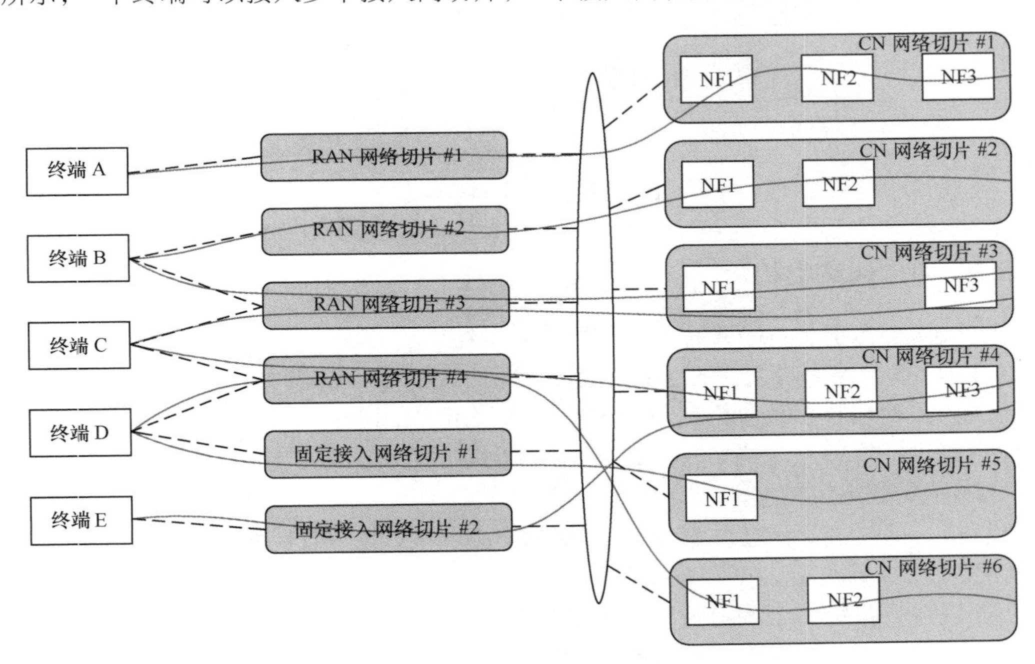

图 2-46 终端、接入网切片、核心网切片的比例

根据业务及通信需求，接入网切片和核心网切片的组合既可以是静态配置，也可以是动态配置。网络切片应服务于切片业务的整个生命周期，满足终端的网络业务功能。网络切片一般用于公用事业单位网络切片、远程控制网络切片、虚拟运营商网络切片、流媒体网络优化切片等场景。

如图2-47所示，智能手机和虚拟运营商的终端可以共享相同的接入网接片，而分别接受不同的核心网切片控制。服务于公用事业单位的网络切片可以共享支持大容量接入的接入网切片，而服务于广播业务的网络切片可以共享优化的流媒体接入切片。由于远程控制、远程制造需要专用的接入网切片及核心网切片以提供可靠连接及低时延，因此这种网络切片就需要专用的接入网切片及核心网切片组合。

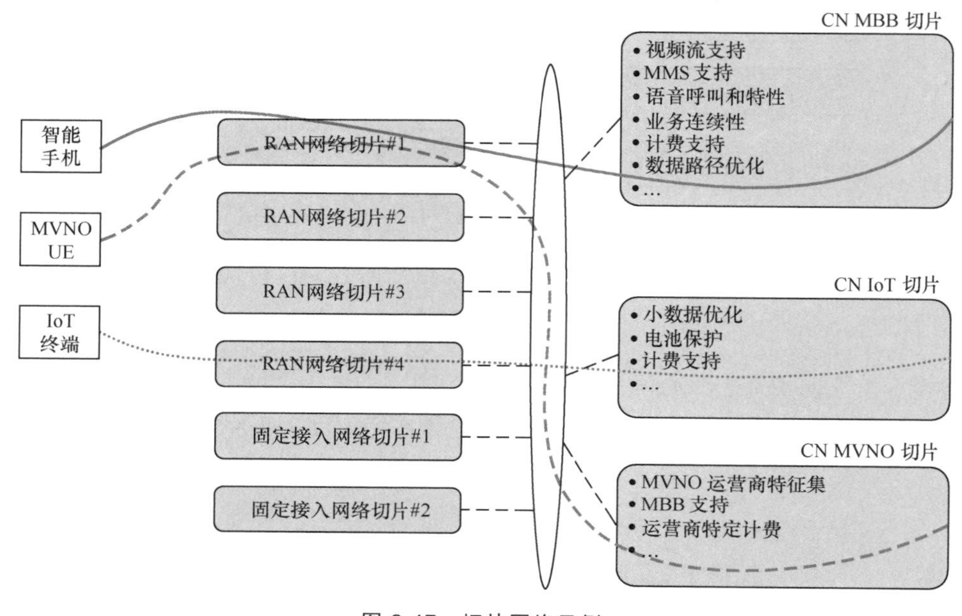

图2-47　切片网络示例

2. 5G切片网络架构

结合网络资源能力，按照需求进行灵活的网络资源分配，5G端到端切片就可以在一个物理的5G网络基础上虚拟出多个不同特性的5G切片网络。每个端到端的切片网络由无线接入网切片、核心网切片及传输网切片组成，切片网络可以通过端到端的切片管理系统进行管理。网络切片总体架构如图2-48所示。

（1）5G服务化架构支撑切片按需建设

传统核心网基于专用硬件建设，不能满足多个5G网络切片的灵活性和多样的业务等级要求。5G网络引入了服务化架构，它将原来的网络功能分解成各种面向服务的独立功能组件，各组件之间的通信使用轻量级的开放接口。服务化网络架构具有高内聚、低耦合的特点，采用该技术的5G网络具有灵活性、易扩展性、灵活性和开放性，从而能让网络切片动态部署、按需建设，并具有弹性扩展和高可靠性等特点。

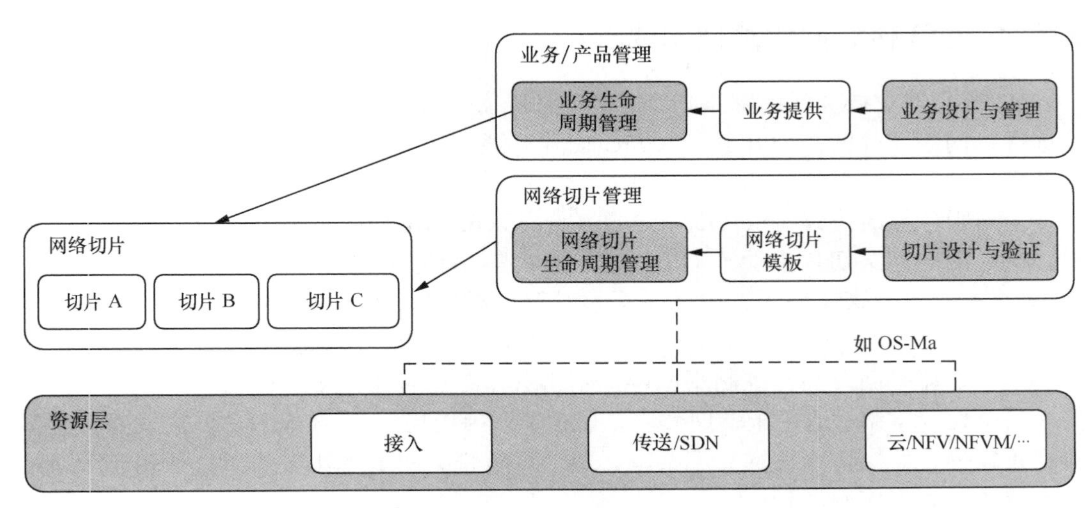

图 2-48 网络切片总体架构

（2）无线切片及空口架构适配多种切片场景

5G 网络支持天线单元、控制单元和数据单元的灵活分割及部署，可以满足不同业务场景的网络切片。控制单元（Control Unit，CU）可以在云资源池部署，便于无线网络资源集中管理。CU 也可以与数据单元（Data Unit，DU）集中部署，这样可以减少传输时延，从而满足低时延的应用。同时，统一的空口技术架构和灵活的帧结构可以让无线切片资源灵活分配，并与大规模天线阵列（Massive MIMO）、多用户共享接入（Multi-User Shared Access，MUSA）等关键技术相配合，实现不同时隙应用场景下的空口区分需求。

（3）SDN 能灵活构造传输网切片

传输网切片可以利用 SDN 技术对物理网络拓扑资源进行虚拟化，并根据要求构建虚拟网络。传输网切片面向网络拓扑资源虚拟化，搭建虚拟网络，支持基于灵活以太网（Flexible Ethernet，FlexE）、LDP LSP、RSVP-TE 隧道、VLAN 等技术的多级网络切片隔离，满足切片网络在不同隔离要求下的传输需求。FlexE、灵活光传送网（Flexible Optical Transport Network，FlexO）等技术可以使虚拟网络切片具有刚性传输能力，能满足底层快速转发的隔离性要求。SDN 的分层控制器可以统一实现对物理网和切片网络的端到端控制和管理，满足不同类型业务对传输网切片的需求。

（4）采用端到端切片编排来实现模型驱动下的切片网络运营

虽然网络切片给网络建设带来了灵活性，但却增加了网络管理的复杂性，因此需要一个统一的智能管理系统对切片网络进行端到端的管理。DevOps 平台可以跨越切片设计和切片运营，实现切片网络从设计、测试到部署，并实现运行监控和动态优化的全生命周期管理。该平台可进行拖拽式的网络切片设计、端到端自动排列和部署、AI 增强的自动操作和维护。通过全过程建模驱动，从而实现业务需求与网络资源的灵活匹配，使客户能够快速定制和部署网络。

2.5.3 5G 核心网切片技术要求

5G 核心网支持灵活的网络切片，支持基于微服务网络切片的构建、切片网络的智能选择、网络切片的能力开放、4G/5G 切片互通、切片网络的多层级的安全隔离等关键技术。

根据服务等级协议（Service Level Agreement，SLA）、成本、安全隔离等业务需求，核心网的网络切片提供了 GROUP A/B/C 等多种共享方式进行灵活组网。其中，GROUP A 方式是媒体平面和控制平面的网元都不共享，具有安全隔离度高、对成本不敏感等特点，适用于远程医疗及工业自动化等场景；GROUP B 方式是部分控制平面网元共享，媒体平面及其他控制平面网元不再共享，这种隔离要求较低，终端可以同时接入多个切片网络，适用于辅助驾驶、车载娱乐等应用场景；GROUP C 方式是控制平面网元共享，而媒体平面网元不共享，隔离要求低，对成本比较敏感，适用于手机视频、智能抄表等应用场景。

切片网络的典型组网是采用 NSSF 和 NRF 作为 5G 核心网的公共服务，以 PLMN 为基础部署；AMF、PCF、UDM 等网络功能可共享并为多个切片网络提供服务；SMF、UPF 等可基于切片网络对时延、带宽、安全等方面的不同需求，为每个切片网络单独部署不同的网络功能。

（1）基于微服务快速构建切片

5G 核心网能支持灵活地组合 3GPP 所定义的标准网络功能服务和公共服务功能。通过可视化界面，可以将各类服务以拖拽组合方式实现网络功能的灵活编排，再将网络功能组合成所需要的网络切片，如 eMBB、uRLLC、mMTC 等切片。每个服务支持独立注册、发现和升级，从而有利于满足各垂直行业的定制化需求。

（2）切片智能选择

5G 核心网切片功能采用 NSSF 进行切片选择。NSSF 支持基于位置信息、切片负荷信息、NSSAI 等各种策略来实现智能化切片选择。基于位置信息可以进行全国、省、市等大的切片网络的部署，也可以实现如体育场馆、智慧小区、工业园区等小微切片网络的部署。同时，5G 核心网支持通过 NWDAF 来实时采集切片网络的性能指标，如网络吞吐量、平均速率、用户数等，NSSF 从 NWDAF 获得相关的数据并结合 AI 执行智能化切片选择策略。

（3）切片能力开放

通过网络功能服务化架构，5G 核心网 NEF 可以直接或者通过能力开放平台为网络外部应用提供开放的网络服务，支持基于动态 DPI 的灵活 QoS 策略、个性化切片和流量路径管理、定制化的网络功能参数等能力开放，从而更精细化、智能化地满足外部应用对网络服务的要求。

（4）切片漫游

NSSF 和 AMF 能通过对 HPLMN 和 VPLMN 的 NSSAI 进行映射，支持用户跨运营商，甚至跨国界漫游。拜访地 NSSF（Visited NSSF，VNSSF）负责选择 VPLMN 中的切片网络，归属地 NSSF（Home NSSF，HNSSF）负责选择 HPLMN 中的切片网络。

2.5.4　网络切片管理

5G 切片网络可根据垂直行业分类（如车联网、VR/AR）、虚拟运营商、地域（热点区域、省/市或全国）等维度进行部署划分，而且切片网络编排涉及无线接入网、核心网和传输网等，网络设备将由不同的设备商提供，因此切片网络编排、部署及互通都将面临巨大的挑战。

5G 切片以模型驱动方式工作，能快速适应新切片、新功能、新业务，推动新的商业发展模式。

电信级的 DevOps 编排系统支持切片网络设计可视化、运维自动化、部署自动化，可实现业务快速交付。

（1）可视化切片设计

端到端的切片网络设计是实现网络切片的重要一环，设计中心应具备丰富的切片网络模板和认证组件库，直接使用切片网络模板对参数进行修改、增加或删除组件，就能实现自定义的切片网络快速设计。设计中心应支持云化测试环境，通过模拟实际环境来进行预部署，并提供丰富的切片网络自动化测试工具，以支持对设计变更后的切片网络进行功能及性能测试与验证，并形成闭环设计中心，从而让切片网络设计变得更简单。

（2）自动化端到端切片部署

网络切片通过网络切片管理功能（Network Slice Management Function，NSMF）、通信服务管理功能（Communication Service Management Function，CSMF）、网络子切片管理功能（Network Slice Subnet Management Function，NSSMF）及 MANO 实现 5G 网络端到端切片的订购、编排、部署自动化，如图 2-49 所示。NSMF 既可以和 NSSMF 集中部署，也可以下沉到切片域进行部署，适配不同厂商的设备并进行编排。

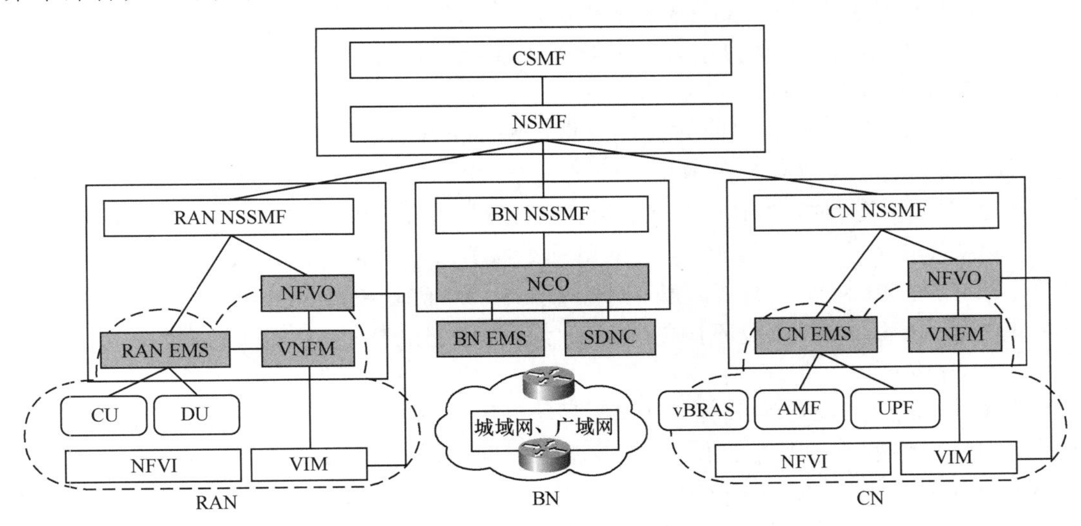

图 2-49　端到端切片部署

CSMF 负责通信服务管理。租户或企业可以通过 CSMF 向运营商订购切片，并提交相关的需求，如在线用户数、时延、平均用户速率等。

NSMF 负责切片网络的编排和部署，将 CSMF 需求自动转化为切片网络需要的 SLA，并把端到端切片网络需求分解为子切片网络需求。

NSSMF 负责子切片网络的编排和部署，并将切片或子切片模板转化为网络服务模板，再通过 MANO 进行切片网络部署。

（3）智能化闭环运维

自动保障机制通过多层次采集、分析、决策及动作执行，并形成闭环机制，从而实现故障自愈、弹性扩展和自优化，减少操作维护中的人工干预。业务层、分片层、网络元素层、资源层都应提供自动运行维护能力，并具备实时自动服务能力。支持层与层间的协作，保证切片网络的端到端 QoS。智能化运维系统应提供实时资产状态视图，包括切片网络拓扑、切片网络健康状态、SLA 等，实时掌握整个网络的状态，便于资源的优化利用，实现分层自动闭环机制，实现故障的自愈和自优化效果，从而简化操作和维护。

2.6 5G 组网关键技术

2.6.1 NSA 和 SA 组网

为了推进 4G 网络运营商尽快开展 5G 网络的部署工作，3GPP 对 5G 网络采用了分阶段定义的方式，Option 3 NSA 标准在第一阶段中首先被冻结，通过 EPC 功能实现对 eMBB 业务的支持。Option 2 SA 标准在第二阶段中被冻结，实现基于服务化架构的全新定义的 5G 核心网，通过引入服务化架构和服务拆解实现服务的自动注册和发现，与 4G 网络相比更加灵活。

SA 和 NSA 这两大类组网方式主要是依据 5G 网络部署中无线接入网与核心网的关系角度划分的，其中又有多种具体的无线接入网与核心网的组合选择（Option）。5G 网络部署方式主要包括 Option 2、Option 3/3a/3x、Option 4/4a、Option 7/7a/7x 四大类，其中，SA 模式采用 gNB 和 5G 核心网单独组网方式，对应 Option 2；而 NSA 模式采用 4G LTE/5G NR 双连接方式组网，对应 Option 3/3a/3x、Option 4/4a 和 Option 7/7a/7x 几种模式。SA 和 NSA 以及不同的 Option 组网方式分别适用于不同的部署场景。

（1）Option 2

在 Option 2 中，5G 系统独立于 4G 系统部署，4G 系统和 5G 系统之间有互操作，对现网 4G 网络的改动最小，如图 2-50 所示。现网演进型 Node B（evolved Node B，eNB）不需要升级，eNB 和 gNB 之间也不需要配置 X2 接口，可通过升级 MME 使其支持 N26 接口，从而实现 4G 网络和 5G 网络之间的无缝切换。Option 2 适用于没有 4G 网络的运营商以及在 5G 建网起步时就着力于实现连续组网的传统运营商。由于 Option 2 采用 5G 核心网单独组网方式，对原有 4G 网络没有依赖性，更有利于实现快速部署，同时无线终端不要求支持 NSA/SA 双模，因而更易实现。

（2）Option 3/3a/3x

Option 3 系列模式中，为了支持 5G gNB 接入，需要对原有 EPC 进行升级，UE 以 eNB 为信令锚点采用 NAS 信令接入 EPC。Option 3 系列适合 5G 建网初期未能实现全覆盖的运营商，网络覆盖计划通过分期建设而逐步增强。Option 3 系列模式主要适用于 5G 三大业务场景中的 eMBB 业务，暂不能实现对 uRLLC、mMTC、网络切片等 5G 新业务的支持。Option 3 系列模式维持现有的网络整体架构基本不变，仅需要对 EPC 进行升级改造，部署速度最快。部分运营商采用 Option 3 方式快速推出 5G 业务。Option 3 系列模式有 Option 3/3a/3x 三种子场景，如图 2-51 所示。

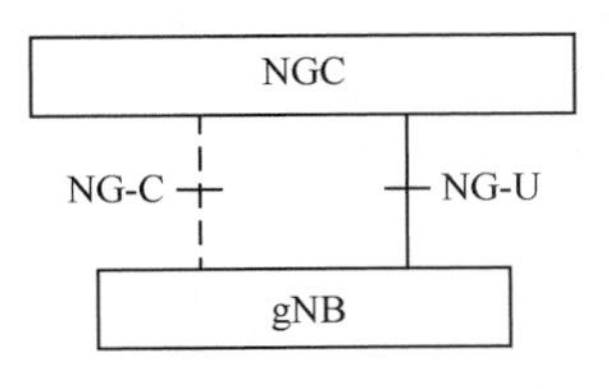

图 2-50　Option 2

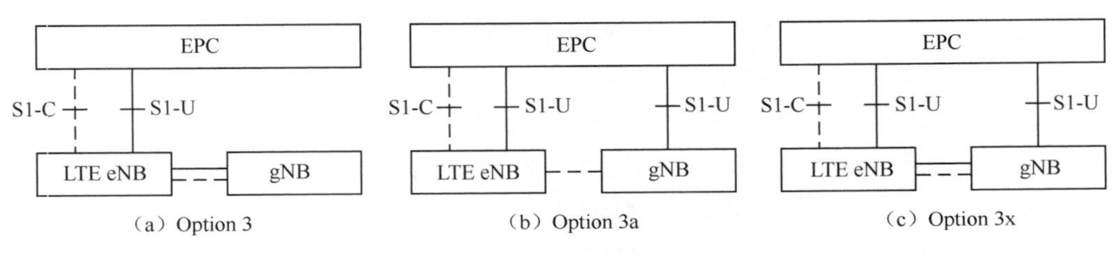

图 2-51　Option 3/3a/3x

Option 3 模式中，S1-U 和 S1-C 接口都锚定在 LTE eNB，EPC 感知不到 UE 是否在 4G 和 5G 网络之间存在移动。LTE eNB 负责实现数据分流点的功能，数据承载在 LTE eNB 中切换，因此当 UE 在 4G 和 5G 网络之间切换时，对数据流的时延影响不大。当 UE 所处的区域同时可以提供 4G 和 5G 网络覆盖时，无线接入网侧可以建立两个空口承载，同时为 UE 传递数据，从而增大带宽，因此需要对现网 LTE eNB 进行硬件升级以支持 4G+5G 这种带宽模式。

Option 3a 模式中，控制平面接口锚定在 LTE eNB，4G 数据平面接口锚定在 eNB，5G 数据平面接口锚定在 gNB。gNB 和 eNB 之间只有控制平面连接而没有数据平面连接，gNB 和 eNB 分别需要与 EPC 建立 S1-U 的数据平面连接，EPC 负责区分承载并完成下行数据的分流。

Option 3x 模式中，控制平面接口 S1-MME 锚定在 eNB，数据平面接口 S1-U 可锚定在 eNB 或 gNB，eNB 和 gNB 之间既有控制平面连接又有数据平面连接，EPC 则根据 eNB 的指示负责实现 S1-U 承载的切换。当 UE 所在区域只有 4G 网络覆盖时，使用 LTE 空口和 eNB 到 EPC 的 S1-U 连接。当 UE 所在区域同时具备 4G 和 5G 网络覆盖时，S1-U 承载优先选择切换到 gNB，使用 4G/5G 空口分流。当 5G 空口的业务质量劣化时，流量从 gNB 卸载到 eNB，S1-U 承载也可以从 gNB 切换到 eNB。采用上述方式，Option 3x 模式可以实现空口资源和承载方式的动态灵活调配。

（3）Option 7/7a/7x

Option 7 系列模式需要部署 5G 核心网，除了需部署 gNB 外，为实现 5G 接口与 5G 核心网的对接，还将现网 LTE eNB 升级为 eLTE eNB，此模式中信令平面接口锚定在 eLTE eNB。Option 7 系列适合 5G 部署初期，在 NR 覆盖仍然不连续的条件下借助 4G 网络的能力提供连续覆盖的场景服务，该模式可实现对 eMBB、uRLLC、mMTC、网络切片等全部 5G 新业务的支持。Option7 系列模式有 Option 7/7a/7x 三种子场景，如图 2-52 所示。

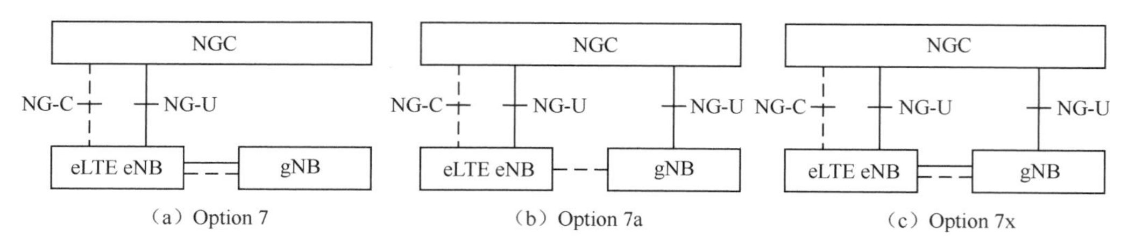

图 2-52　Option 7/7a/7x

Option 7 和 Option 3 类似，控制平面接口和数据平面接口均锚定在 eLTE eNB。NGC 感知不到 UE 是否在 4G 和 5G 网络之间存在移动。LTE eNB 负责实现数据分流点的功能，数据承载在 eLTE eNB 中切换，因此当 UE 在 4G 和 5G 网络之间切换时，对数据流的时延影响不大。当 UE 所处的区域同时可以提供 4G 和 5G 网络覆盖时，无线接入网可以建立两个空口承载，同时为 UE 传递数据，从而增大带宽，因此需要对现网 LTE eNB 进行硬件升级以支持 4G+5G 这种带宽模式。

Option 7a 和 Option 3a 类似，控制平面接口锚定在 eLTE eNB，4G 数据平面接口和 5G 数据平面接口分别锚定在 eLTE eNB 和 gNB。gNB 和 eLTE eNB 之间只有控制平面连接而没有数据平面连接，因此 gNB 和 eNB 需分别与 5G 核心网建立 NG-U 数据平面连接，5G 核心网负责区分承载并完成下行数据分流。

Option 7x 和 Option 3x 类似，控制平面接口锚定在 eLTE eNB，数据平面接口可锚定在 eLTE eNB 或 gNB，gNB 和 eLTE eNB 之间既有控制平面连接又有数据平面连接，5G 核心网根据 eLTE eNB 的指示实现 NG-U 承载的切换。当 UE 所处区域只具备 4G 网络覆盖时，UE 使用 LTE 空口连接和 eLTE eNB 到 5G 核心网的 NG-U 连接；当 UE 所处区域同时具备 4G 和 5G 网络覆盖时，数据承载优先选择切换到 gNB，使用 4G/5G 空口分流。当 5G 空口的业务质量劣化时，流量从 gNB 卸载到 eLTE eNB，也可以把数据承载切换到 eNB。该模式也可以实现空口资源和承载方式的动态灵活调配。

（4）Option 4/4a

Option 4 系列模式需要部署 5G 核心网、5G gNB，还需升级现网 LTE eNB 为 eLTE eNB。该系列模式中，4G 基站和 5G 基站共用 5G 核心网，信令平面接口锚定在 5G 核心网。Option 4 系列的应用场景是在 5G 部署的中后期，5G 已经达到连续覆盖，4G 网络仅作为 5G 网络的补充而存在。Option 4 系列模式具备支持 eMBB、uRLLC、mMTC、网络切片等全部 5G 新业务场景的服务能力。

Option 4 有 Option 4/4a 两种子场景，区别在于数据分流点是在 gNB 还是在 5G 核心网，如图 2-53 所示。

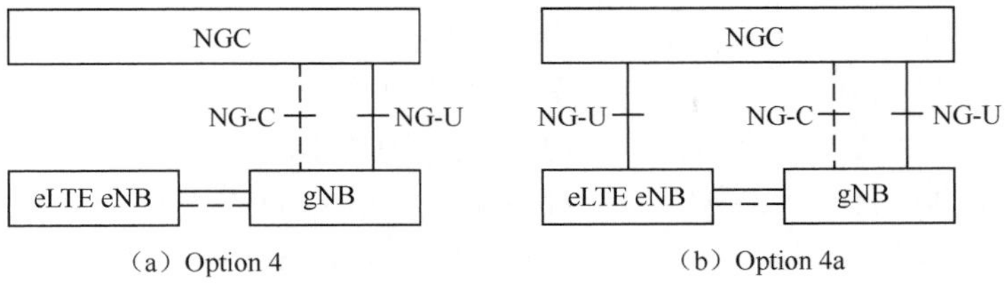

图 2-53 Option 4/4a

Option 4 模式中，gNB 和 5G 核心网之间同时具备控制平面接口和数据平面接口，gNB 和 eLTE eNB 之间亦同时存在控制平面连接和数据平面连接，由 gNB 负责实现下行流量的动态分流。

Option 4a 模式中，gNB、eLTE eNB 与 5G 核心网之间都具备数据平面接口，而 gNB 和 eLTE eNB 之间不具备数据平面接口。此模式下，通过 5G 核心网实现分流时，由于 5G 核心网无法感知空口的状态，因此无法根据空口状态实现动态分流。相比 Option 4a，Option 4 模式能够实现动态分流，效率更高。

通过以上分析，Option 3 和 Option 7 对无线接入网（LTE eNB 或 eLTE eNB）有较高的升级要求，要求 eNB 支持大带宽业务的分流功能，现网设备可能无法通过升级支持此功能或者升级的代价较大，因此运营商一般不会选择这种部署方式。Option 3a、Option 4a、Option 7a 中，无线接入网和 UE/5G 核心网之间是两条链路，即无线接入承载（Radio Access Bearer，RAB）和数据无线承载（Data Radio Bearer，DRB），在 UE/5G 核心网上需要对数据进行分流处理，不支持动态数据分流。因此，当 UE 处于移动状态时，两条链路中无线覆盖半径较小的那条链路会面临频繁重建的问题，严重影响用户的业务体验，因此运营商一般也不会选择这种部署方式。

总结下来，Option 2、Option 3x、Option 4、Option 7x 是相对合适的部署方式，具体采用哪种部署方式，各大运营商都会有不同的选择，他们会结合自身的现网情况以及业务发展预期选择合适的 5G 核心网功能演进方式。而国内传统电信运营商的组网选择则是先采用 NSA Option 3x 模式作为 5G 初期建设的过渡阶段，同时启动 SA Option 2 模式的网络建设。对于没有 4G 网络的运营商，则直接启动 SA Option 2 模式的网络建设。

2.6.2 5G 核心网关键网元组网

1. AMF 组网

AMF Pool 的功能类似于 EPC 的 MME Pool 功能，通过 AMF Pool 实现 AMF 负载均衡和容灾备份。

与 MME Pool 不同的是，AMF Pool 引入了 AMF Region 和 AMF Set 的概念：AMF Region 是指相同区域内一个或多个 AMF Set 的集合；AMF Set 是指相同区域内同一个切片的一组 AMF 集合。AMF 组网如图 2-54 所示。

与 MME Pool 类似，在同一个 AMF Set 内，AMF 根据容量配置权重因子，通过

AMF 和接入网之间的 N2 接口下发给 5G 接入网，5G 接入网根据权重选择 AMF。

5G 接入网选择 AMF 的过程如下：先根据全球唯一 AMF 标识符（Globally Unique AMF Identifier，GUAMI）（有 5G—全球唯一临时 UE 标识（Globally Unique Temporary UE Identity，GUTI））或 NSSAI（无 5G-GUTI）选择 AMF Set；再根据 GUAMI（有 5G-GUTI）或负载均衡机制（无 5G-GUTI）选择 AMF Set 内的 AMF。

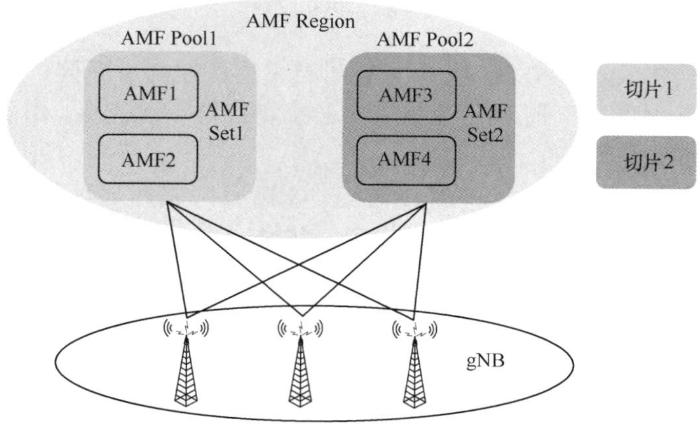

图 2-54　AMF 组网

2. SMF 和 UPF 组网

在 5G 标准中，基于控制和承载的彻底分离原则，SMF 作为控制平面网元，其功能主要是会话管理、选择和控制 UPF 等，UPF 作为 5G 的用户平面网元，其功能主要是进行数据转发，同时必须具备 DPI 及 QoS 处理等能力。UPF 可按需分布式部署在网络的省级、城域核心或城域边缘位置等不同层面。

根据 3GPP 标准，一个 UPF 可以只受一个 SMF 控制，也可以同时受多个 SMF 控制。方式 1 如图 2-55 左所示，UPF 只受一个 SMF 控制管理。这种方式的组网对 UPF 与 SMF 的实现要求比较低，但缺点也很明显。采用此方式后，SMF 只能使用 1+1 主备方式，而无法使用较灵活、较节省资源的 $M+N$ 负荷分担备份方式。方式 2 如图 2-55 右所示，服务区内的 SMF 与 UPF 全连接。采用这种方式时，组网方案可以很灵活，并且 SMF 可以采用 $M+N$ 负荷分担备份方式，同时可以支持所有的业务应用场景。但这种方式对 SMF 与 UPF 的实现要求较高，尤其是需要应对资源受限时的资源请求冲突。

从组网及业务体验考虑，建议优选方式 2，即在一个服务区内，SMF 与 UPF 全连接，SMF 可以控制管理服务区内的所有 UPF。

目前 SMF 选择 UPF 有两种方式：一种是在 SMF 本地配置 UPF 信息，另一种是 SMF 利用 NRF 发现 UPF 实例。

SMF 本地配置 UPF 信息方式是标准的必选功能，这种方式实现简单，但是需要在各个 SMF 上手工进行数据配置，尤其在服务区内 SMF 与 UPF 全连接的情况下，配置量很大，而且组网不灵活。

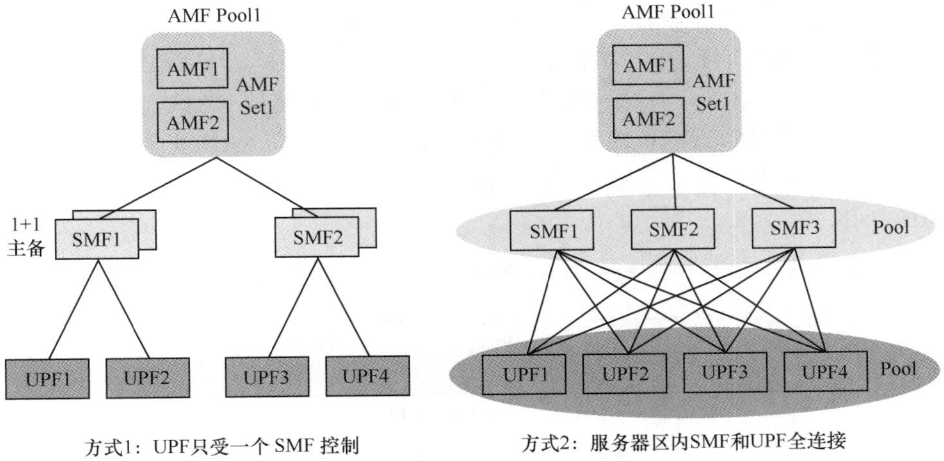

方式1：UPF只受一个 SMF 控制　　方式2：服务器区内SMF和UPF全连接

图 2-55　SMF 和 UPF 组网

SMF 利用 NRF 发现 UPF 实例方式是标准的可选功能，这种方式要求 UPF 开机后自动向 NRF 进行注册，登记其能力与 IP 地址等信息，SMF 在选择 UPF 时就需要向 NRF 查询，NRF 会把符合要求的 UPF 实例信息返回给 SMF，SMF 在其中选择一个 UPF 实例为用户提供服务。在这种方式下，UPF 由 NRF 统一进行自动化配置管理，维护管理简单，同时通过 NRF 集中管理，UPF 的负载可以更均衡；但这种方式对 UPF 与 SMF 的要求较高，同时由于增加了 UPF 的 NRF 注册过程及 SMF 的查询过程，因此信令消耗较大。

建议初期网络规模较小时可采用 SMF 本地配置 UPF 信息的方式，随着网络规模不断扩大，考虑到操作维护的难度，优选利用 NRF 发现 UPF 实例的方式。

3. 基于 NRF 的网元选择

大部分网元的选择都是基于 NRF 的服务注册、发现和授权机制来实现的，包括 AMF、SMF、AUSF、PCF、UDM、NSSF、BSF、NEF、SMSF 等网元。

请求发起侧 NF 通过提供 NF 名称或者特定服务类型（如 SMF、PCF、UE 位置报告）来发起网元选择，并提供其他服务参数以发现目标网元。它们都遵循以下场景，即本地网元选择场景和非本地网元选择场景，分别如图 2-56 和图 2-57 所示。

（1）本地网元选择场景

本地消费者 NF 向本地 NRF 发送消息请求生产者 NF，NRF 向消费者 NF 返回生产者 NF 的 FQDN 或 IP 地址，然后消费者 NF 根据 NRF 返回的信息在本地网元中查询生产者 NF 或者与生产者 NF 直接通信，如图 2-56 所示。

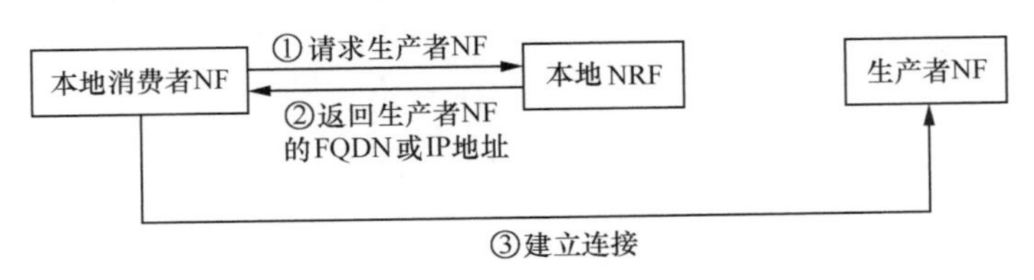

图 2-56　本地网元选择场景

（2）非本地网元选择场景

本地消费者 NF 向拜访地 NRF 发送消息请求生产者 NF，拜访地 NRF 将请求传递给骨干 NRF（全国 NRF），骨干 NRF 再将请求传递给归属地 NRF，归属地 NRF 返回的生产者 NF 的 FQDN 或 IP 地址经过骨干 NRF 和拜访地 NRF 的传递后到达消费者 NRF，最后消费者 NF 根据 NRF 返回的信息查询生产者 NF 或者与生产者 NF 直接通信，如图 2-57 所示。

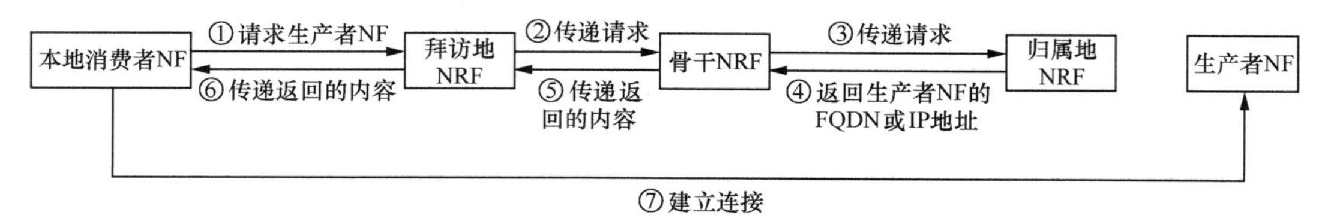

图 2-57　非本地网元选择场景

第3章
5G核心网组网方案

不同于以往的2G、3G和4G通信系统，5G不仅仅是面向人与人移动通信技术的升级换代，更是致力于构建万物互联的信息通信技术的生态系统，并将成为社会经济数字化转型的基石。从通信技术发展的规律来看，5G技术和产业发展成熟将是一个长期过程。4G网络将在较长一段时间内与5G网络并存并有效协同。5G网络建设初期网络覆盖不连续，语音回落到4G网络由VoLTE进行承载。初期5G主要提供eMBB场景的业务，典型应用包括8K超高清视频、AR、VR等。中远期，5G将升级支持uRLLC和mMTC两种场景的业务类型。

5G核心网原生支持NFV，采用网络切片、C/U分离以及SBA等一系列新技术来实现差异化业务服务能力、灵活的网络部署能力以及统一的网络开放能力。5G核心网建设应结合5G业务需求和新技术引入统筹考虑，并遵循以下原则。

一是以SA为目标架构，分阶段部署：SA是5G网络的目标架构，初期可采用NSA组网作为过渡方案快速提供eMBB业务，同时建设以SA为主体的5G核心网；5G核心网采用全新的SBA架构，但考虑到相比4G核心网，网元及接口数量显著增加、标准成熟时间也有先后，因此5G核心网网元应基于业务需求、标准及设备的成熟度分阶段部署。

二是协同演进，平滑过渡：4G与5G网络将长期并存、有效协同，核心网合设网元的容量规划应考虑回落比，用户数据库容量规划需要考虑迁移策略。

三是业务导向，按需部署：5G核心网实现了彻底的C/U分离，控制平面按区域集中部署，用户平面下沉以业务为导向，根据低时延、大带宽和边缘计算业务需求实现按需部署。

四是云化架构，灵活共享：5G核心网应采用云化架构，实现资源的统一编排、灵活共享。开放、可靠和高效是5G网络功能在云化NFV平台规模部署的基础要求。

五是安全、可靠、智能、高效：5G核心网的云化开放特性以及增强的业务能力，对安全提出了更高的要求。5G核心网的建设需同步考虑网络安全，做好安全隔离，面向多元化安全需求提供差异化的安全策略匹配。

3.1 5G 核心网 NSA 组网方案

目前国内运营商主要选择 Option 3x 作为 5G 初期建设的过渡阶段，对现网 EPC 进行软件升级，将 EPC 升级为 EPC+来实现。

3GPP 定义的 NSA 架构(Option 3x)如图 3-1 所示。

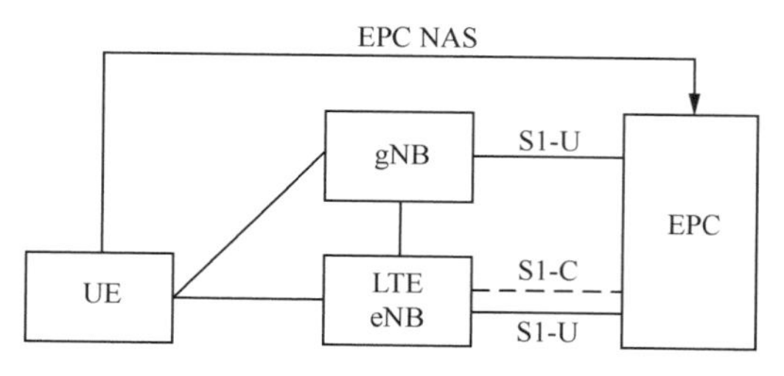

图 3-1 Option 3x NSA 架构

NSA 架构支持 LTE 和 5G NR 双连接，NR 接入 EPC，UE 和 EPC 之间采用 4G NAS 信令;UE 和网络之间的控制平面信令经由 LTE eNB 控制。eNB 和 NR 的用户平面经 S1-U 接口接入 EPC。

Option 3x 是数据包级分流，可以针对无线链路状况动态调整分流策略，提供较佳性能。图 3-2 所示为 Option 3x 的分流机制，其他的信令流程和 EPC 的流程相比，几乎没有变化。其中，主小区簇（Master Cell Group，MCG）对应主站 MeNB 的承载，从小区簇（Slave cell Group，SCG）对应从站 SeNB 的承载。

Option 3x 组网从 gNB 的 SCG 承载分裂来进行下行报文的分流，NR 分组数据汇聚协议（Packet Data Convergence Protocol，PDCP）以数据包为粒度分别向无线链路控制（Radio Link Control，RLC）和 NR RLC 进行分流。具体的分流策略在 NR 侧配置。在正常的 EPC Attach 流程之后，eNB 会根据 5G 从站的信号测量报告，决定是否增加从站承载，添加从站之后，原 eNB 根据本地配置策略决定是 Option 3 还是 Option 3x 分流。如果是 Option 3x 分流，原 eNB 发起 eRABmodification，通知 MME/SGW 更新承载对应的下行 IP 地址、GTP TEID，这里的 IP 地址和 TEID 都属于从站，下行路径切换到从站。

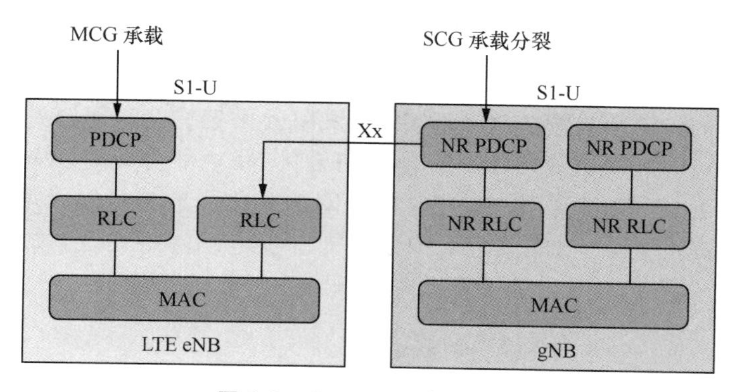

图 3-2 Option 3x 分流机制

3.1.1　NSA Option 3x 核心网组网架构

NSA Option 3x 采用现网 LTE/EPC 升级支持 NSA 的方案，LTE 核心网组网架构不变，通过升级 MME、SAE GW（SGW 和 PGW 合设网元）、CG 等网元支持 5G 用户接入、计费等功能，如图 3-3 所示。

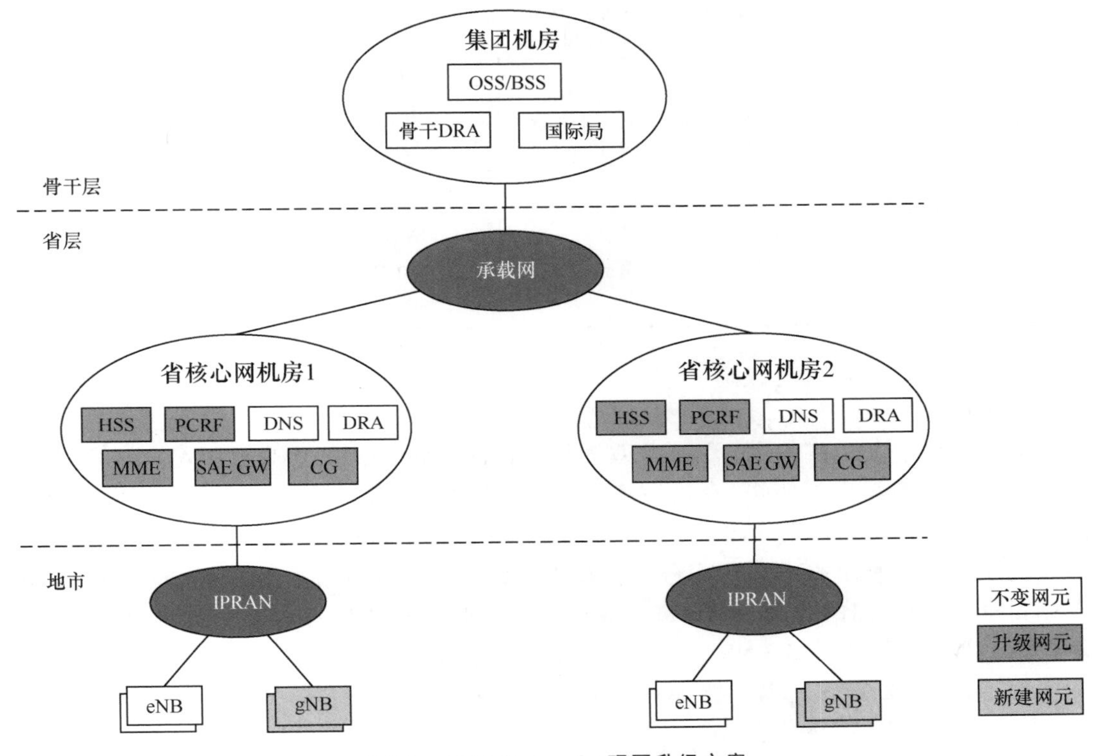

图 3-3　NSA Option 3x 现网升级方案

结合以上关键网元的功能升级要求，在 NSA 初期 Option 3x 阶段，需要采用现网 EPC 全网升级到 EPC+的方式来实现 NSA 的核心网部署。在此阶段，通过 EPC+的方式实现初期 5G 功能，对现网核心网无云化要求，在现网没有云化 EPC 设备的情况下，通过全网升级 MME、HSS、PCRF，每个 GW Pool 中选取全部或者部分 GW 升级，即可支持 EPC+。

NSA 的优点是升级 4G 网络的网元就能快速提供 5G eMBB 业务，改造小，投资小。缺点是只能支持 eMBB 场景，无法实现全部的 5G 功能。

3.1.2　NSA Option 3x 4G 网元增强功能要求

Option 3x 组网对 EPC 的关键需求见表 3-1。

表 3-1 NSA Option 3x 关键需求

特性	功能描述	EPC 网元	应用场景
双连接接入	MME/SGW 支持 eNB 发起的承载更新请求(E-RAB Modification Indication,通知 SGW 更新 S1-U 通道)	MME SGW	Option 3a/3x 组网必需功能
5G 双连接 NR 接入限制	基于 HSS 接入限制数据(Access Restriction Data,ARD)签约或 MME 本地策略灵活控制终端是否使用 NR	MME HSS	运营商可以灵活控制用户是否接入 NR
单用户大带宽 QoS 签约和转发(>4Gbit/s)	EPC 支持扩展 QoS 参数签约和传递;SGW/PGW 支持单用户大带宽;MME 选择支持 E-UTRAN 和 NR 双连接功能	MME HSS PCRF SGW/PGW	4G 核心网中的用户最大比特率(Maximum Bit Rate,MBR)限制最大为 4Gbit/s,5G 网络中的 MBR 扩展到 10Gbit/s 以上
计费	NR 使用量单独统计并生成话单	MME SGW/PGW CG	NR 流量单独计费

EPC 涉及的主要网元改造如下。

(1)MME 功能升级

MME 需支持 E-UTRAN 和 NR 双连接(Dual Connectivity E-UTRAN and NR,DCNR)功能、承载更新功能(在用户承载建立过程中,根据 4G LTE 基站提供的 5G NR 基站地址,通过 5G NR 基站建立用户承载)、5G 网关的选择、5G 大带宽的 QoS 定义、独立的统计和告警、4G/5G 用户分流。在 MME 组 Pool 的情况下,应对覆盖 5G NSA 基站范围的 Pool 内的所有 MME 进行改造,以保证与 5G NR 基站共覆盖的 4G LTE 基站接入的 MME 均支持 5G NSA 功能。在仅选择部分 SGW 和 PGW 提供 5G NSA 业务的情况下,MME 需改造以支持 SGW+和 PGW+的选择。

(2)SAE GW 功能升级

GW 需支持 DCNR 功能、大带宽 QoS、4G/5G 用户分流、用户平面性能增强、大流量、5G NR UE 性能独立统计和告警功能。

(3)HSS 功能升级

HSS 中保存用户的鉴权和签约数据,5G NSA 重用 4G 核心网,包括 HSS 中的用户签约数据,因此可以不必为用户进行 5G 签约,即用户“不换号、不换卡、不向运营商进行 5G 业务开通申请”,更换为 5G NSA 终端后即可使用 5G 无线接入网。运营商可以通过在 HSS 中为用户签约的接入限制数据(Access Restriction Data,ARD)限制用户接入/使用特定的无线网络,若运营商需要对用户的 5G 接入进行限制,则需要使全网 HSS 支持 ARD 的 5G 限制接入,相应地,MME 也需要支持根据 ARD 的 5G 接入限制来限制用户的 5G 接入。

(4)PCRF 功能升级

识别 4G/5G UE 的差异并下发不同的计费控制策略。

3.1.3　NSA 组网语音解决方案

对于 Option 3x 模式，终端通过双连接同时接入 LTE 和 5G NR，控制平面接口锚定在 EPC，通过 EPC 注册到 IMS 上使用语音业务。因为终端能同时支持 5G 和 4G 的数据收发，因而语音业务可选择承载在 LTE 上，数据业务则继续承载在 5G 网络上，如图 3-4 所示。此时语音业务的方案即为 VoLTE 方案。

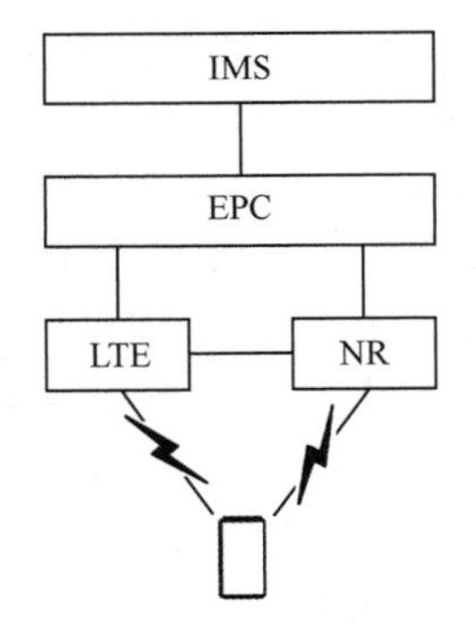

图 3-4　NSA 组网语音解决方案

3.2　5G 核心网 SA 组网方案

3.2.1　5G 核心网组网方案

5G SA 方案需要新建 5G 核心网，网络架构如图 3-5 所示。

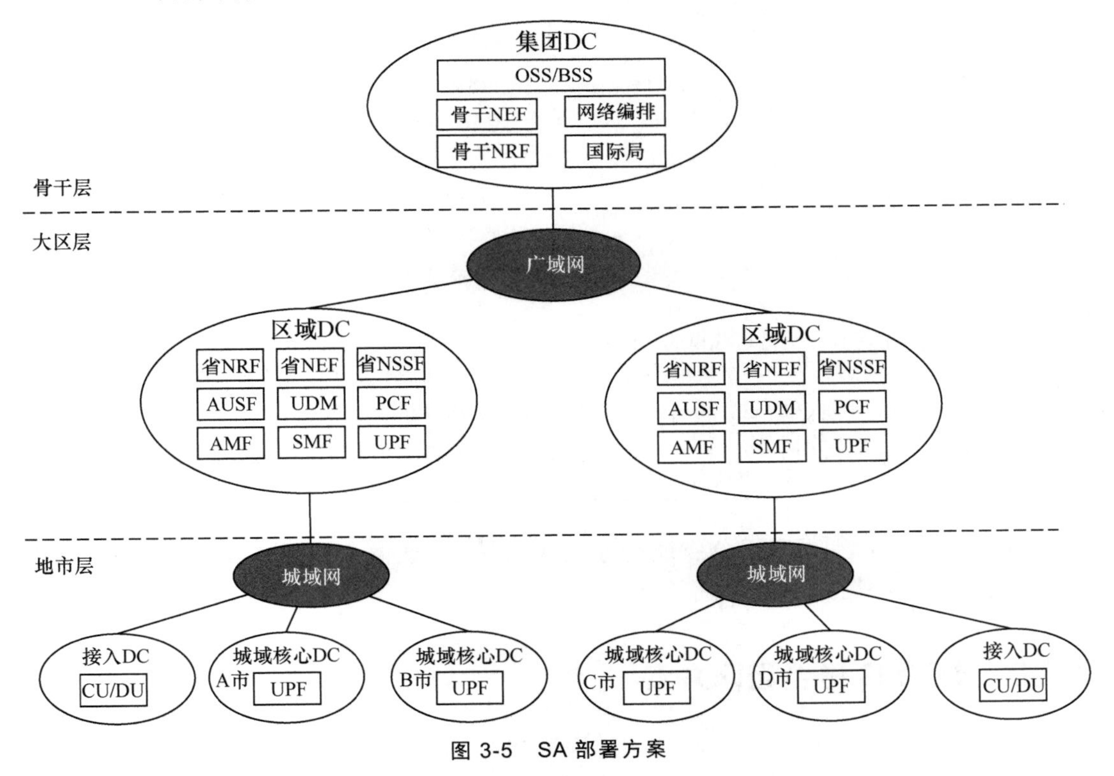

图 3-5　SA 部署方案

5G 核心网建设中，网络架构由全国骨干网、省网/大区网和地市网组成，控制平面可按分省或分大区部署。

在骨干网 DC 部署部分涉及跨省访问的网元。在省中心/区域 DC 集中部署 5G 核心网的控制平面网元。用户平面网元可按业务需求进行分层部署，部署在省中心/区域 DC 或下沉到城域核心 DC、边缘 DC。网络管理、网络编排等模块部署于骨干网 DC。

骨干层的网元主要包括骨干 NRF 与骨干 NEF：骨干 NRF 连接各省 NRF，主要负责转发跨省的网元发现查询与应答消息；骨干 NEF 负责全国性业务的管理和调用省级 NEF 上开放的能力，同时转发省间 NEF 的业务调用请求。

省/大区层面核心网网元主要包括 AMF、SMF、AUSF、UDM、NSSF、PCF、UPF、BSF、省 NRF、省 NEF。

为了实现 4G 网络与 5G 网络的互操作，需要将部分 4G 与 5G 网元合设，即新建的 SMF 支持 PGW-C 功能，PCF 支持 PCRF，UDM 支持 HSS 功能，UPF 支持 PGW-U 功能。

对于 5G 核心网控制平面，目前不同的运营商有分省和分大区两种部署方案，表 3-2 对这两种方式的优缺点做了简要的分析。

表 3-2　分省/分大区部署方案比较

方案	优势	劣势
控制平面全国/大区集中	1. 集约化，统一管理，符合运营的趋势； 2. 集团可集中进行虚拟化网络的运营，从而降低风险； 3. 有利于全国性业务的统一发放； 4. 资源利用率相对较高	1. 大区设备的运维问题与现有运营模式不同，影响较大； 2. 离无线接入网较远，控制平面时延（切换、业务建立）变大，影响业务体验；可能无法满足低时延业务、高速移动场景的需求，甚至可能导致切换失败率增加； 3. 容灾压力大，方案复杂； 4. 大区 5G 核心网与各省 EPC 关联比较复杂，增加了现网调整的难度； 5. 大区 5G 核心网与各省无线接入网之间的协同复杂； 6. 消耗跨省传输资源； 7. 需要把各省用户数据全部迁移至集中数据库，工程量大
控制平面分省集中	1. 沿用现有的网络运营模式，对运营模式影响不大； 2. 可以基于 EPC 进行相同的设置（Pool、服务区等）； 3. 各省可以灵活开展业务	1. 不利于集团统一控制与集约； 2. 资源利用率相对较低； 3. 需要各省都尽快具备虚拟化网络的运营能力

5G 核心网控制平面采用分省还是分大区部署，运营商应结合自身管理模式、维护体系、可能的网络时延综合考虑。

3.2.2　4G/5G 融合组网方案

5G 网络的建设是一个循序渐进的过程，初期 5G 网络覆盖不连续，当 5G 用户移动到没有 5G 覆盖的区域时，就需要切换到 4G 网络。考虑用户平滑迁移和 4G/5G 互操作，5G 核心网的目标网络应该支持 4G/5G 融合接入和互操作，图 3-6 是 3GPP 协议定义的 4G/5G 网络互操作协议架构。

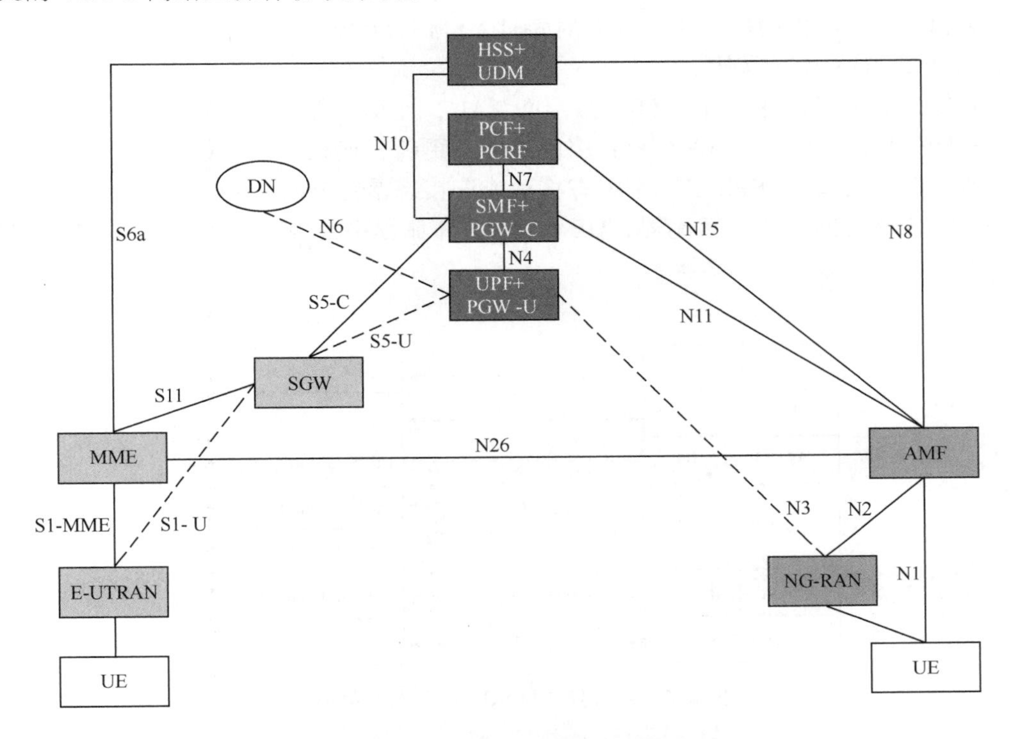

图 3-6　4G/5G 网络互操作协议架构

该架构的关键点在于以下几方面。

（1）4G/5G 合设网元以保证用户数据的一致性和业务的连续性。

➢ 融合的用户数据库 HSS+UDM；

➢ 融合的策略控制 PCF+PCRF；

➢ 融合的转发控制锚点 SMF+PGW-C；

➢ 融合的转发平面锚点 UPF+PGW-U。

（2）5G 核心网 AMF 和 EPC MME 之间新增移动性管理控制接口 N26。

（3）MME 需增加以下功能：

➢ 支持 5G UE 在 EPS 初始附着；

➢ 支持根据 UE 的 5G 核心网 NAS 和 EPC NAS 能力选择融合的 SMF/PGW-C；

➢ 支持 5G UE 在 5G 系统和 EPS 之间的移动性管理；

➢ 新增 N26 接口，支持 N26 接口的跨系统切换和重选；

➢ 支持语音业务的 EPS Fallback 和紧急呼叫，支持 IMS 承载和 Emergency 承载的建立。

（4）UE 需支持 EPC NAS 和 5G 核心网 NAS，支持单注册模式。

➢ 在 AMF 和 MME 之间协调维护 UE 的 MM 状态；

➢ HSS+UDM 保存 AMF 或 MME 地址；

➢ 通过 N26 接口传递源网络和目标网络之间的 SM 和 MM 上下文；

➢ UE 在 EPC 附着或者 5G 核心网注册会在网络能力中标识支持 5G 核心网 NAS 和 EPC NAS，AMF/MME 会为该类 UE 选择合设网关；

➢ PDU 会话和 GBR QoS 流建立的同时，SMF+PGW-C 就进行 EPS QoS 映射和分配 EPS 承载 ID（反之亦然）；

➢ UE 从 5G 系统移动到 EPS：空闲态 TAU，连接态跨系统切换；

➢ UE 从 EPS 移动到 5G 系统：空闲态注册更新，连接态跨系统切换。

UE 在 5G 系统和 EPS 之间空闲态移动或连接态重定向时，会向目标系统发起 EPC TAU 或 5G 核心网注册更新流程，UE 和 AMF 在流程中会进行 4G GUTI 和 5G GUTI 的映射，映射关系如图 3-7 所示。

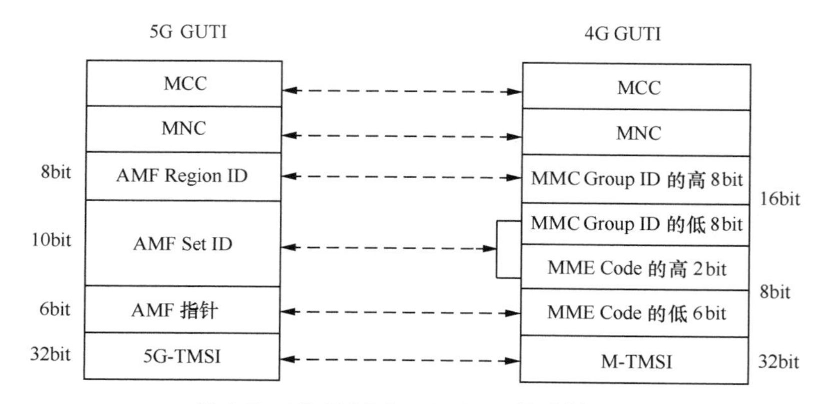

图 3-7　4G GUTI 和 5G GUTI 的映射关系

5G 用户从 5G 网络和 4G 网络接入的信令流和媒体流路径如图 3-8 所示。

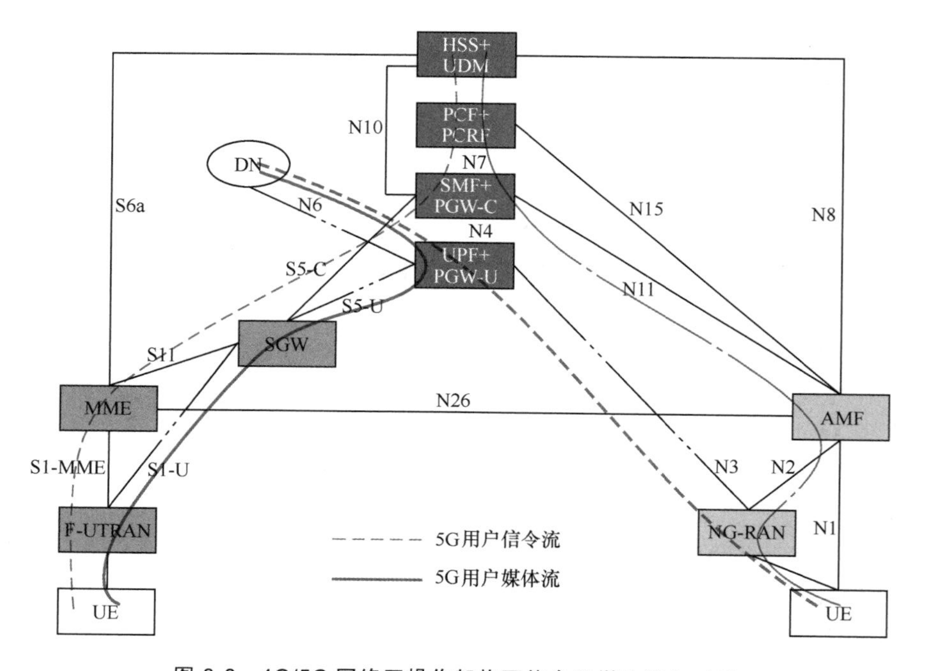

图 3-8　4G/5G 网络互操作架构下信令和媒体流向（1）

当5G用户从4G基站接入时，由MME负责识别并选择5G融合网元处理5G用户的业务。4G/5G切换过程中，保持UPF/GW-U锚点不变。

从上面的架构可以看出，5G用户切换到4G网络后，用户流量仍需要经过SGW，为了避免SGW的持续扩容，在实际部署中可以要求SMF和UPF均具备SGW-C和SGW-U功能，媒体流通过4G基站直连UPF/GW-U，不经EPC SGW绕转。信令流和媒体流路径如图3-9所示。

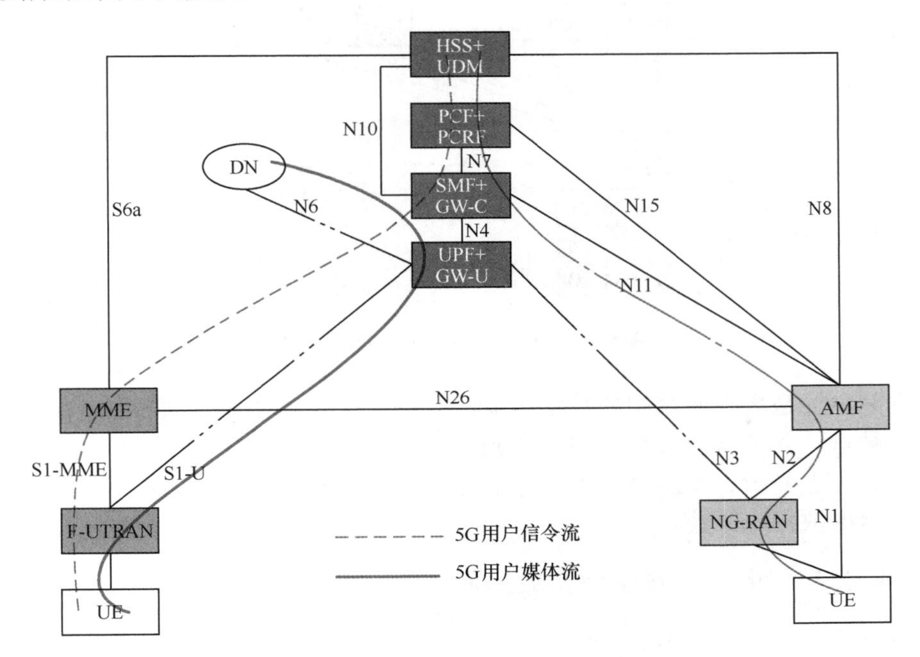

图3-9 4G/5G网络互操作架构下信令和媒体流向（2）

3.2.3 4G/5G用户数据迁移方案

各运营商都宣传在不换卡、不换号的情况下签约5G，对于4G/5G融合组网，4G用户接入和5G用户回落到4G接入都会接入4G核心网的MME，通过MME进行鉴权。对于4G用户，用户数据在现网的HSS中；对于5G用户，用户数据在5G融合网元的UDM/HSS中。MME无法从号段判断用户是否为5G用户，不知道是该将S6a消息路由到现网HSS还是UDM/HSS中。这就涉及用户数据的迁移方案，用户数据迁移包括全网用户一次迁移和逐用户迁移两种方案。

1. 方案一：全网用户一次迁移

该方案一次性割接PCRF BE和HSS BE的数据库到新建的5G融合用户数据库中。IT系统的开销户接口从原HSS和PCRF改为到新数据库，现网DRA的路由接口从原HSS和PCRF改为到新数据库。MME到5G融合用户数据库HSS+UDM中获取用户签约数据，如图3-10所示。

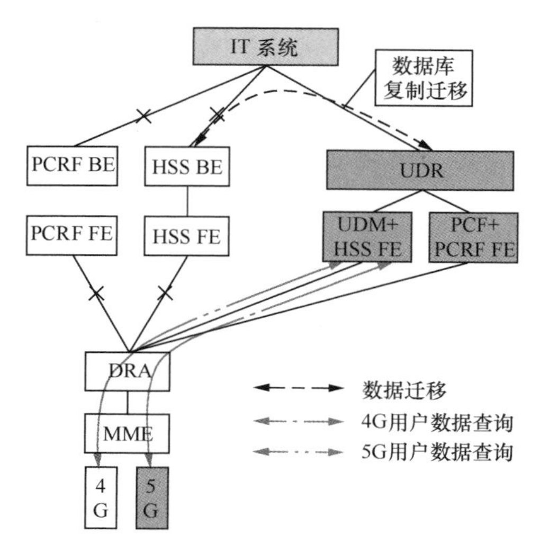

图 3-10　4G/5G 用户一次迁移方案

该方案主要是数据库之间的数据拷贝，主要优点就是对 BSS 要求较少，只需升级支持 5G 数据，并将原有网络接口割接到新数据库即可。而数据库整体割接对现网影响较大，风险也较大，实施难点主要在于需要研究成熟、稳定的数据库割接方案，并保证割接后的数据一致性。

2. 方案二：新建 4G/5G 融合数据库

逐用户迁移方案如图 3-11 所示。

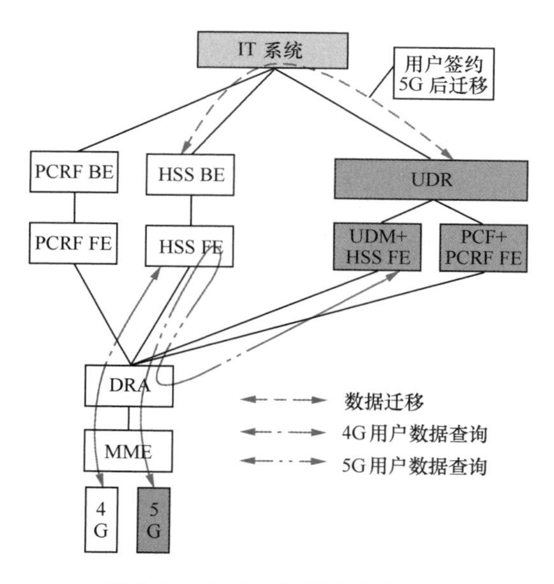

图 3-11　4G/5G 逐用户迁移方案

当用户开通 5G 服务时，由 IT 系统将用户数据从 4G HSS 迁移至 5G 融合用户数据库中。HSS 升级支持 Proxy 功能，5G 用户在 4G 网络接入时，MME 到 HSS 查询用户签约数据信息，当 HSS 查询不到该用户数据时，将消息转发到 5G 网络的 HSS/UDM。消息流程如图 3-12 所示。

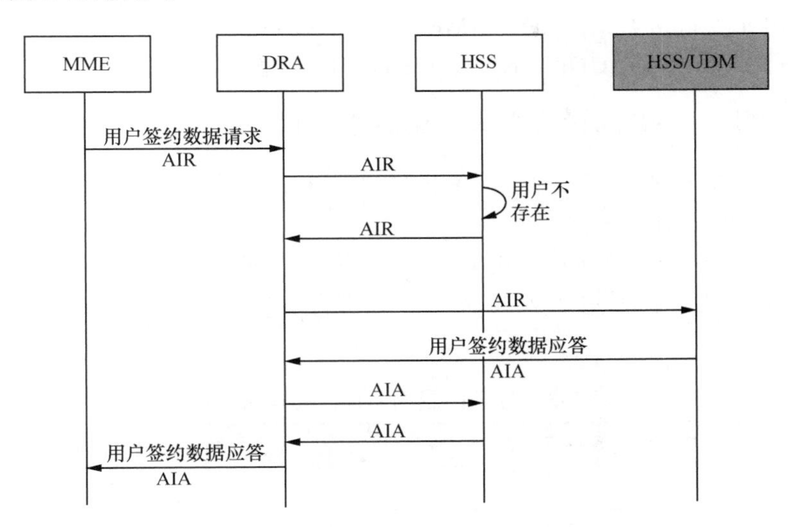

图 3-12　HSS Proxy 方案消息流程

方案一需对现网全网数据进行一次性割接，影响面较大，风险也较高；方案二采用逐用户迁移的方式，与方案一相比更加平稳安全。此外，方案一新建融合数据库的容量需要满足全网用户，初期投资较大；方案二新建融合数据库可分期建设、逐步扩容，初期投资较小。因此建议采用方案二。

3.2.4　5G 核心网 NF 设置方案

5G 核心网 NF 部署应遵循以下前提条件。

➢ 基于 5G 技术和产业发展成熟过程，5G 网络建设初期可以仅部署满足商用所必需的基本网元，包括控制平面网元 AMF、SMF、AUSF、PCF、UDM、UDR、NSSF、NRF 等，以及用户平面网元 UPF。后续基于业务需求、标准进展及设备成熟度发展适时引入其他网元，如 NEF、UDSF、SEPP 等。

➢ 采用 N26 接口互操作方式，设置合设网元（UDM 与 HSS 合设，PCF 与 PCRF 合设，SMF 与 PGW-C 合设，UPF 与 PGW-U 合设）。

➢ 控制平面网元集中部署，遵循虚拟化、大容量、集中化的原则，应至少设置在两个异局址机房进行容灾备份。

➢ 用户平面网元按业务需求分层部署：设置在省层面，满足 VoLTE 等业务需求；设置在本地网层面，满足大带宽业务需求；设置在边缘，满足低时延业务及 MEC 业务分流需求。

➢ 5G 核心网采用三级容灾备份机制：网元备份（Pool 备份、*N*+1 备份）、网元内的 VNF 组件备份和云资源服务器备份。通过多级容灾备份机制克服 IT 服务器可靠性不足的问题，提高网络的整体可靠性。

➢ 根据 3GPP 规范定义的网元的组网方式、发现和选择机制，网元的备份方式可以参考 4G 核心网，有 Pool 备份、*N*+1 负荷分担和 1+1 主备三种方式。5G 核心网各网元通常采用如下备份方式：AMF、SMF、UPF 采用 Pool 备份、*N*+*M* 负荷分担；UDM、PCF 采用 *N*+1 负荷分担；UDR、NRF、NSSF、BSF 采用 1+1 主备。

1. 骨干网层面 NF 的设置方案（见表 3–3）

骨干 NRF：骨干 NRF 转发省间 NF 的发现请求，采用 1+1 主备的方式进行容灾备份，省 NRF 与骨干 NRF 路由可达。

骨干 NEF：负责全国性业务的管理和调用省级 NEF 上开放的能力，转发省间 NEF 的业务调用请求，采用 1+1 主备的方式进行容灾备份，省 NEF 与骨干 NEF 路由可达。

表 3-3　骨干网层面 NF 容灾备份方式

序号	骨干网 NF	容灾备份方式
1	骨干 NRF	1+1 主备
2	骨干 NEF	1+1 主备

2. 省层面 NF 的设置原则（见表 3–4）

（1）AMF

AMF 采用 AMF Pool（AMF Region+AMF Set）组网，Pool 内包含多个功能相同的 AMF。

AMF Region 与 MME Pool 共覆盖，无线连续覆盖的区域划分在同一个 Pool 内。AMF Set 内单厂家组网，受端口数限制，Set 内的 AMF 数量视厂家设备能力决定。AMF Set 内 AMF 等容量规划，设置权重因子实现负载均衡。

AMF Set 内的 AMF 可以在一个 DC 内（支持共享 UDSF）或跨 DC 设置，采用 *N*+1 冗余备份。

（2）SMF

SMF 采用 SMF Pool（类似于 EPC 的 GW Service Area）组网，Pool 内包含多个功能相同的 SMF。

SMF Pool 区域与 AMF Region 一对一或一对多，无线区域连续覆盖的区域划分在同一个 Pool 内。SMF Pool 内单厂家组网，个数不限。

SMF Pool 内的 SMF 可以在一个 DC 内或跨 DC 设置，采用 *N*+1 冗余备份。

（3）UPF

相同层次且相同 UPF Serving Area（类似于 EPC 的 GW Service Area 的用户平面）部署的 UPF 之间实现容灾备份，采用 *N*+1 冗余备份。UPF 对接入的 gNB 个数理论上没有限制。

（4）NRF

省 NRF 负责省内 NF 的注册、发现与授权，省 NRF 与骨干 NRF 之间路由可达。省 NRF 采用 1+1 主备的方式进行容灾备份。

（5）NSSF

省层面设置一对 NSSF，采用 1+1 主备的方式进行容灾备份。

（6）UDM+UDR

数据库采用前后端架构，UDM 作为数据库前端，UDR 作为数据库后端，UDM 访问 UDR 获取用户签约数据。

UDM 采用 *N*+1 主备方式，主用负荷分担，可以在一个 DC 内或跨 DC 设置，备用 UDM 和主用 UDM 必须跨 DC 设置。UDR 采用 1+1 主备方式，分别设置在不同的 DC 中。

（7）PCF

PCF 作为数据库前端，访问 UDR 获取策略签约数据。

PCF 采用 *N*+1 主备方式，主用负荷分担，可以在一个 DC 内或跨 DC 设置，备用 PCF 和主用 PCF 必须跨 DC 设置。

（8）AUSF

AUSF 一般与数据库融合设置，容灾备份方式同数据库。

（9）BSF

BSF 负责 PCF 的会话绑定。BSF 独立设置，且支持 Diameter 接口，BSF 采用 1+1 主备方式进行容灾备份。

（10）NEF

省 NEF 负责省内的能力开放，开放的能力可以被骨干 NEF 和其他省 NEF 调用，并管理省内的特色业务。采用 1+1 主备的方式进行容灾备份。

表 3-4　省层面 NF 容灾备份方式

序号	省层面 NF	容灾备份方式
1	NRF	1+1 主备
2	NSSF	1+1 主备
3	AMF	Pool 组网，*N*+1 冗余备份
4	SMF	Pool 组网，*N*+1 冗余备份
5	UPF	*N*+1 冗余备份
6	UDM	*N*+1 主备
7	UDR	1+1 主备
8	PCF	*N*+1 主备
9	AUSF	与数据库融合设置
10	BSF	1+1 主备
11	NEF	1+1 主备

3. 地市层面 NF 的设置原则

地市层按需在核心层或汇聚层设置分布式 UPF，满足低时延、大带宽和大计算业务的需要，主要根据 MEC 业务需求而定。

3.2.5 SA 语音解决方案

5G SA 语音有两种解决方案。

1. 方案一：EPS Fallback 方案

该方案中，5G 核心网需要支持接入 IMS，进行 IMS 注册，NR 无须支持语音。终端平时驻留在 5G 网络上并进行 IMS 注册，当发起语音呼叫时，5G 无线接入网发起回落流程，切换到 LTE 上继续进行呼叫建立流程，如图 3-13 所示。

2. 方案二：VoNR 方案

该方案中，5G 核心网需要支持接入 IMS，NR 支持语音，语音连续性通过 PS 切换（5G 系统和 EPS 间的 N26 接口切换）保障，即处于没有 5G 覆盖的区域时，VoNR 切换到 4G 进行 VoLTE，如图 3-14 所示。VoNR 的建立流程与 VoLTE 基本相同。

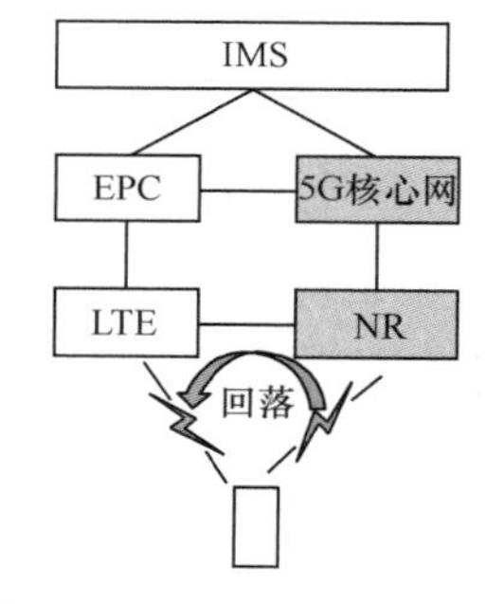

图 3-13　EPS Fallback 方案

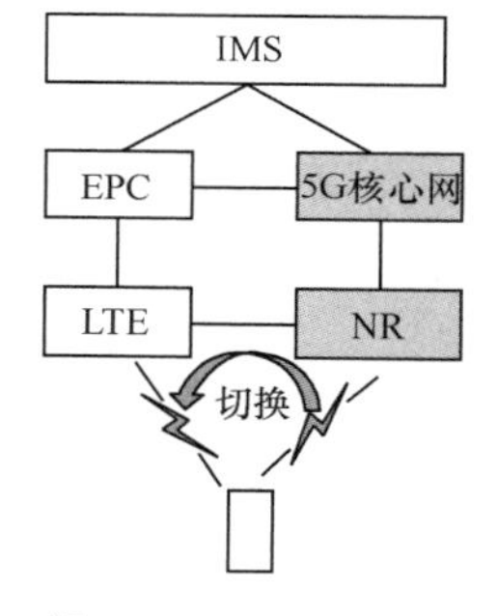

图 3-14　VoNR 方案

该方案用于 5G 核心网和 EPC 并存阶段。在 5G 部署中后期，5G NR 形成连续覆盖，5G 核心网已大规模部署，通过 5G 和 LTE 都可以提供语音服务。正常情况下，单待/单注册终端驻留在 5G 网络上，当 5G 网络信号不好时，语音和数据都由 5G 切换到 4G。

EPS Fallback 方案对 5G 语音终端没有特殊要求，呼叫建立时延相比传统 VoLTE 增加了 400ms，用户基本无感知，语音连续性可保障。

5G 建设初期实现全覆盖相对较难，为保持语音连续性，避免 UE 频繁切换，建议采用 EPS Fallback 方案。当 5G 网络覆盖全面提升后，可适时考虑 VoNR 方案。

EPS Fallback 和 VoNR 技术特点对比见表 3-5。

表 3-5　EPS Fallback 和 VoNR 技术特点对比

对比项	EPS Fallback	VoNR
场景	EPC 和 5G 核心网共存、NR 热点覆盖	EPC 和 5G 核心网共存、NR 连续覆盖
终端驻留网络	平时驻留在 5G 网络中，语音呼叫时回落到 4G 网络	平时驻留在 5G 网络中，5G 网络信号不好时切换到 4G 网络
语音连续性	呼叫建立时回落到 4G 网络，不受 5G 网络和 4G 网络切换影响	语音在 5G 网络中进行时，当 5G 网络切换到 4G 网络时呼叫不中断
呼叫建立时延	单注册 N26 接口场景下，增加时延大约 400ms	1～2s

3.2.6　信令组网方案

5G 核心网各功能实体间采用 HTTP 2.0 协议通信，HTTP 2.0 与 4G 信令网的 Diameter 协议在特点和能力上存在一定的差别，具体见表 3-6。

表 3-6　HTTP 2.0/TCP 与 Diameter/SCTP 比较

对比项	HTTP 2.0/TCP	Diameter/SCTP
连接建立	TCP：3 次握手，按需建链； 单向链路，收发需建两条链路	SCTP：4 次握手，静态建链； 双向链路，收发可共用一条链路
通信可靠性	基于 TCP 实现重传，不支持多路径； 必须配置多条链路，倒换机制需定义	基于 SCTP 实现重传，支持多路径； 同一偶联内路径故障后，可进行倒换
拥塞控制	HTTP 2.0 层支持多流； TCP 层出现分组丢失，仍会导致行头阻塞	Diameter 利用 SCTP 实现多流能力；无行头阻塞的问题
连接释放	网元下电、HTTP 流耗尽、链路闲置超时、网络异常和人工释放	网元下电、网络异常和人工释放
开放性	广泛应用于互联网领域	主要局限在 3GPP 领域

5G 核心网的服务化架构引入了 NRF，由 NRF 负责全网控制平面网元的注册、发现。5G 核心网的控制平面网元通过 NRF 找到目标网元后，即可根据目标网元的 IP 地址直接与其通信。此外，也可以参考 4G 网络的 DRA 方式，引入 HTTP Proxy，由 HTTP Proxy 来转接信令。具体有如下两种方式。

1. 方式一：纯 NRF 信令组网

部署两级的 NRF，即省 NRF（L-NRF）与骨干 NRF（H-NRF），省 NRF 负责省内控制平面网元的注册与发现，而骨干 NRF 则负责转接省间的网元发现查询与应答。图 3-15 以纯 NRF 方案下的拜访地 AMF 与归属地 UDM 通信为例进行说明。

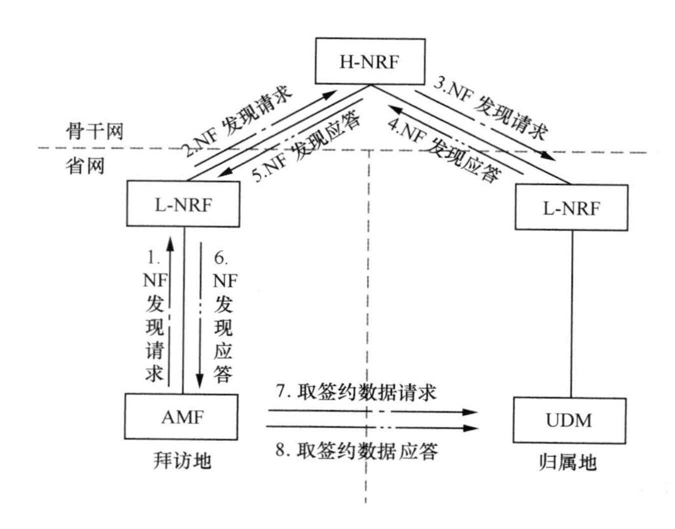

图 3-15　纯 NRF 信令组网

图 3-16 中，拜访地 AMF 经过步骤 1～6 可获得目标网元的 IP 地址，随后 AMF 将直接与归属地 UDM 进行通信，而不需要经过其他网元进行信令中转。

2. 方式二：NRF+ Proxy 信令组网

部署 NRF 负责与用户码号无关的寻址，对于与用户码号相关的寻址，NRF 统一返回省内 Proxy 的地址；部署省级与骨干级两级 Proxy，省级 Proxy 负责把其他控制平面网元发往数据库的信令转发至对应的数据库，而骨干级 Proxy 则负责转接跨省的信令。图 3-16 以 NRF+Proxy 方案下的拜访地 AMF 与归属地 UDM 通信为例进行说明。

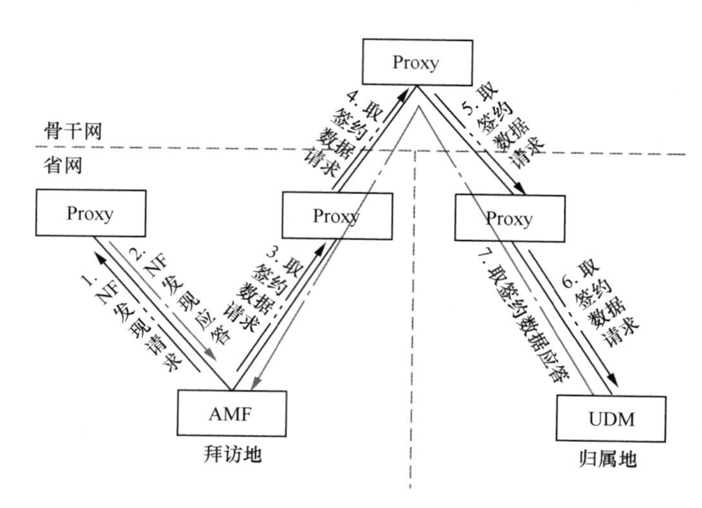

图 3-16　NRF+Proxy 信令组网

图 3-16 中，拜访地 AMF 在向 NRF 查询用户的 UDM 时，NRF 返回的是省级 HTTP

Proxy 的地址，此后 AMF 与归属地 UDM 间的所有信令交互都会经由两省的 HTTP Proxy 与骨干级 HTTP Proxy 转发。

纯 NRF 信令组网方案的主要优势是网络简单、路由效率高、不存在路由故障，但信令分散传输，无统一集中控制点。NRF+ Proxy 信令组网方案的主要优势是信令收敛功能和路由管理功能，而最大的缺点是所有信令交互都要经由固定的 Proxy 转发，路由效率低，Proxy 节点容易形成瓶颈，存在单点故障问题。纯 NRF 信令组网方案是 3GPP 的标准流程，NRF+Proxy 信令组网方案是非标准流程。考虑到纯 NRF 信令组网方案的路由效率高，无单点故障，建议采用该方案。

3.3　网络切片组网方案

端到端的网络切片涉及终端、无线接入网、承载网和核心网。根据 3GPP 核心网的切片规范进行组网，通过对核心网网元进行编排，组合为一个核心网切片。

网络切片可以根据不同的 SLA、成本、安全隔离等需求采取不同的部署策略。图 3-17 给出了网络切片的 4 种网元组织方式。

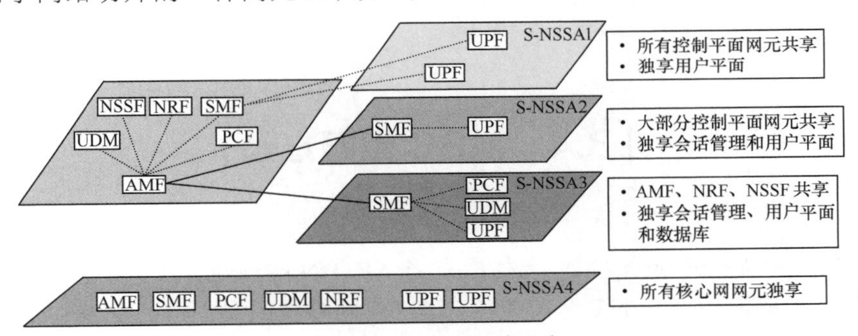

图 3-17　核心网切片形态

基于核心网控制平面省集中的部署方式，核心网切片的控制平面网元同样采用省集中方案，用户平面网元可以根据客户对网络时延、带宽等需求结合 MEC 灵活部署，包括省 DC、地市核心 DC、边缘 DC，如图 3-18 所示。

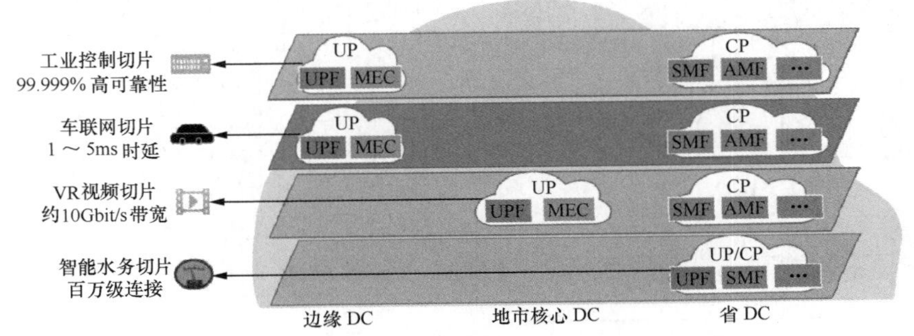

图 3-18　不同业务需求下的核心网切片网元部署

控制平面省集中的切片组网架构如图 3-19 所示。

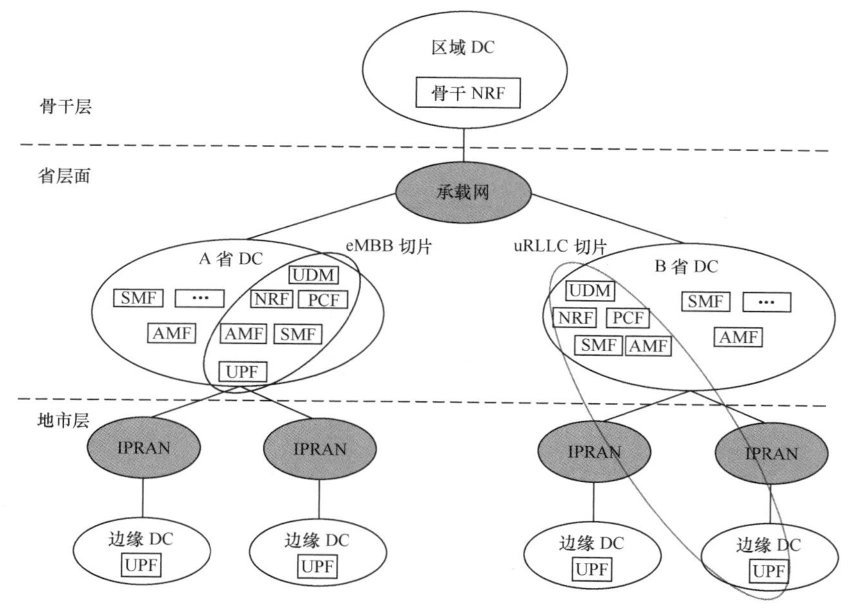

图 3-19　控制平面省集中的切片组网架构

3.4　MEC 组网方案

当 MEC 部署在 5G 系统中时，MEC 充当 AF+DN 的角色。作为 AF 时，MEC 代表部署在 MEC 上的应用通过 N5 或 N33 接口与 5G 网络控制平面进行交互；作为 DN 时，MEC 系统和 UPF 之间为标准的 N6 连接。

5G MEC 整体架构如图 3-20 所示。

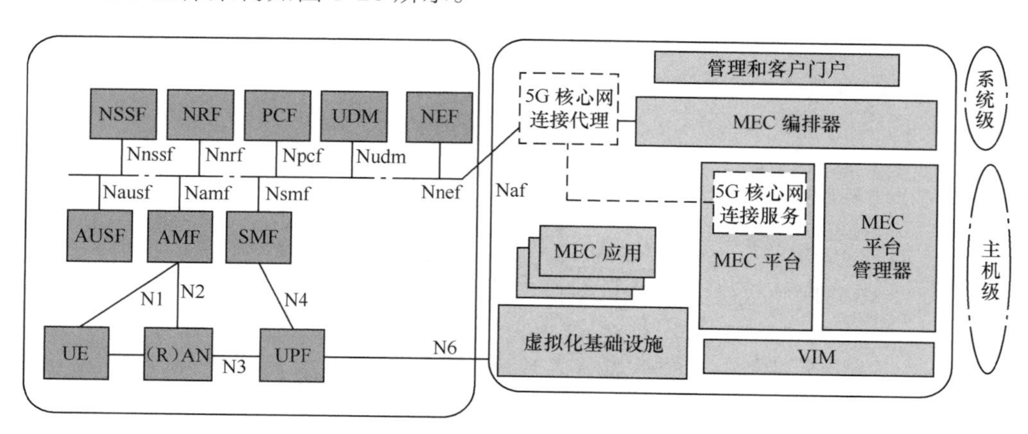

图 3-20　5G MEC 整体架构

MEC 引入 5G 核心连接功能（包括 5G 核心网连接代理和 5G 核心网连接服务）简化了 MEC 与 5G 核心网之间的信息交互与流程处理。

MEC 的组网应以业务为导向按需部署，并与 UPF 的下沉和分布式部署相互协同；对于 MEC 系统级部分，需要协调不同主机之间以及主机与 5G 核心网之间的操作（如选择主机、应用迁移、策略交互等），建议和 5G 核心网控制平面的部署架构保持一致。MEC 层次部署建议如图 3-21 所示。

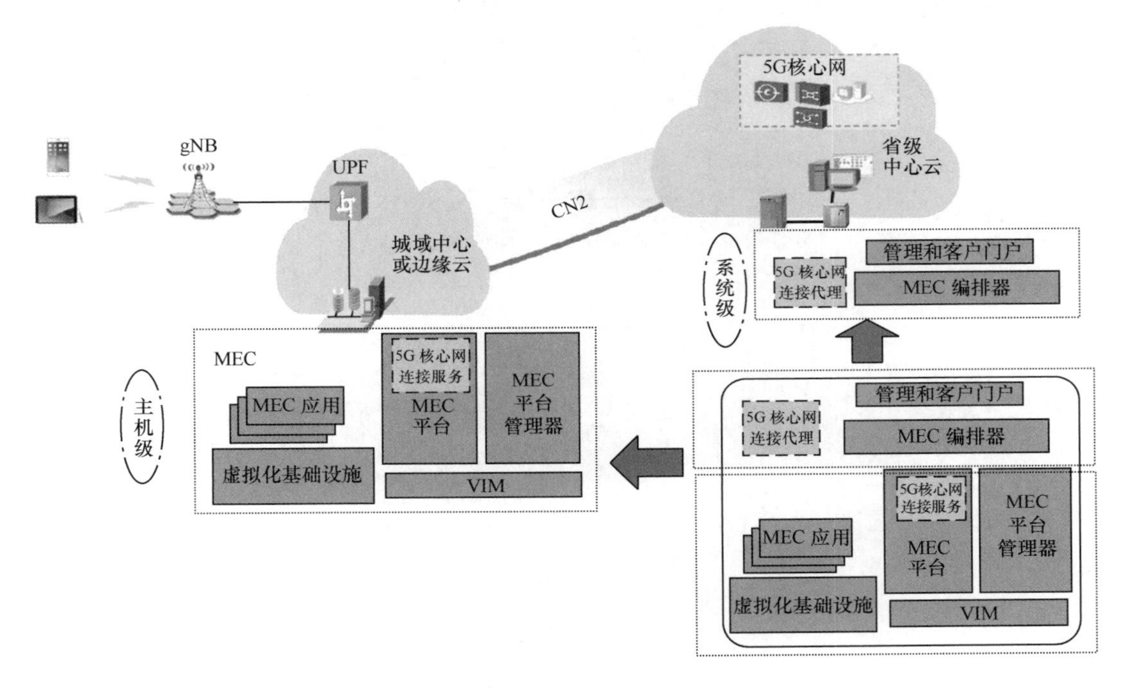

图 3-21　MEC 层次部署建议

通常所谓的 MEC 部署位置，主要针对 MEC 的主机级部分，MEC 对低时延业务的支持能力以及流量和计算卸载的能力，使得其在 5G 的三大场景中都有用武之地。三大场景及不同应用对时延、带宽、计算卸载的要求不一样，部署需求也不尽相同。对部署位置的建议见表 3-7。

表 3-7　三大场景下的 MEC 部署建议

业务类型	场景的主要特性	部署建议
eMBB	大带宽，VR/AR/3D 视频 Gbit/s 级带宽要求。10ms 级的业务端到端时延	MEC 部署在地市核心 DC，UPF（PDU 会话锚点）与 MEC 部署在同一 DC
uRLLC	时延敏感，触觉互动、精密工业控制等 ms 级的低时延要求	MEC 部署在地市核心或边缘位置，MEC UPF（PDU 会话锚点）与 MEC 部署在同一 DC
mMTC	大连接，对时延、带宽不敏感	MEC 和 UPF 在服务覆盖范围内集中部署

MEC 的组网和部署位置与用户和应用的具体需求关系较大，应视服务范围、业务特点、对数据的私密性要求等具体需求具体分析，按需采用差异化的部署方式。具体部署方式及组网可以是非常灵活的。根据业务需求，MEC 可以部署在城域汇聚/边缘及核心层等位置。MEC 组网架构如图 3-22 所示。

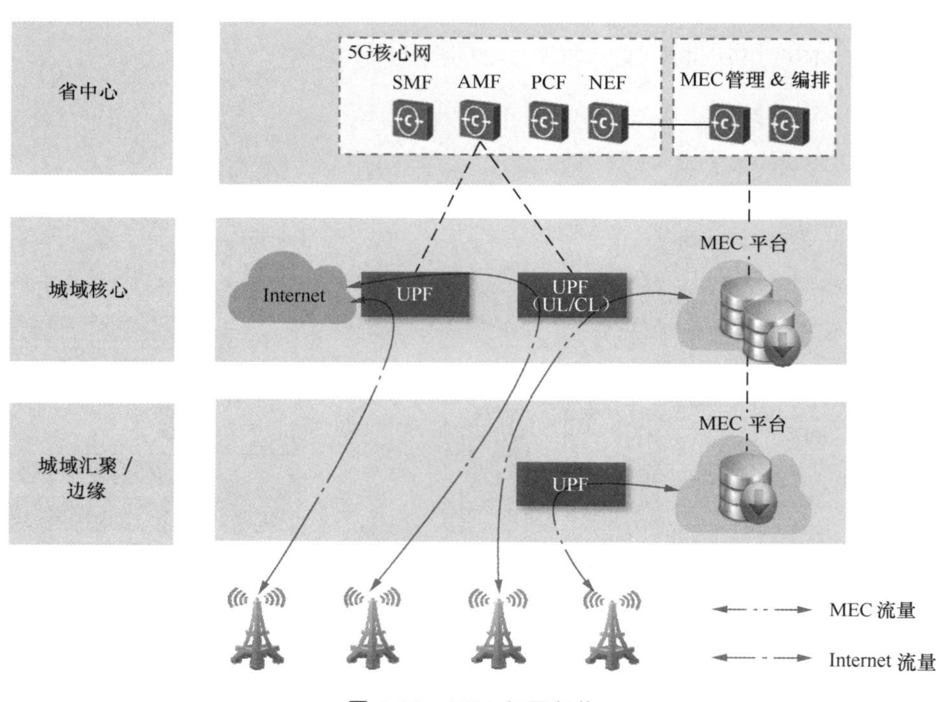

图 3-22　MEC 组网架构

| 3.5　5G 核心网对云资源的需求 |

5G 时代，核心网将全面云化，核心网网元通常由云资源池承载，核心网的业务模型、网元容量、功能与性能对云资源池的设备选型、容灾备份等方面提出了新的要求。因此，应首先对核心网的业务需求进行预测，然后对核心网各功能单元（如接入移动性管理、策略控制功能、网络切片选择功能、位置管理功能等）的处理能力要求进行详细分析，根据分析结果进行虚拟资源估算，最后输出对云资源池的具体需求。

5G 核心网云资源需求测算流程如图 3-23 所示。

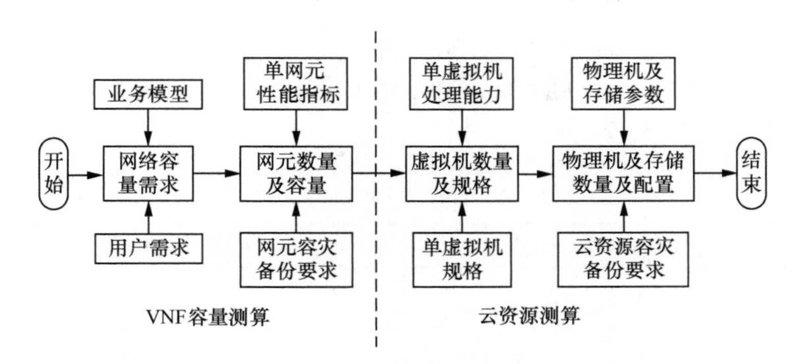

图 3-23　5G 核心网云资源需求测算流程

（1）VNF 容量测算

➢ 业务预测

可根据现网数据，结合适当的预测模型对用户数进行建模预测，或者直接使用前端部门提供的预测数据。

➢ 网元容量测算

根据用户需求（用户数、开机率等）和业务模型（吞吐量、信令消息等），结合各种网元的关键容量指标计算方法，得到整个网络各种网元的总体容量需求（附着用户数、吞吐量、消息转发量等）。

将网络容量总体需求除以各种网元的单网元性能指标即得到各种网元的主用套数，并依据各种网元容灾备份方式（Pool、1+1 主备等）计算备用套数，进而得到每种网元的主备总套数。

（2）云资源测算

➢ 虚拟资源测算

每种网元的每种组件（VNFC 或微服务）都会对应一种规格（计算、存储）的虚拟机。单套网元的主备总容量除以单虚拟机处理能力，并根据虚拟机配置原则调整得到各种虚拟机的数量，进而计算得到整个数据中心的云资源需求（计算、存储）。

➢ 物理资源测算

根据拟采用的物理机型号（CPU、内存）、存储方式（磁盘阵列、分布式存储），得到物理机、存储设备的虚拟化能力参数。整个数据中心的云资源需求除以物理机、存储设备的虚拟化能力参数得到物理机、存储设备的硬件配置数量。最后根据数据中心的容灾备份要求和 MANO 需求，增补硬件配置。

3.5.1　VNF 容量测算

1. 业务预测

VNF 网元容量测算之前，应先对用户总体需求进行建模预测。

用户容量计算可参照下列公式：

5G 附着用户数=5G 出账用户数*开机率*容量冗余系数 1

5G 发卡用户数=5G 出账用户数*容量冗余系数 2

VoLTE 注册用户数=5G 附着用户数*VoLTE 渗透率

采用的业务模型参见表 3-8。

表 3-8 业务模型

项目	单位
开机率	—
每附着用户流数	流/附着用户
平均每流吞吐量	kbit/s/流
每附着用户 UDM 处理信令事务数	个/用户/小时
每附着用户 PCF 处理信令事务数	个/用户/小时
每附着用户忙时查询 NRF 次数	次/小时
每附着用户忙时查询 NSSF 次数	次/小时
每流产生 CDR 数量	CDR/流/小时
CDR 话单大小	Bytes
每天折合忙时（小时）	小时/天
话单保留天数	天
话单压缩比	—

2. 网元容量测算

（1）AMF 容量

AMF 负责终结 N1 接口的 NAS 信令和无线接入网控制平面的 N2 接口，并负责注册管理、可达性管理、连接管理、移动性管理等。

AMF 采用 Pool 技术组网。按照标准定义，AMF Pool 对应 AMF Region 和 AMF Set，AMF Region 为相同区域内一个或多个 AMF Set 的集合，AMF Set 为相同区域内同一个切片的一组 AMF 集合。

AMF Region 的覆盖区域受限于单个 AMF 可接入的 Pool 区域内的基站上限数，建议与 EPC MME Pool 共覆盖。

AMF Set 由单厂家的多个 AMF 组成，每个 AMF Set 内的 AMF 数量受限于单个 AMF 的容量。AMF Set 内的 AMF 按相等容量规划，可通过设置权重因子实现负载均衡。AMF Set 内的 AMF 可以在一个 DC 内（支持共享 UDSF）或跨 DC 设置，采用 N+1 冗余备份方式。

AMF 容量计算可参照下列公式：

AMF 用户容量总需求=5G 附着用户数（含 VoLTE 容量）

AMF 软件套数=roundup（AMF 用户容量总需求/AMF 用户容量门限）+1

单套 AMF 用户容量需求=AMF 用户容量总需求/（AMF 软件套数−1）

（2）SMF 容量

SMF 负责会话管理，包括会话建立、修改和释放等，UE IP 地址分配以及 UPF 的选择与控制等。

SMF 采用 Pool 负荷分担方式组网（类似于 EPC 中 GW Service Area 的控制平面），多个功能相同的 SMF 组成一个 Pool，SMF Pool 区域与 AMF Region 一对一或一对多，Pool 内单厂家组网（Pool 内的 SMF 个数理论上没有限制），每个 SMF 配置相同容量，一个 SMF 发生故障后，剩余 SMF 应能承接 Pool 内的全部业务量。SMF Pool 内的 SMF 可以在一个 DC 内或跨 DC 设置。

SMF 容量计算可参照下列公式：

SMF 流容量 eMBB 需求=5G 附着用户数*每附着用户流数

SMF 流容量 VoLTE 需求=VoLTE 注册用户数*（1+VoLTE 每用户忙时话务量）

SMF 软件套数=roundup［（SMF 流容量 eMBB 需求+SMF 流容量 VoLTE 需求）/ SMF 流容量门限］+1

单套 SMF 流容量需求=SMF 流容量总需求/（SMF 软件套数−1）

（3）UPF 容量

在中心区域设置集中式 UPF，可按需在本地网核心层或汇聚层设置分布式 UPF。相同层次且相同 UPF Serving Area（类似于 EPC 中 GW Service Area 的用户平面）部署的 UPF 之间实现容灾备份。UPF 对接入的 gNB 个数理论上没有限制。

UPF 容量计算可参照下列公式：

UPF 吞吐量 eMBB 需求=UPF 管辖区域流容量 eMBB 需求*平均每流吞吐量

UPF 吞吐量 VoLTE 需求=UPF 管辖区域 VoLTE 注册用户数*VoLTE 每用户忙时话务量*语音编码带宽*2

UPF 软件套数=roundup［（UPF 吞吐量 eMBB 需求+UPF 吞吐量 VoLTE 需求）/ UPF 吞吐量门限］+1

单套 UPF 吞吐量需求=（UPF 吞吐量 eMBB 需求+UPF 吞吐量 VoLTE 需求）/（UPF 软件套数−1）

根据 R15 的规范，UPF 只能固定指向唯一 SMF，因此软件套数和单套容量需根据本地网数量和每个本地网容量比例进行调整。

（4）5G 核心网数据库相关网元容量测算

5G 核心网数据库采用前后端架构，前端有 UDM FE、PCF FE 和 NEF FE，后端 UDR 统一存储相关数据：用户签约数据（如号码、业务签约等）、策略数据、对外开放的结构化数据、应用数据等，如图 3-24 所示。

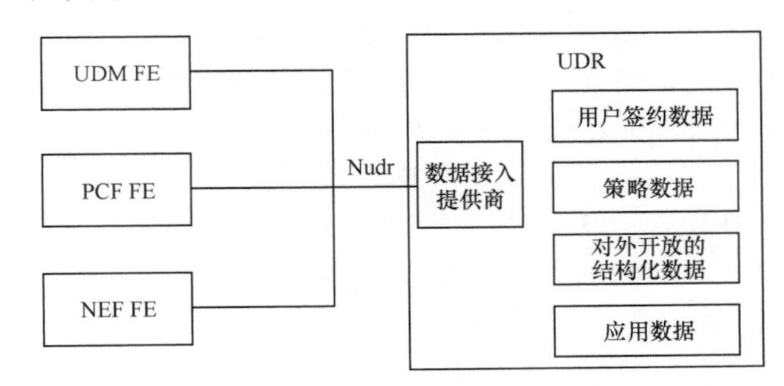

图 3-24　5G 核心网数据库架构

UDM 负责 3GPP AKA 认证证书处理，基于签约数据的访问授权，对用户标识、签约数据等信息进行管理。PCF 负责为控制平面功能提供策略信息。UDR 负责 UDM 和 PCF 相关的签约信息存储。

各 FE 采用 *N*+1 主备容灾方式，主用负荷分担，可以在一个 DC 内或跨 DC 设置。UDR 采用 1+1 主备容灾方式，分别设置在异局址 DC 中。

UDM 容量计算可参照下列公式：

UDM 前台动态用户总容量=5G 附着用户数（含 VoLTE 容量）

UDM 前台软件套数=roundup（UDM 前台用户容量总需求/UDM 前台用户容量门限）+1

单套 UDM 前台用户容量需求=UDM 前台用户容量总需求/（UDM 前台软件套数−1）

UDM 后台静态用户总容量=5G 发卡用户数（含 VoLTE 容量）

UDM 后台软件套数=roundup（UDM 后台用户容量总需求/UDM 后台用户容量门限）*2

单套 UDM 后台用户容量需求=UDM 后台用户容量总需求/（UDM 后台软件套数/2）

PCF 容量计算可参照下列公式：

PCF 前台会话总容量=5G 附着用户数+VoLTE 注册用户数

PCF 前台软件套数=roundup（PCF 前台会话容量总需求/PCF 前台会话容量门限）+1

单套 PCF 前台会话容量需求=PCF 前台会话容量总需求/（PCF 前台软件套数−1）

PCF 后台静态用户总容量=5G 发卡用户数（含 VoLTE 容量）

PCF 后台软件套数=roundup（PCF 后台用户容量总需求/PCF 后台用户容量门限）*2

单套 PCF 后台用户容量需求=PCF 后台用户容量总需求/（PCF 后台软件套数/2）

NEF 负责 5G 能力开放的功能，主要包括认证授权功能，以及监控能力开放、数据配置能力开放、策略和计费能力开放功能等。NEF 分两级设置——全国 NEF 和省级 NEF，各省设置省 NEF。

（5）其他网元容量测算

NRF、NSSF、AUSF、BSF 等核心网网元对资源需求较小，网络建设初期只需根据部署原则按套设置即可。

NRF 负责 NF 和服务的注册与发现，可按骨干 NRF 和省级 NRF 两级进行设置。骨干 NRF 全国设置一对，各省分别设置一对 NRF，采用 1+1 主备的方式进行容灾备份。省级 NRF 负责省内 NF 的注册、发现与授权，省间 NF 的发现请求通过骨干 NRF 进行转发。省级 NRF 与骨干 NRF 之间路由可达。

NSSF 负责为终端选择切片实例与服务 AMF，确定终端允许接入的切片。NSSF 分两级设置：骨干 NSSF 和省级 NSSF，骨干 NSSF 全国设置一对，各省分别设置一对省级 NSSF，采用 1+1 主备的方式进行容灾备份。省级 NSSF 负责省内 NF 的注册、发现与授权，省间 NF 的发现请求通过骨干 NSSF 进行转发。省级 NSSF 与骨干 NSSF 之间路由可达。

AUSF 负责对 3GPP 接入和不可信的非 3GPP 接入进行鉴权，一般与数据库一起设置，各省设置一对，采用 1+1 主备的方式进行容灾备份。

BSF 负责 PCF 的会话绑定，一般应单独设置。

3.5.2　云资源测算

假设 DC 内部署了 n 种 NF，每种 NF 分别有 m 套，我们用 NF_{ij} 表示第 i 种网元的第 j 套。

则第 i 种网元第 j 套所需要的虚拟机数量为：

NF_{ij} 虚拟机数量=roundup（NF_{ij} 网元总容量/NF_i 单虚拟机容量处理能力）

第 i 种网元总共需要的虚拟机数量为：

$$NF_i\text{虚拟机总数量}=\sum_{j=1}^{m}\left(NF_{ij}\text{虚拟机数量}\right)$$

第 i 种网元的 CPU 总需求为：

NF_i CPU 总需求=NF_i 虚拟机总数量*NF_i 单虚拟机 vCPU 数量规格/超配比

第 i 种网元的内存总需求为：

NF_i 内存总需求=NF_i 虚拟机总数量*NF_i 单虚拟机内存数量规格/超配比

第 i 种网元的存储总需求为：

NF_i 存储空间总需求=NF_i 虚拟机总数量*NF_i 单虚拟机存储空间数量规格/超配比

$$\text{DC CPU 总需求}=\sum_{i=1}^{n}\left(NF_i\ \text{CPU总需求}\right)$$

$$\text{DC 内存总需求}=\sum_{i=1}^{n}\left(NF_i\text{内存总需求}\right)$$

$$\text{DC 存储空间总需求}=\sum_{i=1}^{n}\left(NF_i\text{存储空间总需求}\right)$$

DC 物理机台数=MAX{roundup[（DC CPU 总需求/单台物理机提供 CPU 能力+MANO 物理服务器台数）*物理机容灾调度系数], roundup[（DC 内存总需求/单台物理机提供内存能力+MANO 物理服务器台数）*物理机容灾调度系数]}

磁盘阵列或分布式存储的存储空间=DC 存储空间总需求*（1+冗余系数）

根据 DC 所部署的 NF 对计算、转发、存储的要求，配置不同规格的物理机及相应台数。

一般来说，NFVI 资源池的 CPU、内存、存储均不超配，超配比取 1。

此外，各网元对虚拟机 vCPU、内存、硬盘的需求并不相同，不同厂商提供的同一种网元对资源的需求也不尽相同，这一点和原先非云化部署时的情况是一样的。因此，进行规模测算时，需要结合具体的厂商、网元以及运营商实际情况确定规格。

第 4 章
5G 核心网云化技术方案

如今云网融合已成为网络和应用融合发展的基础：网络是连接移动/固定终端与应用云的通道；云是 IT 资源的提供者，为应用提供了计算、存储和网络 3 种能力。通过构建云网一体化基础设施，使 5G 网络能力能够极大地支撑云计算的发展，同时用云计算的理念优化 5G 网络资源，助力各种资源按照用户的需求进行动态、弹性的调度和分配。

NFV 是实现网络云化的关键技术，是指利用虚拟化技术，采用标准化的通用 IT 设备来实现各种专用的网络功能，目标是替代通信网中私有和封闭的网元，实现统一的硬件平台加业务逻辑软件的开放架构。SDN 使网络的控制平面与数据转发平面分离，采用集中式控制替代分布式控制，通过开放和可编程接口实现了软件定义的网络架构。使用 SDN/NFV 等技术，使网络具备可编程能力、资源具备弹性可伸缩能力，从而能主动适应当今互联网和物联网应用的众多需求。

5G 核心网部署在基于云的基础架构上，以支持灵活、自动的网络部署及扩展。基于云的 5G 网络基础架构是一组相互关联的多层数据中心（如边缘数据中心、核心数据中心），可采用通用标准化硬件进行集中式管理和编排。5G 核心网可以支持以云原生方式设计的网络功能。

通过引入 SDN/NFV 技术，5G 核心网实现了服务化架构的云化部署，其目标架构包含数据转发平面和控制平面：控制平面实现网络控制功能集中，网元功能虚拟化、软件化、可重构，支持网络能力开放；数据转发平面则实现控制功能剥离，使转发功能靠近基站，以支持业务能力与转发能力的融合。

为了应对 5G 的需求，更好地满足网络演进及业务发展需求，5G 网络将更加灵活、智能、融合和开放，将是一个可依据业务场景灵活部署的融合网络。5G 目标网络逻辑架构包括控制云、接入云和转发云 3 个逻辑域，实现了核心网控制平面与数据转发平面的彻底分离，转发云聚焦于数据流的高速转发与处理，如图 4-1 所示。

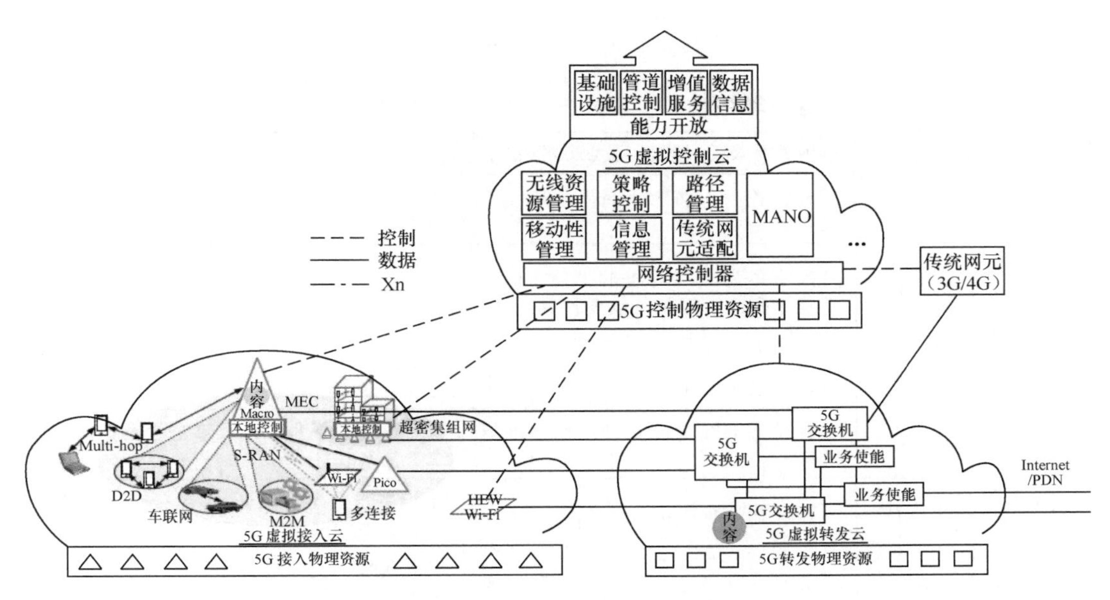

图 4-1 5G 目标网络逻辑架构

5G 虚拟控制云完成全局的策略控制、会话管理、移动性管理、信息管理等，并支持面向业务的网络能力开放功能，实现定制网络与服务，满足不同新业务的差异化需求，并扩展新的网络服务能力。控制云在逻辑上作为 5G 网络的集中控制核心，其主要功能是控制接入云与转发云。控制云由多个虚拟化网络控制功能模块组成，包括接入控制管理模块、移动性管理模块、策略管理模块、用户信息管理模块、路径管理模块、SDN 控制器模块、安全模块、切片选择模块、传统网元适配模块、能力开放模块，以及对应的网络资源编排模块等。这些功能模块从逻辑功能上可类比之前移动网络的控制网元，完成移动通信过程和业务控制；控制云以虚拟化技术为基础，通过模块化技术重新优化了网络功能之间的关系，实现了网络控制与承载分离、网络切片化和网络组件功能服务化等，整个架构可以根据业务场景进行定制化裁剪和灵活部署。

5G 虚拟转发云在逻辑上包括单纯的高速转发单元以及各种业务使能单元。在 5G 网络的转发之中，业务使能单元与转发单元呈网状部署，接受控制云的路径管理控制，根据控制云的集中控制，基于用户业务需求，软件定义业务流转发路径，实现转发网元与业务使能网元的灵活选择。转发云可以根据控制云下发的缓存策略实现热点内容的缓存，从而缩短业务时延，减少移动网对外出口流量，改善用户体验。转发云在控制云的路径管理与资源调度下，实现 eMBB、mMTC、uRLLC 等不同业务数据流的高效转发与传输，保证业务的端到端质量要求。转发云配合接入云和控制云，实现业务汇聚转发功能。

5G 虚拟接入云支持用户在多种应用场景和业务需求下的智能无线接入。无线组网可基于不同的部署条件要求，实现灵活组网及多种无线接入技术的高效融合，并提供边缘计算能力。

控制云、接入云和转发云共同组成 5G 网络架构，不可分割，协同配合，并可基于 SDN/NFV 技术实现。

NFV 引入前后网元及网络的变化对比见表 4-1。

表 4-1　NFV 引入前后网元及网络的变化对比

对比项	NFV 引入前（物理网元及网络）	NFV 引入后（云化网元及网络）
网元形式	专有设备专用功能，同厂商单一形式集成	通用设备虚拟功能，不同厂商可多种形式混搭集成
供货厂商多样性	受限于华为、中兴通讯、爱立信、诺基亚西门子等传统设备厂商	基础设施层引入了多家 IT 设备厂商，虚拟化层也可以引入多家厂商，还可以引入专门的集成商
规划建设灵活性	方案单一，灵活性受限，选择余地小，工程建设简单	提供方案多样化契机，回旋余地大，工程建设复杂
维护管理复杂性	专有设备故障定位容易，网络维护简单	通用设备分层集成，故障定位困难，网络维护复杂
设备及组网可靠性	专有设备可靠性高	IT 设备自身可靠性低，导致云化网元需要借助更多的网络手段来保障可靠性
业务能力开放性	运营商专有平台，主要提供专有业务，不便提供第三方业务	基于 API 的共享开放平台，除运营商专有业务外，更便于提供第三方（厂商、开发者、政企）业务

4.1　核心网云化的总体要求

5G 核心网对云化 NFV 平台的总体要求包括以下几点。

（1）开放：云化平台需要实现全网资源共享和解耦部署，探索开源和标准化结合的新型开放模式，减少平台和网络服务单厂家锁定的风险，依托服务接口和主流开源项目建立开放式通信基础设施新生态。

（2）可靠：依据移动通信业务的特点，基础设施和现有 IT 数据中心有了更多可靠性方面的需求，需要从硬件、系统架构、虚拟层、VNF、站点、MANO 等各层面引入可靠性机制，且在可靠性上需具备跨层联动机制。

（3）高效：云平台的效能包括运维弹性和业务性能两个方面。运维弹性方面主要包括：跨 DC 灵活组网，云平台业务的快速编排和资源动态扩缩容的能力；业务性能方面主要体现在云平台需满足 5G 核心网大流量转发、边缘并发计算和服务化接口信令处理的要求。

（4）简约：5G 核心网的网络功能单元粒度更细，需要云平台匹配的部署单元更轻量化，敏捷地重构网络和编排切片。NFV 编排需要模板化容器/虚拟机、复杂的网络应用、完整性控制、拓扑管理、物理资源间的依赖关系等业务过程，实现模板可配和一键部署，降低运维技术门槛和交付复杂度。

（5）智能：云平台可以从海量数据和广域网中获取知识，智能管理广域分布（面向多场景、多租户、多行业）的数据中心资源。引入带有人工智能辅助的主动式预测性运营，为切片租户和网络运营商提供多种智能增值服务，如故障识别、流量预测、运维优化和自动化恢复等。

云化 NFV 平台规模部署 5G 网络功能的基础要求是开放、可靠和高效。因此，建议以分步推进的模式进行 5G 核心网云化部署：初期重点考虑满足基本业务性能和云平台的开放性、稳定性要求，确定核心网建设、NFV 平台选型、DC 组网规划等基础框架问题，促进 5G 核心网云化部署的落地。待云平台运行平稳后，基于 NFV 快速迭代和灵活扩展的特征，可根据不同业务场景的高阶功能要求，逐步进行有针对性的优化及完善。

4.2　NFV 解耦方案

近些年来，随着移动互联网带来的业务的快速变化，为快速创新和开通业务，运营商需打破封闭的传统电信网络，构建基于 NFV 技术的新的弹性网络，以实现业务快速上线、网元配置的弹性伸缩和资源共享。

NFV 通过硬件设备通用化、网元功能软件化、平台资源虚拟化和网络管理分层化，实现了网络功能和资源的解耦，以及硬件资源共享，进而解决了电信网元烟囱式建设的难题，避免了厂家锁定，增强了系统灵活性，提升了管理和维护效率，是实现新业务快速上线、敏捷迭代、开放创新的有效手段。核心网 NFV 化实现了软硬件解耦，按需分配硬件资源，灵活创建资源，自动分发镜像，资源利用率、业务部署能力和运营能力均得以提升。

ETSI 提出的 NFV 体系架构，主要包括 NFV 基础设施（NFVI）、虚拟网络功能、NFV 管理和编排 3 个核心工作域。

NFVI 将物理计算、存储、网络资源虚拟化成虚拟的计算、存储、网络资源，为 VNF 的部署、管理和执行提供资源池。虚拟网络功能包括 VNF 和 EM。VNF 部署在 NFVI 上，主要实现软件化的电信网元功能，以及 VNF 的管理（如配置、告警和性能分析）等功能。NFV 管理和编排主要包括 NFVO、VNFM 和 VIM 三部分：NFVO 实现网络服务、VNF 管理及全局资源调度，是云管理的决策者；VNFM 实现虚拟网元生命周期管理，是 VNF 管理的执行者；VIM 是虚拟化基础设施管理系统，是虚拟资源及硬件资源管理的执行者。

根据各类资源耦合度的不同，NFV 部署方式主要包括单厂商模式、硬件解耦模式、独立编排+硬件解耦模式、独立编排+虚拟网元软件解耦模式、独立编排+三层解耦模式和全解耦模式 6 种方案。

1. 模式 1：单厂商模式

单厂商模式是指由同一厂商提供整体解决方案，如图 4-2 所示。

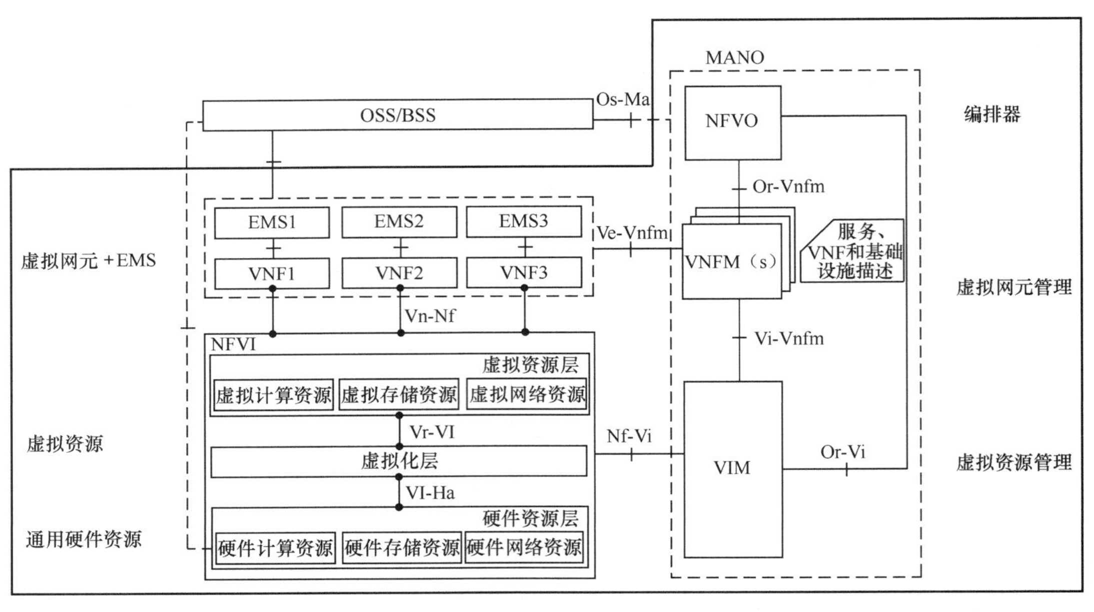

图 4-2 单厂商模式

优点：单厂商提供全系统，上线周期短，运维简单。

缺点：厂商依赖度高，网络开放能力弱。

2. 模式 2：硬件解耦模式

硬件解耦模式是指除通用硬件资源以外的组件均由同一厂商提供，如图 4-3 所示。

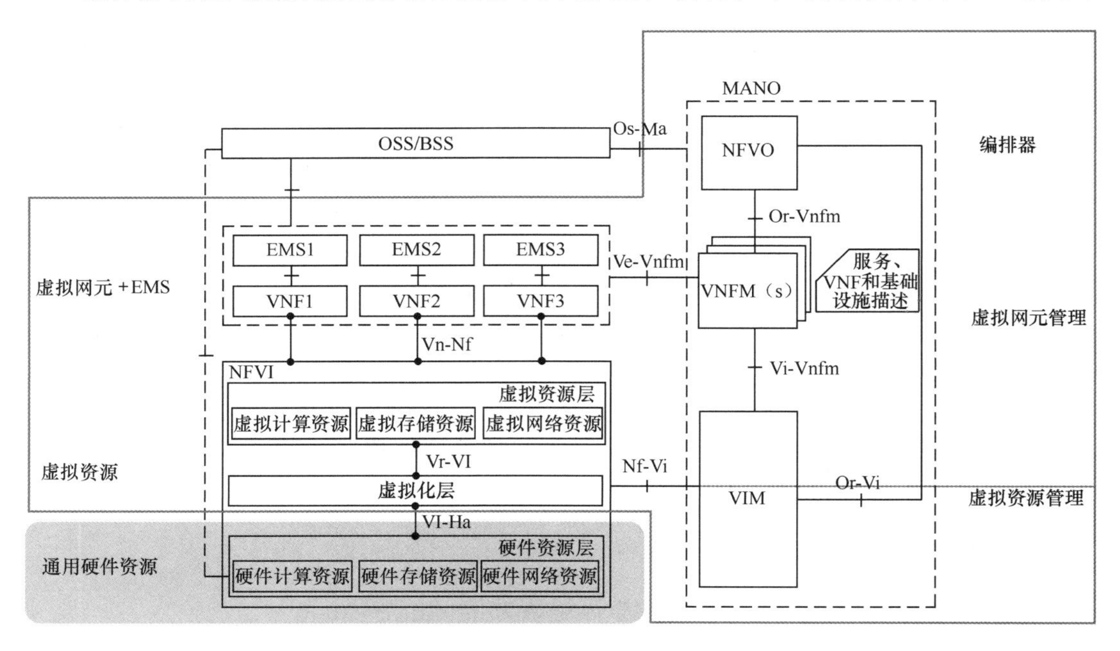

图 4-3 硬件解耦模式

优点：使用通用硬件资源，上线周期较短，问题定位、定界简单。

缺点：不支持异厂商 VNF 部署，厂商依赖度高，网络开放能力较弱。

3. 模式 3：独立编排+硬件解耦模式

独立编排+硬件解耦模式是指虚拟网元+EMS、虚拟网元管理、虚拟资源及虚拟资源管理由业务网元厂商提供，通用硬件资源由基础设施厂商提供，编排器由运营商自研，如图 4-4 所示。

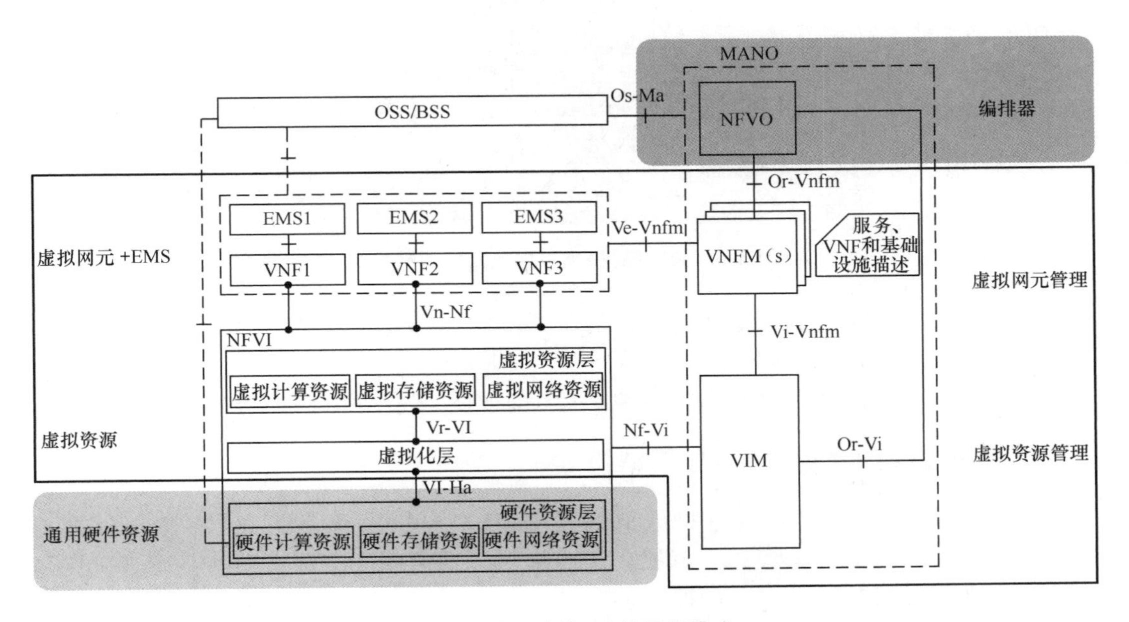

图 4-4　独立编排+硬件解耦模式

优点：使用通用硬件资源，上线周期较短，问题定位、定界较简单，运营商自研编排器有利于增强自身话语权。

缺点：虚拟资源和虚拟网元未解耦，部分厂商支持异厂商 VNF 部署，厂商依赖度较高。

4. 模式 4：独立编排+虚拟网元软件解耦模式

独立编排+虚拟网元软件解耦模式是指虚拟网元+EMS、虚拟网元管理由业务网元厂商提供，虚拟资源、虚拟资源管理及通用硬件资源由基础设施厂商提供，编排器由运营商自研，如图 4-5 所示。

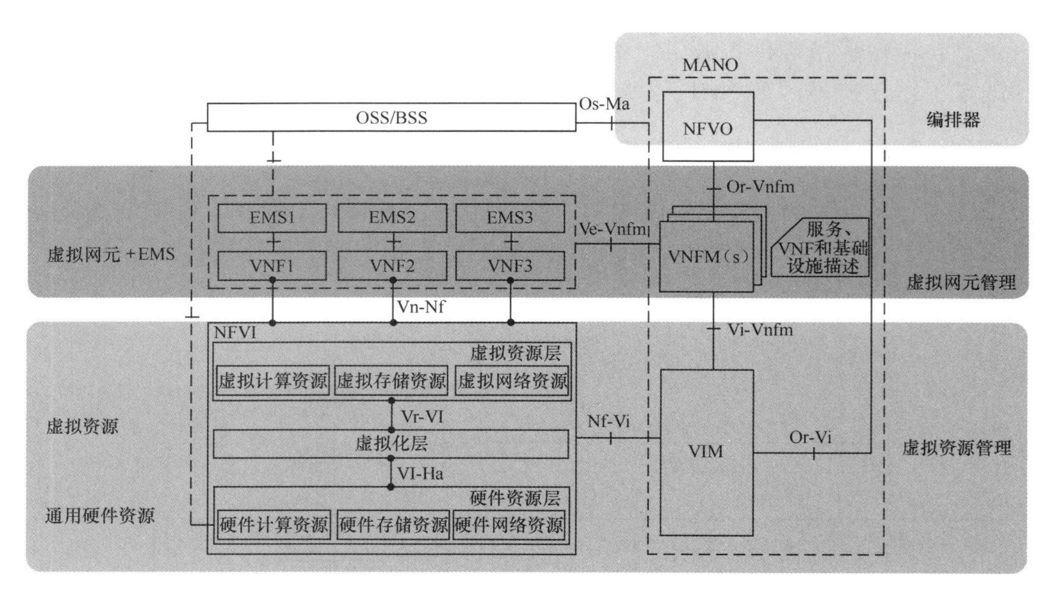

图 4-5 独立编排+虚拟网元软件解耦模式

优点：NFVI 资源整体交付，虚拟资源充分共享，支持业务快速发放，支持自动扩缩容，运营商话语权较强。

缺点：涉及多厂商垂直互通，系统集成维护难度大，部署周期较长。

5. 模式 5：独立编排+三层解耦模式

独立编排+三层解耦模式是指虚拟网元+EMS、虚拟网元管理由业务网元厂商提供，虚拟资源、虚拟资源管理由虚拟化厂商提供，通用硬件资源由硬件基础设施厂商提供，编排器由运营商自研，如图 4-6 所示。

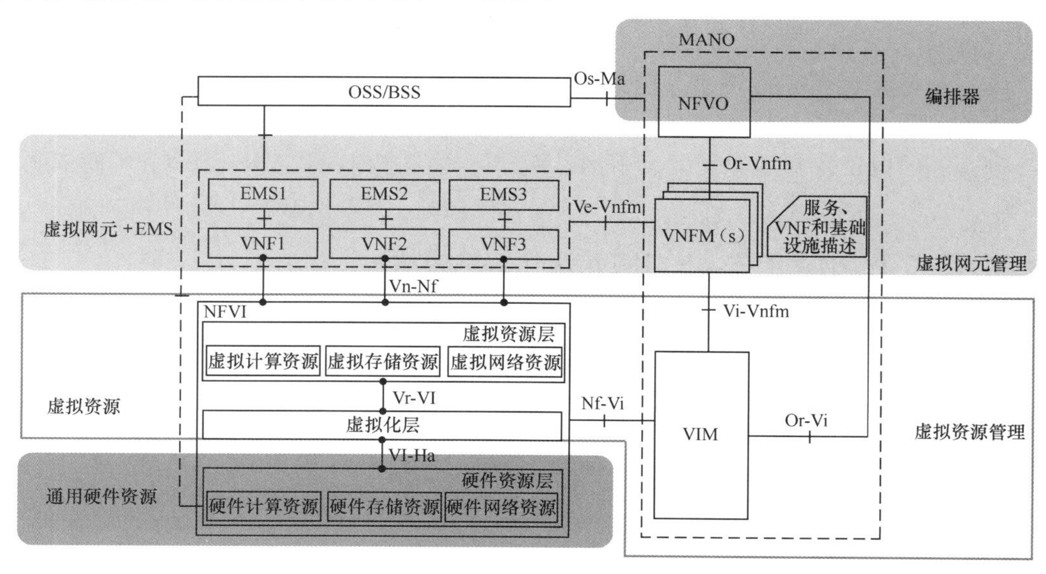

图 4-6 独立编排+三层解耦模式

优点：通用硬件资源和虚拟资源解耦，通用硬件资源充分共享，上线周期较短，问题定位、定界简单，运营商话语权较强。

缺点：涉及多厂商垂直互通，系统集成维护难度大，部署周期较长，运维复杂。

6. 模式6：全解耦模式

全解耦模式是指虚拟网元+EMS、虚拟网元管理由业务网元厂商提供，虚拟化软件由虚拟化厂商提供，通用硬件资源由硬件基础设施厂商提供，虚拟资源管理由第三方厂商提供，编排器由运营商自研，如图4-7所示。

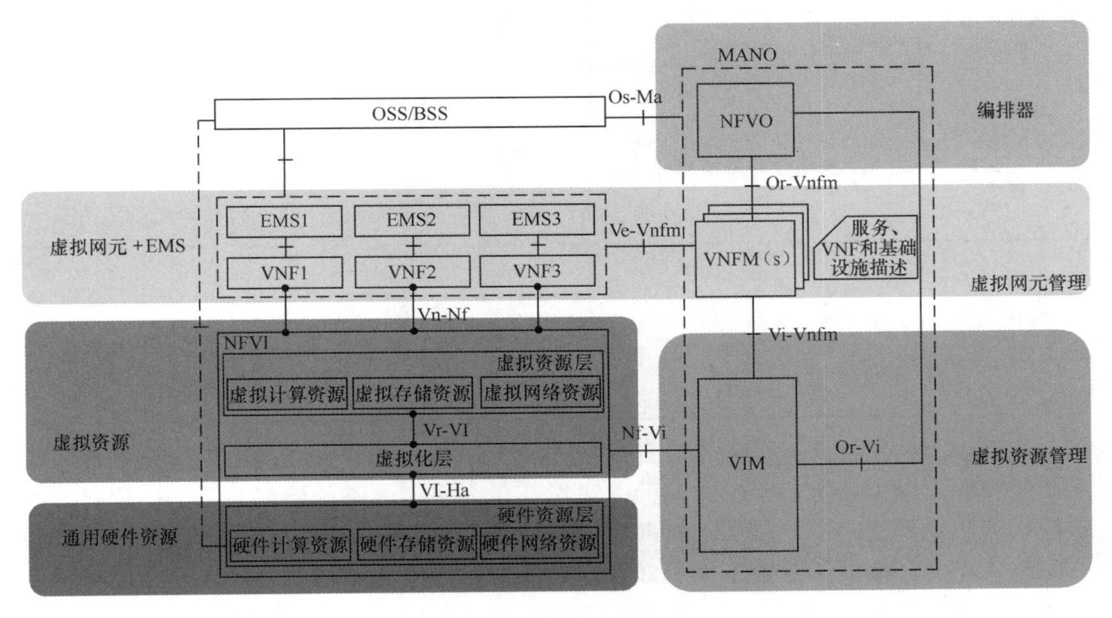

图4-7 全解耦模式

优点：各模块松耦合，资源充分共享，可替代程度高，多厂商充分竞争，成本可达最低；业务设计极为灵活；业务设计标准化、模块化，业务部署效率高；运营商话语权强，整体把控架构，深度参与业务设计、部署与运维。

缺点：涉及多厂商垂直互通，系统集成难度大；部署周期较长；自动化给运维带来新的挑战，故障定位更困难。

上述6种解耦模式的方案对比见表4-2。

表4-2 6种解耦模式的方案对比

	资源共享能力	网络开放能力	运营商话语权	上线周期	集成/维护难易度
模式1：单厂商模式	资源无法共享	弱	无	短	简单
模式2：硬件解耦模式	硬件资源由运营商自行采购，无法跨网元真正共享，不支持异厂商VNF部署	弱	弱	较短	问题定位、定界简单

续表

	资源共享能力	网络开放能力	运营商话语权	上线周期	集成/维护难易
模式 3：独立编排+硬件解耦模式	硬件资源由运营商自行采购，部分厂商支持异厂商 VNF 部署	较弱	较弱	较短	问题定位、定界较简单
模式 4：独立编排+虚拟网元软件解耦模式	NFVI 资源整体交付，虚拟资源充分共享	较强	较强	较长	涉及多厂商垂直互通，集成维护难度大
模式 5：独立编排+三层解耦模式	通用硬件资源和虚拟资源解耦，通用硬件资源充分共享	较强	较强	较长	涉及多厂商垂直互通，集成维护难度大；运维复杂
模式 6：全解耦模式	通用硬件资源和虚拟资源解耦，资源充分共享	强	强	长	涉及多厂商垂直互通，集成维护难度大；运维复杂

从目前行业发展来看，网络设备虚拟化、云化是核心网发展的趋势，充分解耦通用硬件资源、虚拟资源以及虚拟网元，可以在最大限度上避免绑定。但是，解耦后的重构是网络发展的难点。虽然运营商针对 NFV 解耦方案已经开展了多轮测试、优化，但虚拟化设备在解耦和性能方面仍然存在很多问题，不同的厂商部署同等容量的虚拟网元，对虚拟机的资源需求也存在较大差异。全解耦模式目前仍面临着接口标准成熟度低、部署周期长、集成难度大、运维管理难度大和故障定位复杂等问题。

在上述 6 种解耦模式中，5G 核心网建设初期可以采用模式 4，更有利于网络的快速部署。今后可视技术的成熟度以及标准化程度逐步向全解耦模式演进。

4.3 虚拟机及容器承载方案

通过使用虚拟化技术，可以基于资源池灵活配置 5G 核心网网络功能，实现网络功能的自动化部署、自动扩缩容，使网络更加灵活，缩短创新周期，加快业务的市场推广，降低运营商的采购成本和运营成本。此外，使用虚拟化技术，还可以充分支持并发挥 5G 核心网网络切片、无状态化网元设计、控制平面/用户平面分离等特性的优势。从整个通信产业链来看，基于虚拟化方式部署 5G 核心网是业界的主流实现方案。5G 核心网的虚拟化部署主要包括虚拟机承载和容器承载两种方案。

4.3.1 虚拟机承载方案

虚拟机是指一种虚拟的数据处理系统，为用户提供逻辑隔离的服务器硬件资源。虚拟机基于服务器虚拟化技术实现资源的封装与隔离，提供包括 CPU、内存、网卡、硬盘在内的逻辑资源，可实现高可用、在线迁移等能力。通过虚拟化软件实现对 CPU、内存、网卡等硬件资源的合理调度、分配及管理。虚拟化技术可以对服务器资源进行整合，提高资源利用率，使业务部署更加灵活。

目前主流的服务器虚拟化技术均基于底层硬件模拟，利用虚拟机监视器（Virtual Machine Monitor，VMM）来进行底层硬件功能的模拟，为上层的操作系统提供一个虚拟运行环境。通过 VMM 实现的服务器虚拟化通常分为两大类：裸金属架构及寄居架构。

裸金属架构：直接在硬件层上构建 VMM，通过硬件接口实现虚拟机管理和资源虚拟化，在 VMM 上运行虚拟机的客户机操作系统，使用 VMM 提供的设备接口和指令集。

寄居架构：在宿主机操作系统上运行 VMM，通过宿主机操作系统的调度和资源管理等功能来完成虚拟机管理和资源虚拟化，VMM 创建的虚拟机通常作为宿主机操作系统下的一个进程参与调度。

服务器虚拟化包括 VMM 和虚拟化管理两大模块。VMM 负责对 CPU、内存、I/O、中断控制器、时钟和其他硬件资源进行有效的调度管理，在为虚拟机分配各类资源时，支持指定可使用资源的最大值和最小值；在虚拟机运行时，可随工作负载在分配的资源范围内变动；同时，在一定范围内，多个虚拟机能使用的资源总量可以超过物理服务器能够提供的资源，即允许存在一定的“资源复用”情况。另外，VMM 对承载的虚拟机的运行状态和生命周期具备全方位的监控和管理功能。服务器虚拟化具备分区、隔离、封装、动态迁移等主要功能，如图 4-8 所示。

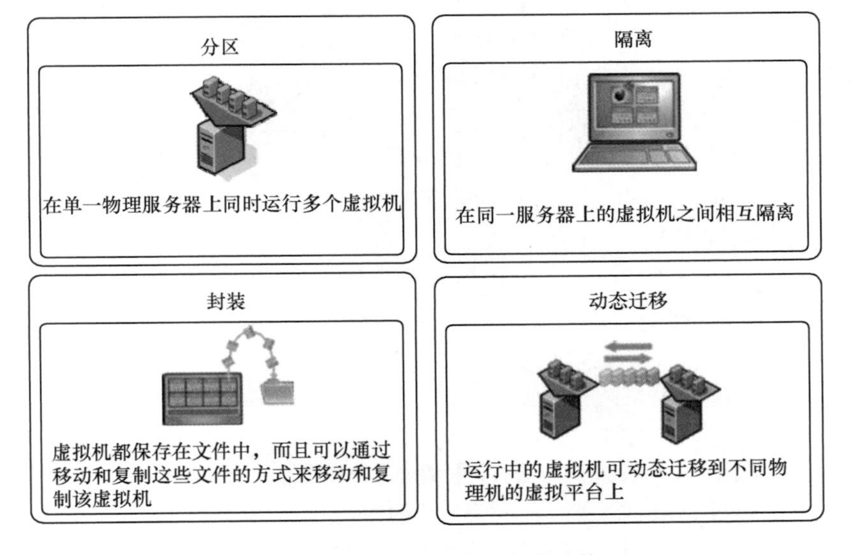

图 4-8 服务器虚拟化的主要功能

分区代表着虚拟化层能够分配服务器资源给多个虚拟机。每个虚拟机同一时间能够运行一个单独的（相同的或不同的）操作系统，可以使多个应用程序在一台服务器上运行；每一个操作系统只能够看到虚拟化层为它提供的“虚拟硬件”[如虚拟网卡、小型计算机系统接口（Small Computer System Interface，SCSI）卡等]，以使其认为它正在自己的专用服务器上运行。

隔离是指虚拟机以多种方式独立地运行，互相隔离。一种方式是完全隔离，当一个虚拟机发生崩溃或故障（如应用程序崩溃、操作系统故障、驱动程序故障等）时不会影响到同一服务器上的其余虚拟机，单个虚拟机中的蠕虫、病毒等均与其余虚拟机相隔离，正如每个虚拟机都位于独立的物理机上一样。另一种方式是通过控制资源使用量实现性能隔离，高级服务器虚拟化产品可以为每个虚拟机规定最小及最大资源使用量，以保证不存在某个虚拟机占用所有资源而使同一系统中的其他虚拟机没有资源可用的情况。因服务器虚拟化具备的隔离特性，单一机器上同一时间可以运行多个操作系统、负载或应用程序，而不会出现由于传统 x86 服务器局限的体系结构导致的问题（如 DLL 冲突、应用程序冲突等）。

封装表示将整个虚拟机（BIOS 配置、硬件配置、磁盘状态、内存状态、CPU 状态、I/O 设备状态）存储在一小组文件中，该文件独立于物理硬件。这种情况下，如需保存、复制或移动虚拟机，只需要操作几个文件就可以实现。复制、移动虚拟机就像复制、移动文件一样简便。

动态迁移表示运行中的虚拟机可以被动态迁移到同一集群中其他物理机的虚拟机上。服务器调配资源就像拷贝文件，服务器迁移则像数据迁移，而不是移动物理服务器。当 5G 核心网的虚拟化部署采用虚拟机承载方案时，可首先在 x86 服务器上部署主流虚拟化软件，以虚拟机方式提供计算能力，同时基于成熟的 NFV 架构和接口将 5G 核心网的 VNF 按需部署在虚拟机上，如图 4-9 所示。

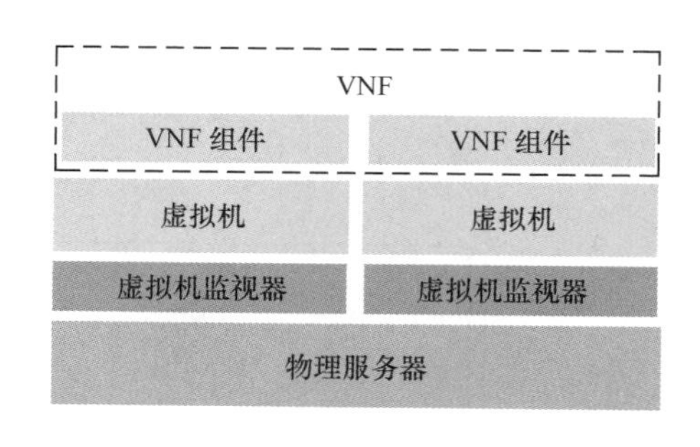

图 4-9 通过虚拟机承载

承载 5G 核心网 VNF 的虚拟机应以集群方式部署，按集群进行扩展。当前，采用不同虚拟化技术的资源无法实现共享，因此，对于采用了不同虚拟化软件的 VNF 组件，需分别部署在不同的虚拟化集群上。

4.3.2 容器承载方案

1. 容器的概念

容器是一种基于操作系统内核的轻量级虚拟化技术，在单一宿主机上可以同时提供多个具有独立进程、文件系统与网络空间的虚拟化环境。容器同时也是一种灵活的应用交付技术，通过将应用运行所依赖的软件栈整体进行打包，随后以统一的格式进行交付运行。容器共享同一个操作系统（OS），可以实现一定程度的互相隔离，并通过基于容器引擎共同的 OS 实现对 CPU、内存、网络 I/O 的共享。

相比服务器虚拟化，容器更“轻”。虚拟化将一台物理服务器的能力虚拟成多台虚拟化服务器（即虚拟机），每台虚拟机都包括自己完整的 OS，每台虚拟机都比较“重”；而容器共享同一个 OS 内核，容器本身只包含了运行库和应用，因此部署效率更高。虚拟机包含操作系统、二进制代码、系统库以及应用程序等，其镜像文件大小约为几吉字节至几十吉字节。而容器仅包含应用运行所需的二进制代码、系统调用库以及应用程序等，其镜像文件大小约为几十兆字节至几百兆字节。两者的差异如图 4-10 所示。

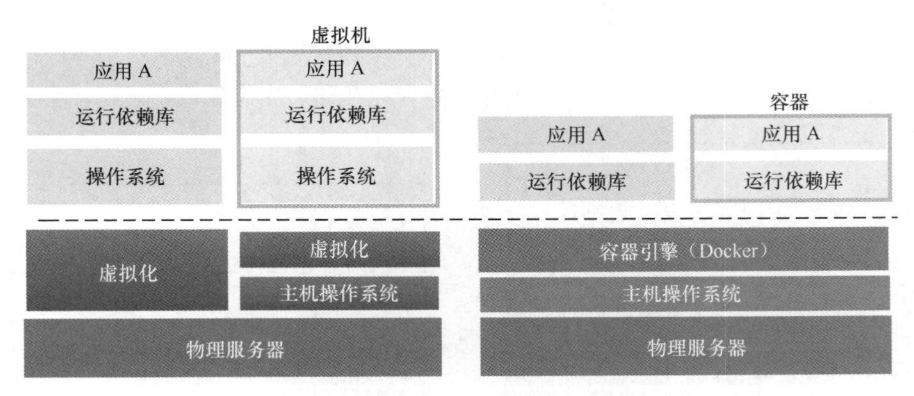

图 4-10 虚拟机与容器实现方式对比

容器的技术特点如下。

轻量级：容器占用资源少，镜像体积小，单服务器可以同时承载上百个容器；

易部署：应用整体打包为标准格式，组件单命令部署，仓库式存储；

快速启停：容器无须对整个操作系统进行加载，启动速度仅受进程自身的启动时间影响；

高性能：容器直接通过内核对磁盘和网络 I/O 进行访问，I/O 性能与物理机性能接近；

弱隔离：容器依赖 Linux 内核机制对资源进行隔离，内核隔离机制并不成熟。

与容器相比，虚拟机存在启动时间长、性能损耗大、资源占用多等问题，而容器则有许多优势，使虚拟化有了更轻量级的解决方案。与此同时，由于容器技术的实际标准 Docker 是开源软件，也为替代虚拟机提供了低成本方案。

分层解耦后的应用系统架构通过使用应用容器集群的方式，可以实现应用级别的服务发现、编排、调度，且归功于容器的轻量级、快速启停的特性，能够极大地提升部署效率与资源利用率。由于容器系统资源占用极少，对比虚拟机，其应用装载的密度能够提升至 10 倍以上，更多地节省了系统上线初期占用的系统资源。

2. 容器承载方案

5G 核心网相比 4G 核心网，最显著的不同在于 5G 核心网引入了“互联网化”的基因，基于云原生的原则实现了 SBA。而容器的双重属性（应用属性与资源属性）决定了它可以作为微服务的载体的最佳选择，故容器技术将会是 5G 核心网重要的资源载体备选方案。容器承载方案又包括了基于虚拟机的容器承载和基于物理机的容器承载两种方案。

（1）基于虚拟机的容器承载方案

如图 4-11 所示，在虚拟机上加载容器对 5G VNF 进行承载，可以利用现有 IaaS 成熟的网络与存储能力，同时凭借虚拟机的隔离特性，用更加灵活的方式对租户之间进行安全隔离，有效弥补了容器在网络与安全能力方面的缺陷。但是，由于容器部署在虚拟机上，因此也存在一些性能损耗，并且容器资源的调度受限于虚拟机。

（2）基于物理机的容器承载方案

如图 4-12 所示，可基于物理机部署的容器对 5G VNF 直接进行承载。这种方案能充分发挥容器的性能与大规模调度的优势，但容器平台以及周边生态的成熟度仍需提升。

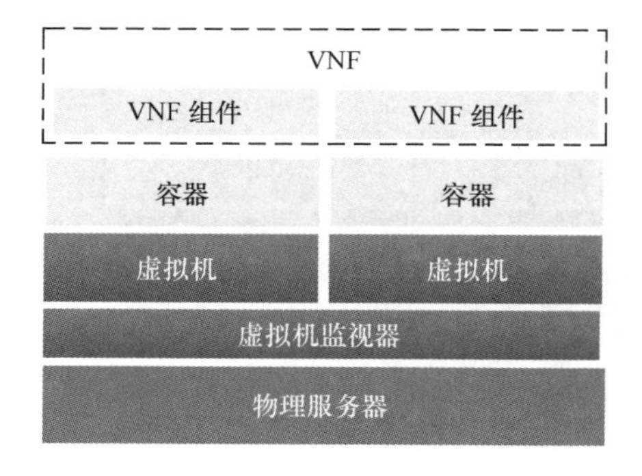

图 4-11　部署于虚拟机上的容器承载

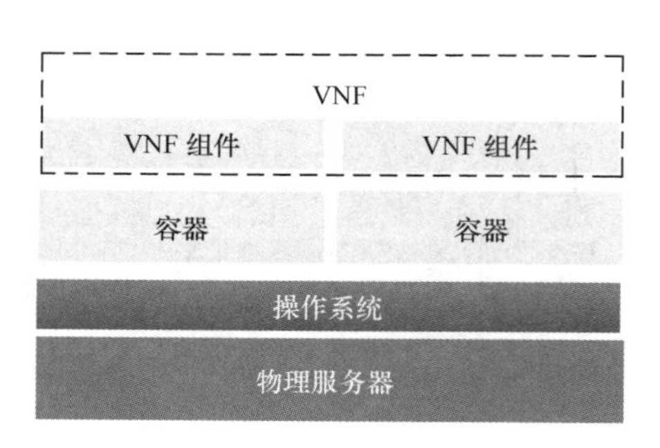

图 4-12　部署于物理机上的容器承载

（3）容器承载方案比较

虚拟机容器和物理机容器的对比见表 4-3。

表 4-3　虚拟机容器和物理机容器的对比

对比项	虚拟机容器	物理机容器
标准化程度	标准化程度高，厂家遵从度高	标准化程度低，ETSI 未完成对容器的标准化
调度管理	虚拟机基于 ETSI NFV 架构调度管理（MANO）	容器调度基于 IT 软件（Swarm、Mesos、K8S）
容器平台与硬件基础设施解耦	是，容器平台屏蔽硬件	否，容器平台需要负责硬件基础设施的管理
网络功能支持程度	对网络功能支持度高，有成熟的转发平面优化技术（如 SR-IOV、DPDK 等）	对网络功能支持度不高。以 K8S 为例，原生只支持简单的单平面容器网络，或者基于 Overlay 隧道的三层路由，不能满足数据转发平面的性能要求
多厂商容器安全隔离	通过虚拟机隔离，以更灵活的方式实现租户间的安全隔离	共享内核，容器的安全隔离性不如虚拟机，运营商网络的多厂商属性决定了需要进行系统的安全加固
性能	和虚拟机相近	和物理机相近
可靠性	容器的操作系统故障限定在虚拟机范围内	容器的操作系统故障限定在物理机范围内
资源管理灵活性	可以利用虚拟机的能力实现容器热迁移等高级功能	无法实现容器热迁移等高级功能

就目前面向商用的 5G 技术实现而言，虚拟机容器承载方案兼顾了成熟的 NFV 架构体系和容器特性，是首选的虚拟化承载方式。物理机容器承载方案最能发挥容器的整体性能并满足大规模的资源调度需求，但由于容器的安全、网络以及周边生态环境尚未成熟，虚拟机容器承载方案与虚拟机及容器混合承载方案在 5G 核心网中将并存一段时期。

不同的容器承载方案有利于对不同区域的数据中心内的资源进行更好的调配。在核心数据中心，考虑容器间隔离的需求较多，以及需要沿用 NFV 技术的要求和资源池等因素，可以优选虚拟机容器承载方案进行部署。在边缘数据中心，当出现资源紧张的情况时，可以优选物理机容器承载方案进行部署，以提高灵活性与集成度。为了最大限度地利用容器的效率，需要尽快对 VNFM 进行增强来支持容器即服务（Containers as a Service，CaaS），以实现不同资源类型（容器资源与虚拟机资源）的统一管理，并协助 VNFM 实现混合业务场景下的功能管理。对 CaaS-NFVO 接口、VNFM-CaaS 接口、NFVO-VIM 接口以及 VNFM-VNF 接口实施容器化改造，将 CaaS 和 MANO 网元进行解耦，并同时考虑在可靠性以及安全性等方面对容器进行加固。

微服务采用化整为零的概念，将复杂的 IT 部署，通过功能化、原子化分解，形成一种松散耦合的组件，让其更容易升级和扩展。网元功能微服务技术已成为虚拟化网元研究的热点，旨在提升网元部署的便捷性及易扩展性。网络功能原子化和业务流程隔离将网元功能抽象为不同的微服务，并使服务之间相互协调和配合，最终实现用户或网络所需的业务功能。微服务化功能模块可基于应用独立地进行开发、管理和优化。为降低开发和部署难度，可采用轻量化的承载模式，如容器技术。目前，由于网元功能复杂，业界对其功能结构的理解和方式都有所差异，且微服务在处理有状态信息时存在瓶颈，采用微服务技术和容器承载方式实现网元功能还处于探索中。

4.4　虚拟机及容器管理方案

5G 核心网采用虚拟化方式部署。初期 5G 核心网控制平面以虚拟机方式承载，包含纯虚拟机及由厂家内部实现的虚拟机容器。为了实现 5G 网络切片等功能，省中心用户平面建议集中部署虚拟化方式 UPF，使用与 5G 控制平面相同的资源池，硬件采用 x86 服务器，分租户进行业务隔离。本地网用户平面设备可选用 NFVI 资源池为虚拟 UPF 提供承载；对于厂商专用设备，资源池暂不统一纳管；MEC 平台及应用可采用容器方式承载。

虚拟机及容器的管理方案有以下 3 种。

1. 方案一：容器管理部署在 VNFM 内

容器管理功能嵌入在 VNFM 内，NFVO 不感知容器的存在，需要在 VNFD 中增加对所需的容器部署模板的引用描述，如图 4-13 所示。

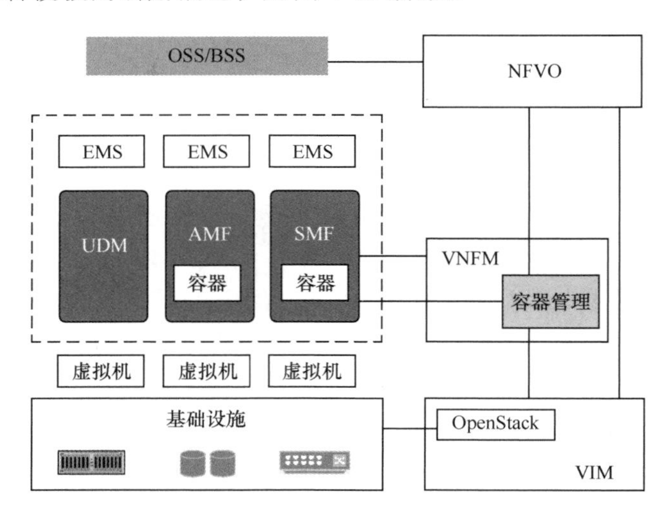

图 4-13 虚拟机及容器管理方案一

在生命周期管理流程中，需要首先调用 VIM 的接口申请虚拟机，再调用容器平台的接口纳管虚拟机和申请容器。

该方案的优点是可以直接采用 ETSI NFV 的现有架构，无须进行改造，快速引入容器；容器之间共享所属虚拟机的操作系统内核，并不需要取得宿主机操作系统的管理权限。同时，虚拟机的采用能够兼顾资源隔离与安全性，适合核心网这种规模大、任务密集的网络功能场景。但 NFVO 无法感知到容器资源，不适合物理机容器的管理。

2. 方案二：容器管理部署在 VIM 内

待容器管理接口标准成熟后，将厂家 VNF 的内部容器对外发布，以便运营商逐步对容器的应用框架进行规范，并对 5G 核心网的微服务架构方案进行优化，如图 4-14 所示。

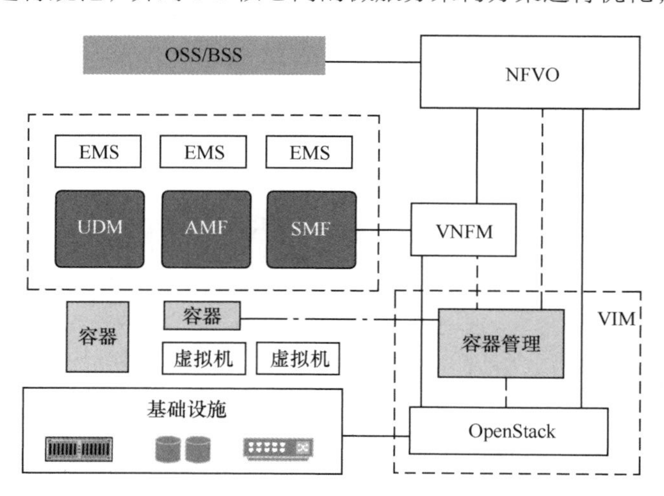

图 4-14 虚拟机及容器管理方案二

该方案的优点是 NFVO 能够管理容器资源，充分吸纳现有容器技术的优点，例如敏捷优势等，支持包括虚拟机容器、物理机容器在内的多种容器技术等；缺点是需功能及接口标准化完善。

3. 方案三：容器层构建 PaaS 能力实现容器管理

使用了容器的应用属性，需要容器层构建 PaaS 能力，提供如服务治理、消息队列、数据库、负载均衡等基础能力，如图 4-15 所示。

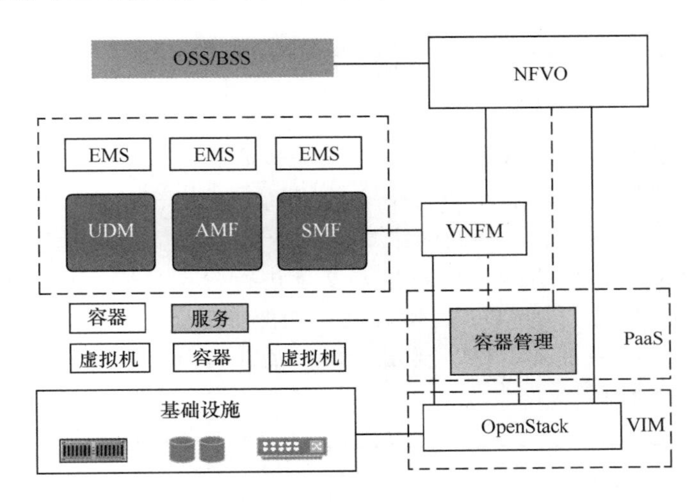

图 4-15　虚拟机及容器管理方案三

该方案的优点是网元可通过调用基础能力构建业务，而不需要关注能力的实现细节。

5G 商用初期，为实现快速部署，可采用方案一，即将容器管理功能嵌入在 VNFM 内；后期为发挥容器的最大效用，将逐步向方案二演进，同时需进一步评估引入方案三的可行性。

第 5 章

5G 核心网云化部署方案

现有传统通信网络的组网方式是以设备为核心，按地域分省组网、分散管理。而 NFV 的引入将颠覆以网元设备为中心的组网方式，在基础设施层面形成以 DC/资源池为中心的分层网络，所有的网络功能和业务应用都将运行在 DC 上。DC 节点布局应充分考虑网络架构层级和用户接入要求进行分层部署。5G 核心网部署可采用“骨干—中心—边缘”的三级 DC 组网方案，如图 5-1 所示。实际部署中，不同的运营商可根据自身的网络基础、DC 规划、用户及业务分布等因素将网络灵活分解为多层次、分布式的形态。

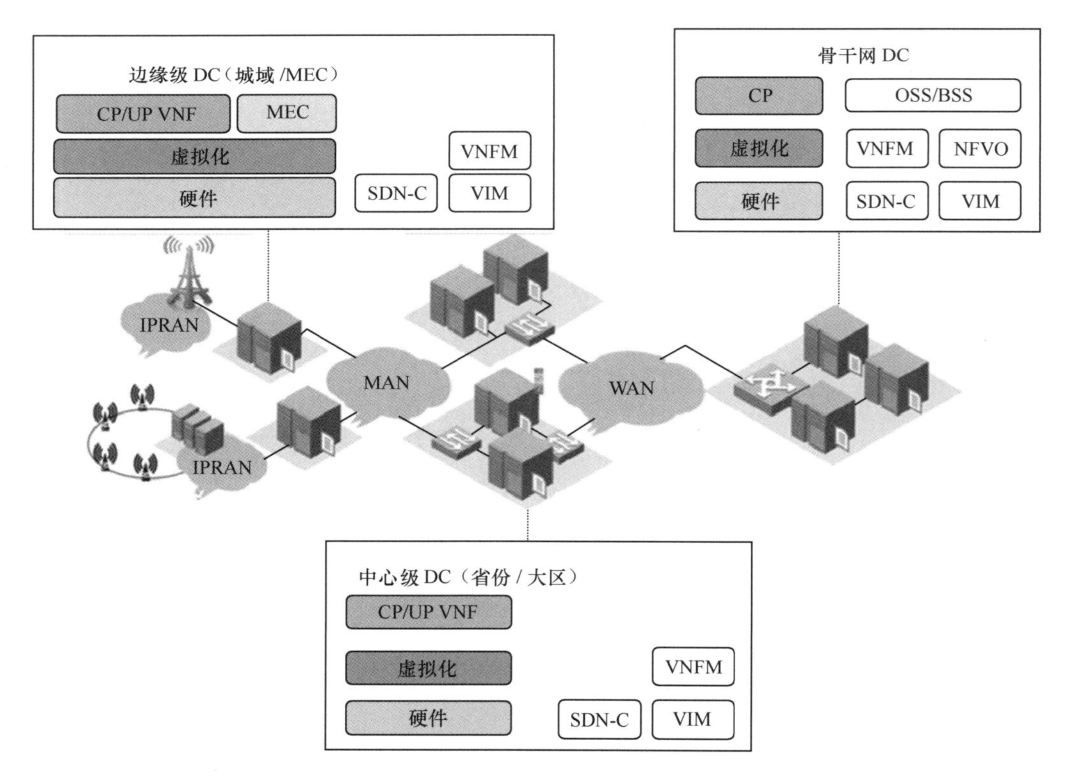

图 5-1　5G 核心网“骨干—中心—边缘”的三级 DC 组网方案

骨干网 DC 一般部署全网集中部署的网络管理功能，如网管/运营系统、业务与资源编排、全局 SDN 控制器（SDN-C）。

中心级 DC 一般部署于大区或省会中心城市，主要用于承载核心网控制平面网元和骨干出口网关等，也可部署省中心用户平面。控制平面集中部署的好处在于可以将大量跨区域的信令交互变成数据中心的内部流量，优化信令处理时延；虚拟化控制平面网元集中统一控制，能够灵活调度和规划网络；根据业务的变化，按需快速扩缩网元和资源，提高网络的业务响应速度。

边缘级 DC 一般部署于地市级汇聚和接入局点，主要用于地市级业务数据流卸载的功能，如 UL-CL UPF、4G GW-U、边缘计算平台以及特定业务切片的接入和移动性管理功能。用户数据边缘卸载的好处在于可以大幅降低时延敏感类业务的传输时延，优化传输网络的负载。通过分布式网元的部署方式，将网络故障控制在最小范围内。此外，通过本地业务数据分流，可以将数据分发控制在指定区域内，满足特定场景的安全性需求。

基于 SDN/NFV 技术构建的 5G 核心网基础设施（即各级 DC）具备虚拟化资源的动态配置和高效调度的优越性。在广域网（WAN）层面，由 NFVO 负责中心 DC 与骨干网 DC 之间以及跨中心 DC 的网络功能部署和资源调度，由 SDN 控制器负责不同 DC 之间的 WAN 互联。在城域网（MAN）层面，由 SDN 控制器负责城域网多 DC 之间以及单 DC 内部的网络资源调度。

SDN/NFV 的技术应用将逐步融合，5G 核心网的组网能力也将随之得以提升。NFV 技术实现底层物理资源到虚拟化资源的映射，构造虚拟机或者容器，加载 VNF；虚拟化系统实现对虚拟化基础设施平台的统一管理和资源的动态重配置。SDN 技术则实现虚拟机间的逻辑连接，构建承载信令和数据流的网络通道，最终实现无线接入网和核心网功能单元的动态连接，配置端到端的业务链，实现灵活组网。SDN 与 NFV 将协同配合，为 5G 核心网提供切片化的端到端自动化部署和灵活的拓扑编排管理能力。

5.1 NFVI 部署方案

5.1.1 资源及业务模型

OpenStack 将 NFVI 计算资源按分区（Region）、可用区（Availability Zone，AZ）、主机集群/高可用（High Availability，HA）的层次结构进行划分，如图 5-2 所示。

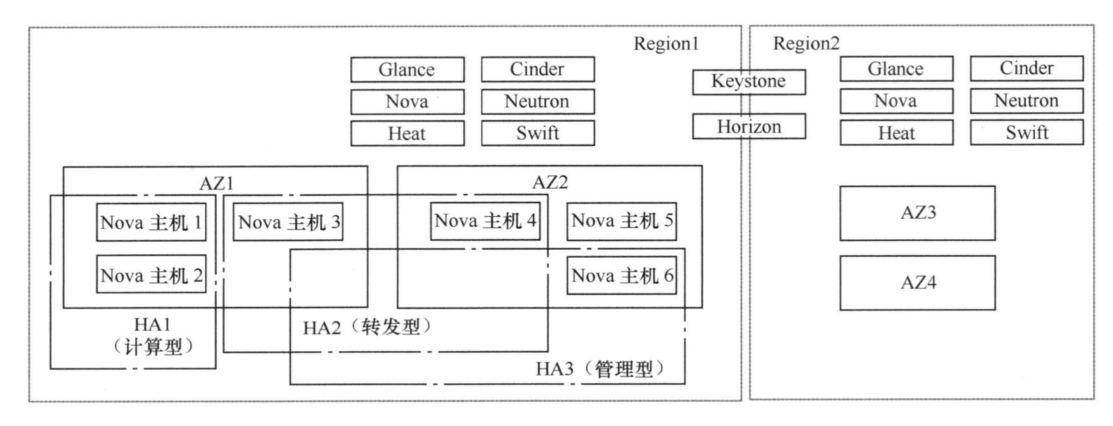

图 5-2　Region、AZ、HA 层次结构划分

每个 Region 有自己独立的 OpenStack 服务访问点，Region 之间除共享同一个 Keystone 和 Horizon 组件外完全隔离。一套 OpenStack 所管理的资源对应一个 Region，每个 Region 由一个统一的管理平台管理。除了提供隔离的功能，Region 的设计更多的是侧重地理位置的概念。

AZ 为 Region 内物理独立的可用区域，通常指物理隔离的、有独立的风火水电资源的域。风火水电供应设备故障将导致该可用区的所有硬件出现故障，而当一个可用区出现故障后，不会影响其他可用区的使用。根据不同的颗粒度，AZ 可以分别由一个独立机房内的机架、同一列头柜供电的机架，或者一个独立的机架等组成。每个 AZ 由一个或多个 HA 组成，AZ 内的资源可灵活调度。由此可见，AZ 是一个面向用户的概念和能力。

HA 是指具备一个或多个相同属性的主机集群，属性既可以是硬件、虚拟层参数等技术特性，也可以是功能用途（包括计算型、转发型或管理型功能）等人为定义的特性。HA 是管理员根据硬件资源的某一属性或功能用途对硬件进行划分的主机集群，只对管理员可见，可供 Nova-scheduler 通过某一属性进行资源调度和分配。

（1）Region 设计

由于 OpenStack 消息队列能力有限，当 NFVI 规模较大或者需要跨机房、跨 DC 进行统一资源管理时，可采用多 Region 部署方式。多个 Region 之间可共享同一个 Keystone 和 Horizon 组件，进行统一的认证，并呈现统一的 Web 访问界面，其余组件各自独立。

当一个 NFVI 上有多个 Region 时，各 Region 管理的物理主机独立，可共用接入交换机（Top of Rack，TOR）、列头汇聚交换机（End of Row，EOR）和磁盘阵列。磁盘阵列可以划分为多个虚拟存储池。为减少 VNF 设计的复杂度，提高 VNF 内部通信的性能，建议单个 VNF 的所有 VNFC 全部部署在一个 Region 内。多 Region 部署如图 5-3 所示。

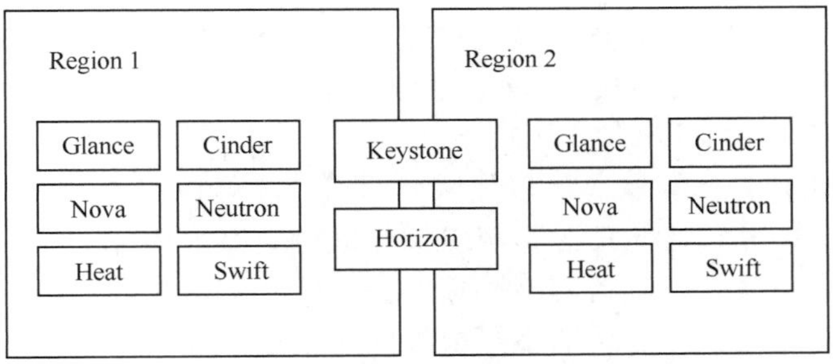

Region 1
Glance
Cinder
Nova
Neutron
Heat
Swift
Keystone
Horizon
Region 2
Glance
Cinder
Nova
Neutron
Heat
Swift

图 5-3　多 Region 部署

（2）AZ 设计

一个 Region 可规划一个或多个 AZ。为保障资源池的可用性，应至少规划两个具有独立供电系统的 AZ，将虚拟网元分别部署在不同的 AZ 内，以保证单套供电系统出现故障时业务的可用性。

AZ 的规划原则如下。

➢ 每个 AZ 内有独立的服务器、TOR、磁盘阵列。两个 AZ 共用成对设置的 EOR、防火墙、路由器等核心层、出口层设备。

➢ VIM 对于 AZ 内的所有资源能实现完全的资源共享、调度、虚拟机迁移。

➢ 每个 AZ 内按安全域的要求可分为生产域、管理域、试验域、存储域、隔离域（Demilitarized Zone，DMZ）等。

➢ 对于 N+M 配置的 VNFC，VIM 应根据 VNF 的反亲和性部署要求，部署在相应数量的物理主机上。

（3）HA 设计

HA 设计的主要是计算资源的组合策略，将在后面的计算资源部署中详细阐述。

（4）资源模型与业务模型映射

对应 OpenStack 的资源分层结构，5G 核心网云化的资源模型也可以划分为 Region、AZ、HA 和 Host。这些概念是逐级包含和层级递减的关系，即一个 Region 由若干个 AZ 组成，一个 AZ 由若干个 HA 组成，而一个 HA 又由若干台 Host 组成。5G 核心网云化的业务模型可分为 vDC 和虚拟资源池（vPool）两级，vPool 是最小可用的资源池，N 个 vPool 可以组成一个 vDC。

资源模型与业务模型的映射关系如图 5-4 所示。

虚拟数据中心
（vDC）
1
N
虚拟资源池
（vPool）
1
1
1
1
1
1
1
1
区域
（Region）
1
N
可用区
（AZ）
1
N
主机集群
（HA）
1
N
主机
（Host）

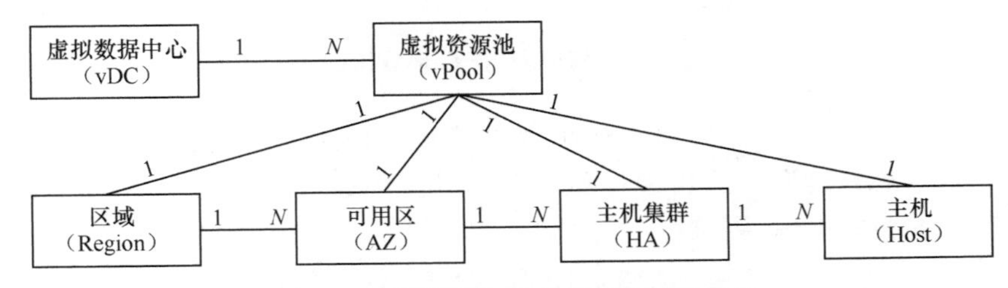

图 5-4　资源模型与业务模型的映射关系

其中，vPool 指的是可用于提供业务的最小规模的一组物理资源，通过与资源模型中的 Region、AZ、HA、Host 等建立对应关系，把资源授权给租户使用。vDC 指的是可用于提供业务的 DC 资源，逻辑上可跨物理数据中心创建，由一个或多个 vPool 组成。

ETSI 将 NFVI 分为计算域、虚拟化域、网络域和虚拟资源管理域四大功能模块。

计算域：提供计算和存储资源，与虚拟化域协同实现 VNFs 组件承载；为网络域提供接口，计算域自身并不具备网络连接能力。

虚拟化域：为上层软件应用的虚拟机提供对下层计算域资源的虚拟化，实现软硬件解耦，以具备较高的可移植性。虚拟化域提供软件环境，实现硬件抽象，提供软件业务能力，如虚拟机启动、虚拟机终结、弹性伸缩、动态迁移、高可用等。虚拟化软件实现对 CPU、内存、网卡等硬件资源的调度、分配和管理，实现资源复用与隔离；虚拟机基于虚拟化技术实现资源封装与隔离，提供包括 CPU、内存、网卡、硬盘在内的逻辑资源，并可实现高可用、在线迁移等能力。

网络域：为 NFV 环境提供网络连接能力，包括分布式 VNF 的 VNFCs 之间的连接、不同 VNFs 之间的连接、VNFs 与编排管理层的连接、NFVI 组件和编排管理层的连接、VNFCs 的远端部署、与现有网络之间互联等。

虚拟资源管理域：负责 NFVI 相关计算、存储、网络资源的控制管理，管理范围通常限定于同一个基础设施域内。

将 OpenStack 及 ETSI 的思想体现到 NFVI 的部署模型上，则可将 NFVI 表示为图 5-5。

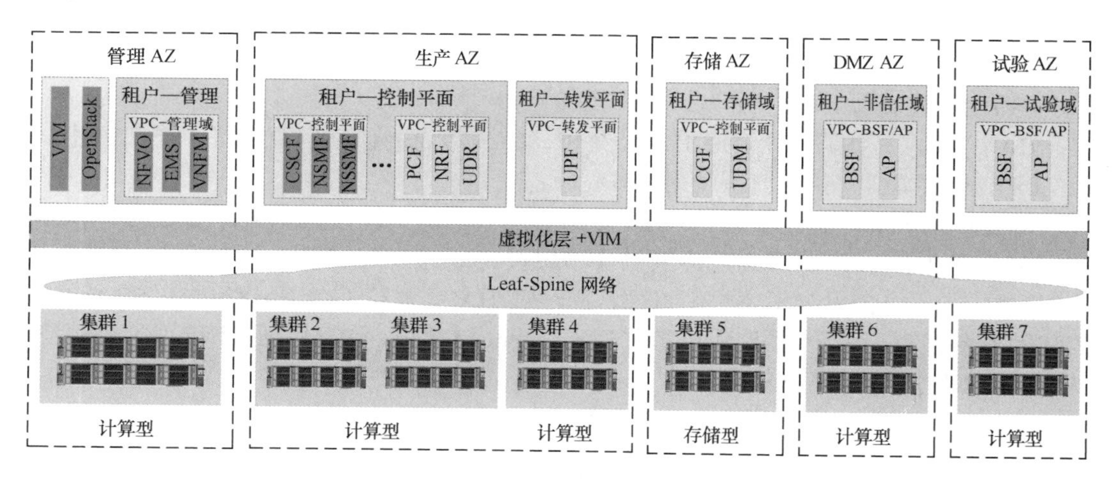

图 5-5　核心网 NFVI 部署模型

5G 核心网 NFVI 以主机集群为最小建设单元，采用模块化建设模式。NFVI 遵循 OpenStack 标准架构建设，通过虚拟化和分布式集群等技术构建具备弹性供给和高可扩展特性的各种类型的资源。

NFVI 划分为生产、管理、试验、存储、DMZ 等 AZ，AZ 内以主机集群为单位进行部署，AZ 间实现主机隔离，按照管理、业务、存储平面接入物理隔离或逻辑隔离的网络设备。管理 AZ 部署包括 VIM、VNFM、EMS、NFVO、OpenStack、SDN 控制器在内的管理主机集群；生产AZ部署包括CSCF、NSMF、NSSMF、PCF等网元承载主机集群；DMZ AZ部署可以直接被公网访问的网元，与其他AZ通过划分不同的主机集群及存储池进行物理隔离，划分不同的vDC/VPC进行网络隔离。

NFVI机房应具备丰富的出口带宽资源、安全可靠的机房基础设施及网络设施，以及全方位的内部网络管理机制。

5.1.2 网络资源部署

核心网NFVI需融合SDN和NFV技术。NFV技术实现底层物理资源到虚拟化资源的映射，构造虚拟机/容器，加载VNF；虚拟化系统实现对虚拟化NFVI的统一管理和资源的动态重配置。SDN技术则实现虚拟机间的逻辑连接，构建承载信令和数据流的通路，最终实现无线接入网和核心网功能单元的动态连接，配置端到端的业务链，实现灵活组网。此外，SDN技术也应用于跨资源池互联应用，通过两级数据中心节点的SDN控制器联动提供跨DC组网功能，提高5G核心网灵活的拓扑编排管理能力和切片端到端自动化部署能力。

核心网NFVI自上而下在逻辑上分为应用层、网络服务抽象层、控制层及转发层，如图5-6所示。

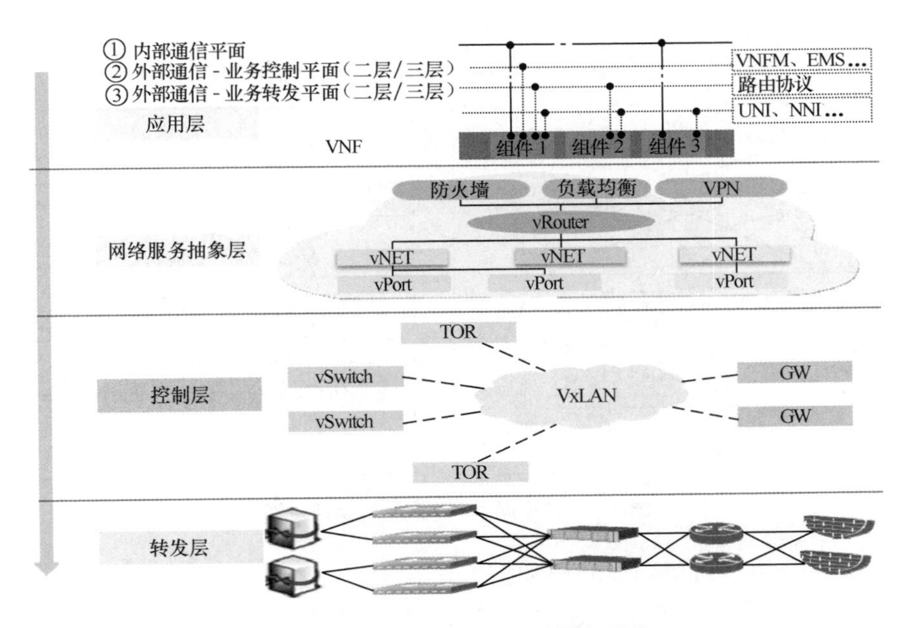

图5-6 核心网NFVI资源池逻辑网络

应用层：由业务软件和应用软件组成，通过软件来衡量网络资源，实现资源的优化和全局调度。应用层将VNF网元划分为多个组件，承载各组件的虚拟机/容器通过内部通信网络、外部业务控制网络、外部业务转发网络等不同的网络平面实现组件内部、外部之间的通信。

网络服务抽象层：用于联动计算、存储、网络资源，与控制器以及防火墙、负载均衡等网络功能设备通过 VNFM 采用 Plugin 对接。网络服务抽象层将多个网络平面映射为云 VPC 模型的虚拟网络对象，如 IP 地址、路由表、网段、网关等，利用云网络模型提供 VNF 组件内部、外部的通信。

控制层：由控制器组成，控制器负责接收上层业务请求并将其转换为转发层的流表，从而对转发层网元进行配置。控制层通过虚拟可扩展局域网（Virtual Extensible Local Area Network，VxLAN）隧道将业务网络与底层物理网络隔离开来。此外，控制层还用于实现 NFVI DC 间业务网络的互通，采用 VxLAN 封装为业务提供逻辑隔离的互联网络。

转发层：指各种转发设备，用于接收控制器下发的流表，并实现二三层业务转发、租户隔离，以及访问控制等功能。转发层提供 Leaf-Spine 的网络结构，通过 Underlay 的路由，实现各站点 SDN 网关间、vSwitch、TOR、VxLAN 隧道端点（VxLAN Tunnel End Point，VTEP）的 IP 互通和路由承载，可根据业务场景选择承载网。

1. NFVI 部署方案

NFVI DC 内部组网架构采用层次化、模块化的设计方式，整体架构如图 5-7 所示。

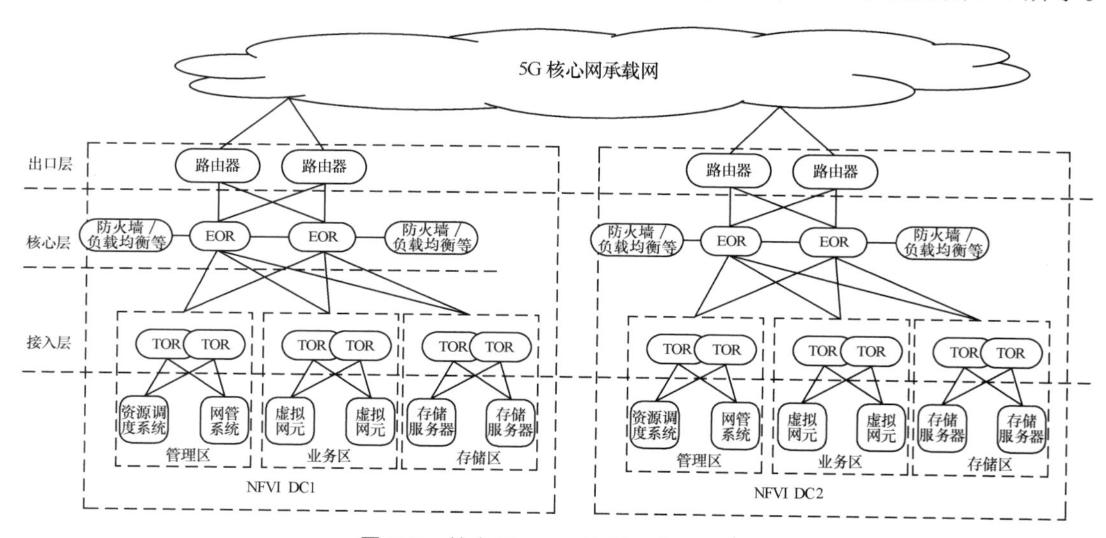

图 5-7　核心网 NFVI 资源池物理组网

NFVI 网络分为出口层、核心层和接入层。

出口层由出口路由器或出口交换机组成，负责资源池内部网络对外部网络的高速访问，并对资源池内网和外网的路由信息进行转发和维护。出口层设备对外负责与资源池外部网络的高速互联，对内负责与资源池核心层设备的互联。

核心层由 EOR 组成，通常成对部署，向下负责汇聚网络内的所有接入层交换设备，以保证业务网络内接入层交换设备之间的高速交换；向上与出口层设备进行互联，以完成与外网的高速互联。

接入层由接入交换机（如 TOR）组成，向下接入服务器集群、磁盘阵列，向上连接核心层交换机，通常按照功能需求成对部署。

为实现业务的部署、扩缩容和迁移，NFVI 需构建大二层网络，即 NFVI 内的服务器二层可达。大二层网络可采用隧道技术和增强二层技术两种方式构建。

隧道技术：随着云 DC 规模的扩大及云化管理的深入，基于 Overlay 的网络技术得到了业界的普遍推崇和广泛应用。其主要技术原理是：基于隧道技术在物理网络之上构建逻辑网络，实现逻辑网络与物理网络的解耦，提供大二层组网能力，从而解决物理网络对虚拟化的种种不适应和限制问题。其中，主流隧道协议主要有 VxLAN、NVGRE、STT、GENEVE、GRE 等。现阶段，VxLAN 已经成为主流的隧道技术。VxLAN 将二层报文用三层协议进行封装，在三层网络的基础上建立二层网络隧道。同时，VxLAN 技术还可以与 SDN 相结合，在资源池内应用，可实现网络自动部署，从而便于新业务快速上线，简化运维流程。SDN 技术也可应用于跨资源池互联应用，互联网络分为 Underlay 网络和 Overlay 网络。其中，Underlay 网络为转发层，用于实现各站点 SDN 网关间的 IP 地址可达，可根据业务场景选择承载网；Overlay 网络为控制层，用于实现站点间的业务网络互通，采用 VxLAN 封装为业务提供逻辑隔离的互联网络。目前，VxLAN 结合以太网虚拟专用网（Ethernet Virtual Private Network，EVPN）、SDN 等技术逐步推进自动化部署，已成为主流的大二层方案。

增强二层技术：二层网络的核心是环路问题，而环路问题是随着冗余设备和链路产生的，增强二层技术的本质为跨机箱链路捆绑，将相互冗余的成对设备或链路合并成一台设备或链路，从而消除环路。

资源池网络流量以东西向流量为主，应基于 SDN 集中式管理思路，加强对 NFVI 网络流量的精细化管控，实现流量的负载均衡和实时调度。在实际组网中，NFVI 划分为管理、存储、业务平面，分别采用相互隔离的虚拟资源网络承载流量。根据管理、存储、业务的承载需求，分别组建跨服务器、跨集群、跨 AZ 的 NFVI 的 vPool。

NFVI 内部组网采用叶脊（Leaf-Spine）拓扑架构，实现 Leaf 和 Spine 全互联，多 Spine 水平扩展，处理东西向流量，提供可扩展的基础网络架构，从设备、端口到链路进行冗余设计。采用管理、存储、业务三网分离的组网架构，保证业务的安全隔离（边缘 DC 可以采用管理和存储共用 Spine 交换机的方案）。引入 Overlay 技术，在服务器、Leaf 及 Border Leaf（VxLAN 网关）部署 VTEP，通过 VxLAN 提供网络虚拟化服务。引入 SDN，通过 SDN 实现网络的自动化部署、分布式路由等能力，并通过 SDN Plugin 实现 SDN 与 VIM 的集成。利用 VxLAN 网关提供动态路由、双向转发检测（Bidirectional Forwarding Detection，BFD）等能力，实现与 NFV 网元之间的路由及可靠性保障。

（1）接入层组网方案

接入层部署 TOR，向下负责接入各类服务器和存储设备，根据接入设备的功能和类型不同分为管理 TOR、业务 TOR 和存储 TOR。服务器集群通常采用具有相同配置的物理服务器，分为计算型、存储型、转发型等各种类型，运行的软件包括管理软件、应用软件、虚拟网元、存储管理软件等。磁盘阵列为 NFVI 内的各服务器集群提供集中式存储服务。

管理 TOR 用于承载 VIM 基础设施管理数据流、SDN 控制器北向和内部平面数据流。VIM 服务器、SDN 控制器、存储型服务器分别通过一对 10GE 端口接入管理 TOR。此外，为便于进行硬件设备的统一带外管理，各类服务器、存储设备、网络设备的管理口还需接入带外管理 TOR。

业务 TOR 用于承载 VNF 数据流等。计算节点服务器通过一对 10GE 端口接入 10GE 业务 TOR。VIM 服务器、SDN 控制器通过一对 10GE 网口接入业务 TOR，用于承载 DHCP、VIM、SDN 控制器南向业务平面等相关业务数据流（按需）。

存储 TOR 用于承载 NFV 环境下的存储数据流。计算型服务器通过一对 10GE 端口接入存储 TOR。存储类型服务器通过 2×10GE 端口接入存储 TOR。服务器的业务、管理、存储端口分别接入不同的 TOR，服务器与 TOR 之间采用链路聚合方式连接，避免单点故障，从而提高系统的可用性。

（2）汇聚层组网方案

EOR 负责 NFV 资源池内跨机柜流量的互通，以及资源池同骨干网的连接。EOR 间采用堆叠技术提高链路冗余。EOR 与 TOR 间的链路支持聚合功能。汇聚层部署了管理 EOR、存储 EOR 和业务 EOR，通过 Leaf-Spine 架构，对上按需连接出口层设备，对下汇聚网络内对应的接入层设备。如图 5-8 所示。

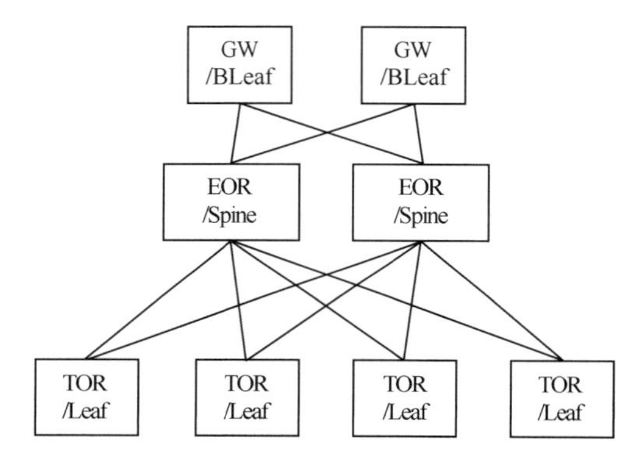

图 5-8　NFVI 资源池汇聚层组网方案

管理 EOR 向上接入 IP 管理专网，提供远程管理和互通。业务 EOR 向上与 SDN GW 进行互联，经由 SDN GW 向上连接出口层路由设备，其中 SDN GW 属于 SDN 转发设备，作为资源池南北向流量出口网关，业务 EOR 为普通三层转发设备，即 Underlay 设备，不受控制器纳管，采用等价路由进行流量负载均衡，交换机之间无须互联。存储网络依据存储系统的实际需求采用二层或三层网络，当资源池规模较小时，存储 EOR 可与管理 EOR 合设。

接口方面，SDN GW 与出口 CE 路由设备之间根据业务需求采用 10Gbit/s 或更高带宽的链路互联，SDN GW 与业务 EOR 之间采用 40Gbit/s 或更大带宽的链路互联，管理 EOR、业务 EOR、存储 EOR 与 TOR 之间采用 40Gbit/s 或 100Gbit/s 带宽链路互联。对于有安全需求的业务流，可通过在 SDN GW 配置访问控制列表（Access Control List，ACL）或策略路由，在 SDN GW 上通过 VLAN 及 VRF 实现内外流量隔离。

（3）出口层组网方案

NFVI 资源池出口层应采用双机冗余结构，两台设备做堆叠。核心层设备 SDN GW 和出口核心路由器（Core Router，CR）采用双链路冗余互联方式连接，连线方式采用口字形连接。设备之间的路由信息共享采用 BGP 动态路由或静态路由方式。出口层应提供可靠的物理或逻辑路由接口，支持通过 VRF 或 VLAN 方式将不同类型的数据映射成资源池内部不同类型的流量。如图 5-9 所示。

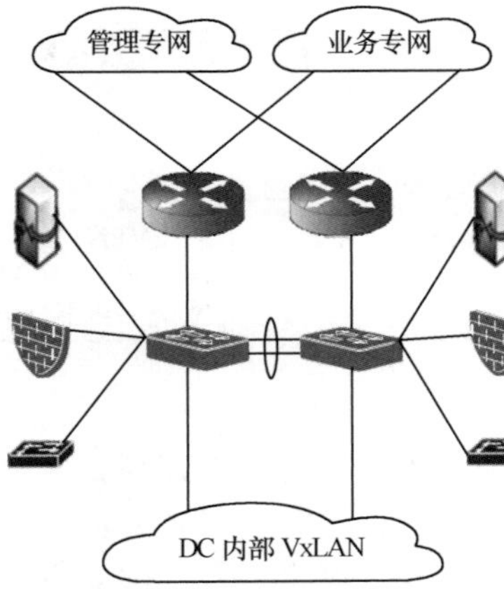

图 5-9　NFVI 资源池出口层组网方案

NFVI 与外部网络进行流量交互的场景主要包括用户访问流量和跨 NFVI 流量两种。

用户访问流量指的是 5G 用户访问公网的流量。打通用户访问流量，主要考虑 NFVI 资源池与骨干网的互联。出口路由器可运行内部网关协议（Interior Gateway Protocol，IGP）与城域网出口 CR 进行互联；城域网出口 CR 运行外部边界网关协议（External Border Gateway Protocol，EBGP），对外发布 NFVI 的路由信息。

跨 NFVI 流量方案将在下面的内容中予以阐述。

2. NFVI 互通方案

相比 4G 核心网，由于网络云化及 MEC 的引入，5G 核心网的主要功能部署于省中心的区域 DC，部分功能将下沉到城域网，包括城域核心 DC、边缘 DC，甚至接入局所，这就需要承载网提供更为灵活的组网功能。

对于少量大型节点组网的情形，可考虑采用光纤直连或传输技术组网；对于中小规模的互联，可考虑基于现有承载网（包括骨干网、城域网等）组建叠加网络，并基于扁平化、软件定义、异构互通、可用性等原则规划设计 DC 间的互联网络，同时应考虑通过网络编排器实现 DC 间网络的统一管理。

DC 间二层互联技术的比较见表 5-1。

表 5-1　DC 间二层互联技术的比较

方式	优点	缺点
裸光纤/DWDM	1. 实现简单，网络简单； 2. 传输效率高； 3. 较容易维护	1. 互联成本较高； 2. 互联距离受限
MPLS VLL 或 VPLS	1. 协议标准，且比较成熟； 2. 可利用现网的 IP 专网作为承载网络，投资低	1. 当站点数量较多时，伪线链路数呈 $O(n^2)$复杂度，配置越来越困难； 2. 需要 IP 专网开通 VPLS 业务； 3. 只能做到各个 VLAN 的负载均衡，颗粒度较粗

续表

方式	优点	缺点
VLLoGRE/VPLSoGRE; EVPN+VxLAN	1. 成本经济； 2. 能实现长距离的 DC 互联； 3. EVPN+VxLAN 可实现 VTEP 自动发现、VxLAN 隧道自动建立，从而降低网络部署和扩展的难度，目前应用广泛	VPLS 组网方案本身技术比较复杂，部署及运维管理难度较大，对人员的能力要求较高

裸光纤/DWDM 二层互联从本质上来说，都是通过物理连线延伸的方式实现二层网络的扩展，安全性比较高，而且带宽也比较宽。但这类实现方式的传输距离相对较短，因此一般适用于同城数据中心的互联；而且从部署成本来看，带宽越宽越贵，距离越远越贵。除此之外，这类方案在实现二层网络扩展的同时，实际上也大大扩展了二层网络中环路、广播风暴的影响范围。而其解决方案与一般二层网络一样，通过引入破环协议、虚拟化技术、链路聚合等来实现。二层网络变大后，这些技术将涉及跨 DC 的部署，对网络维护人员的能力要求将变得更高。

当 DC 间没有专用的光纤资源，或者由于相距太远（大于 100km）使得部署光纤的成本很高时，可选择基于 MPLS 或 IP GRE 隧道的虚拟专线（Virtual Leased Line，VLL）方案实现点到点的 DC 间二层互联，还可选择基于 MPLS 或 IP GRE 隧道的虚拟专用局域网业务（Virtual Private LAN Service，VPLS）方案实现点到多点的 DC 间二层互联。MPLS VPN 二层互联先通过 MPLS 网络实现三层互联，在此基础上部署 VPLS（点到多点）/VLL（点到点）完成 DC 间二层互联。这种方式从成本上来说比较经济，最主要的是还能实现长距离的 DC 互联。不过，VPLS 组网方案本身技术比较复杂，部署及运维管理难度较大，对人员的能力要求比较高。

VxLAN 是采用 MAC-in-UDP 的报文封装模式，将二层报文用三层协议进行封装，可实现二层网络在三层范围内的扩展，同时满足数据中心大二层虚拟迁移和多租户的需求。最初的 VxLAN 方案（RFC 7348）中没有定义控制平面，是通过手工配置 VxLAN 隧道，然后用流量泛洪的方式进行主机地址的学习。这种方式在实现上较为简单，但是会导致网络中存在很多泛洪流量，网络扩展的难度较大。

为了解决上述问题，VxLAN 引入了 EVPN 作为其控制平面。EVPN 参考了 BGP/MPLS VPN 的机制，通过扩展 BGP 定义了几种 BGP EVPN 路由，通过在网络中发布路由来实现 VTEP 的自动发现、主机地址学习。EVPN+VxLAN 可实现 VTEP 自动发现、VxLAN 隧道自动建立，从而降低网络部署和扩展的难度，目前在 DC 互联场景中应用较为广泛。如图 5-10 所示。

采用 EVPN 作为控制平面具有以下优势：

➢ 可实现 VTEP 自动发现、VxLAN 隧道自动建立，从而降低网络部署和扩展的难度；

➢ EVPN 可以同时发布二层 MAC 和三层路由信息；

➢ 可以减少网络中的泛洪流量。

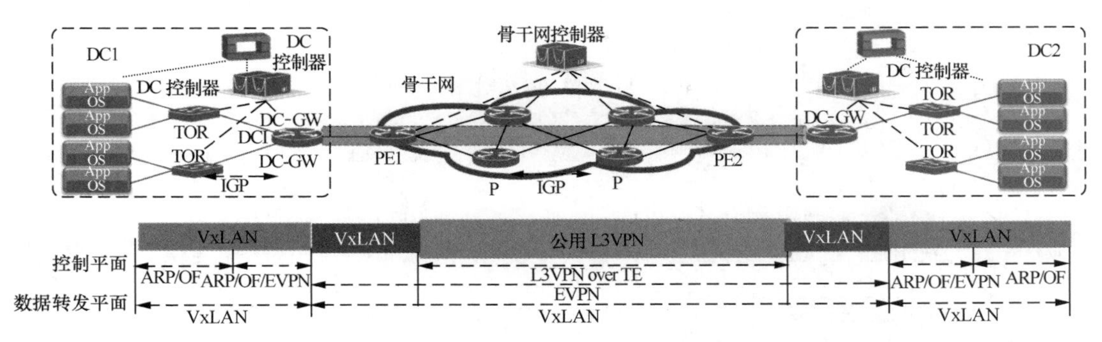

图 5-10　基于 EVPN 的资源池互联方案

基于 EVPN 的资源池互联方案如下。DC 内部的 Underlay 承载网络采用 Leaf-Spine 拓扑结构组网，由边界汇聚交换机实现内部 SDN VxLAN 与 VLAN 的相互映射，通过 VLAN 封装与 DC-GW 对接，DC-GW 完成内部 VLAN 与 EVPN VxLAN 的映射。骨干网建立一个专用三层 VPN 来承载多个 DC 的互通业务，打通所有 DC 之间的三层路由，DC 通过此 VPN 实现与其他 DC 节点的全路由。DC-GW 采用 BGP，通过 PE 接入骨干网三层 VPN。跨 DC 租户业务通过 DC 之间的端到端 VxLAN 承载和隔离，虚拟网络接口（Virtual Network Interface，VNI）全局统一分配和管理。DC 之间建立端到端 BGP EVPN 会话，学习租户的 MAC/IP 路由。

大二层资源池互联连接建立时，DC1 的虚拟机 1 和 DC2 的虚拟机 2 间的通信采用三段式 VxLAN 的方案，在 DC1 和 DC2 内部分别创建 VxLAN 隧道，在 DC 的出口路由器间也创建 VxLAN 隧道。同时，在 DC 内部和跨 DC 互联链路上分别配置 BGP EVPN，具体如下。

控制平面：DC1 的 TOR 在学习到虚拟机 1 的 MAC 地址后，生成 BGP EVPN 路由发送给出口路由器 1；出口路由器 1 收到 BGP EVPN 路由后，先交叉到本地 EVPN 实例中，并在 EVPN 实例中生成虚拟机 1 的 MAC 表项，再通过 BGP EVPN 方式更新虚拟机 1 的 MAC 地址后将其发送给出口路由器 2；出口路由器 2 再广播至 DC2 的 TOR，在 DC2 的 TOR 中形成虚拟机 1 的 MAC 地址项。同时，虚拟机 2 的 MAC 地址经由相同的方式转发到 DC1 的 TOR，这样 DC1 的虚拟机 1 和 DC2 的虚拟机 2 之间就建立了可以直接进行二层数据转发的路径。

数据转发平面：通过图 5-10 所示的三段式 VxLAN 隧道，系统利用控制平面生成的 MAC 地址转发表，将数据逐段转发至对端虚拟机。在 TOR1 和 TOR2 间建立端到端的 VxLAN 隧道时，需要实现 VxLAN Mapping 功能，并进行一次 VNI 的转换。

基于 SDN 的资源池互联方案如图 5-11 所示，具备如下多个层次。

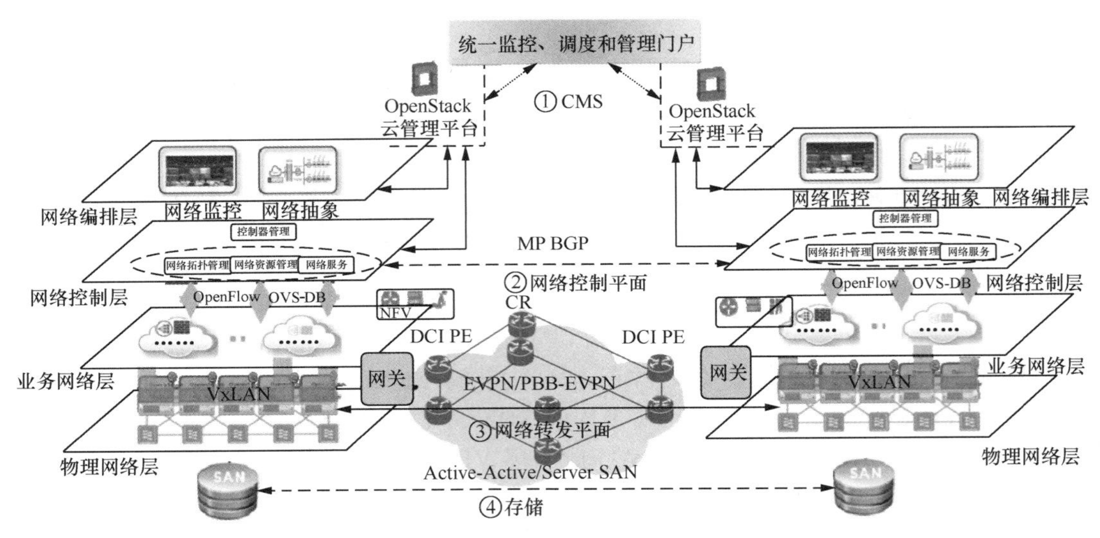

图 5-11 基于 SDN 的资源池互联方案

网络编排层向上提供 API，基于统一的网络策略模型，将面向应用的高级网络需求转换为面向设备的低级网络需求，同时如图 5-11①所示，配合云管理系统（Cloud Management System，CMS）提供计算、存储、网络资源的统一编排。

网络控制层如图 5-11②所示，主要实现全局拓扑的统一管理、全网网元的配置管理、变更管理、系统管理以及路由计算等功能。

业务网络层提供灵活的、多租户隔离的网络连接与服务。每个租户独享一张虚拟网络，虚拟路由器实现二层/三层的网络连接，基于 NFV 技术（虚拟防火墙、虚拟负载均衡）提供四层至七层的网络服务，并结合业务链的灵活编排能力提供基于租户灵活的网络服务。如图 5-11③所示为两个 DC 的 SDN 网关通过建立 EVPN MP-BGP 邻居关系传递 VxLAN 路由信息，实现 VxLAN 隧道的建立与互联互通，打通大二层网络，实现跨 DC 互联。

物理网络层提供高速、高效、高可靠的物理网络连接与数据传输。如图 5-11④所示，可以通过物理网络提供上层应用在两个 DC 的同时读写存储，实现 DC 的双活。

5G 核心网 NFVI 之间需要通过两级 DC 节点的 SDN 控制器联动提供跨 DC 的组网功能，提高 5G 核心网灵活的拓扑编排管理能力和切片端到端自动化部署能力。在满足电信虚拟化网络功能的前提下，通过 Overlay 技术实现大二层，再结合 SDN 技术，增强按需分配和调度网络资源的能力。

不同 NFVI 间存在 5G 网元的信令交互、数据备份流量等。跨 NFVI 资源池的组网方案分为控制平面方案和数据转发平面方案：控制平面可使用 BGP EVPN 交互资源池间的二层和三层转发表项信息；数据转发平面可考虑使用 MPLS VPN、QinQ、VxLAN 技术，具体采用什么方式，需根据业务和各运营商的网络情况确定。

电信运营商在部署 5G 核心网时，应充分考虑 NFVI 资源池的异地容灾，以避免单机房或单点故障。从整个网络来看，5G 核心网部署可采用“骨干—中心—边缘”三级 DC 的组网方案。每个“中心”设置 2 个或多个核心节点，按节点设置 DC，DC 内部所有网元虚拟化，以通用硬件、云操作系统承载所有核心网网元和设备管理系统，资源共享。DC 内部的核心网网元组 Pool，如 AMF、SMF/GW-C、UPF/GW-U 一般采用 Pool 备份方式。vPool 指的是可用于提供业务的最小规模的一组物理资源，通过与资源模型中的 Region、AZ、HA、Host 等建立对应关系，把资源授权给租户使用。

图 5-12 为某运营商双节点容灾部署 5G 核心网的示意图。

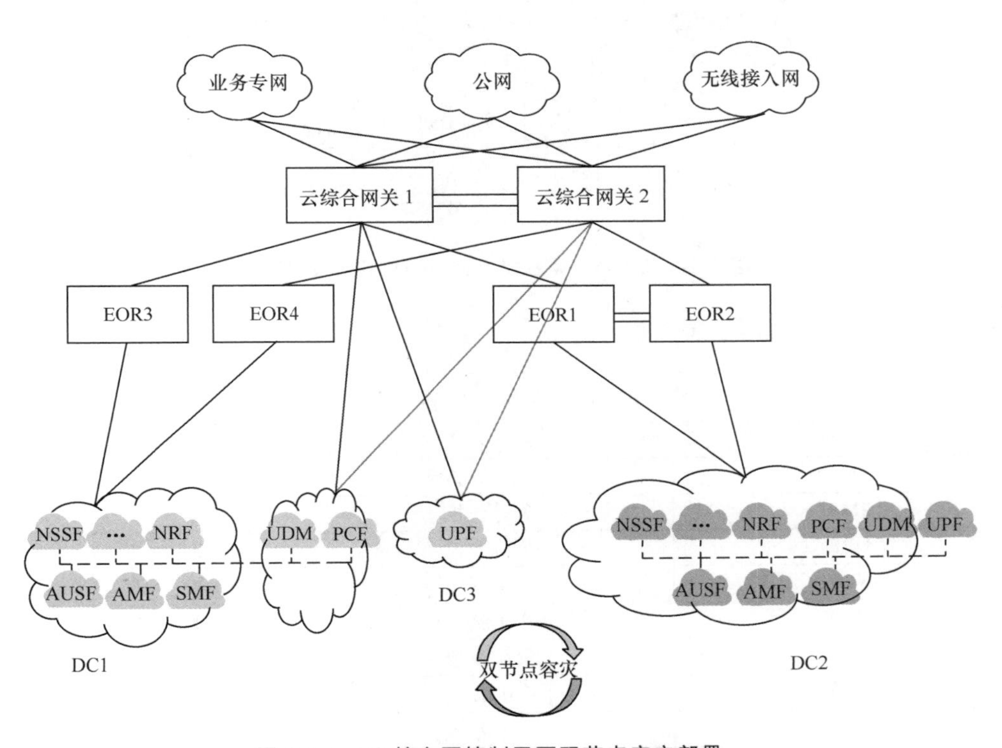

图 5-12　5G 核心网控制平面双节点容灾部署

DC1 与 DC2 组成双节点，实现核心网控制平面网元容灾，如图 5-13 所示。

DC2 部署一整套 5G 核心网控制平面及数据转发平面 UPF。控制平面与 DC1 内的控制平面组成容灾关系，数据转发平面 UPF 与 DC3 UPF 组成容灾关系。

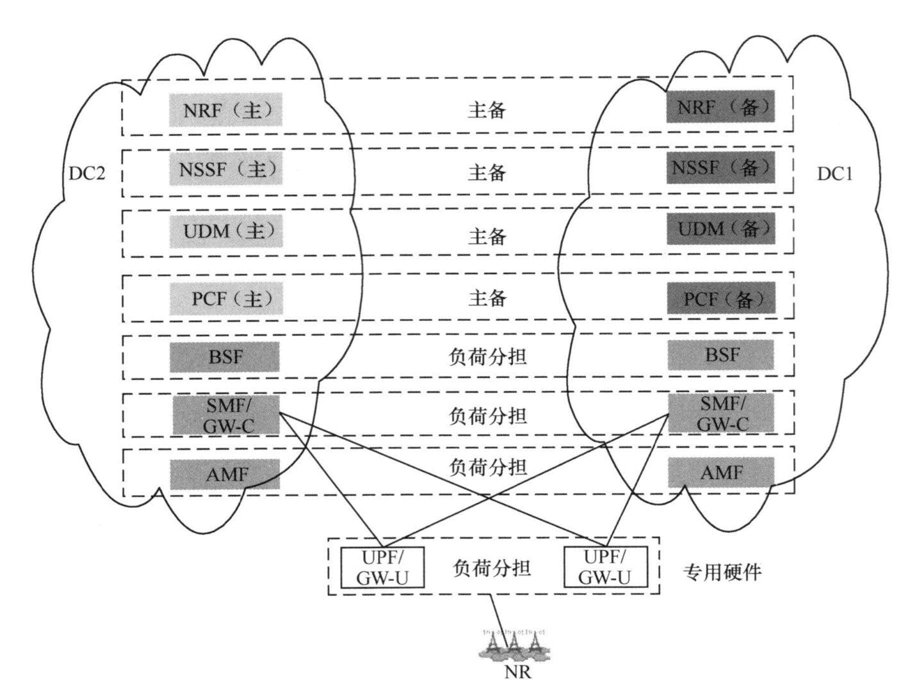

图 5-13 5G 核心网控制平面双节点容灾 VNF 部署

各网元的备份关系见表 5-2。

表 5-2 各网元的备份关系

网元	备份方式	主节点
AMF	负荷分担	
SMF	负荷分担	
UPF	负荷分担	
NRF	主备	DC2
NSSF	主备	DC2
BSF	负荷分担	
UDM	主备	DC2
PCF	主备	DC2

3. 配置方案

Overlay SDN 通过隧道技术在现有网络架构上叠加逻辑网络，有大量商用解决方案，是数据中心场景的主流方案。

控制平面：由控制器或控制器集群实现统一控制，向上层应用开放北向接口，用户可定义虚拟网络转发行为，通过南向接口控制转发行为，向数据转发平面设备下发转发信息。

数据转发平面：基于 VxLAN 等隧道协议构建 Overlay 网络，数据转发平面设备包括网络虚拟边缘（Network Virtualization Edge，NVE）和网关。NVE 负责提供 Overlay

网络接入服务，可由虚拟交换机或硬件交换机承载。

网关用于连接不同租户的 Overlay 网络，Overlay 网络与外部网络（二层/三层）存在软件网关或硬件网关两种形态。

在数据中心内部，Overlay SDN 可解决海量多租户和业务快速发放的关键需求：打破基于 VLAN 技术的租户限制（<4096），扩大租户空间（1600 万），增强业务扩展能力；简化网络配置，实现业务的快速发放。在数据中心之间，它是一种基于 IP 网络的三层互联实现方案。

根据形态的不同，目前的解决方案可分为 3 类，包括纯软（软件 NVE、软件网关）、纯硬（硬件 NVE、硬件网关）、软硬结合（软件 NVE、硬件网关）方案。其中，纯软方案无须改变底层物理拓扑，部署便捷，NVE 和网关的性能相对较弱，适用于部署在云资源池且网关流量偏小的业务场景；软硬结合方案需要部署硬件网关设备，网关较强，适用于网关流量较大的业务场景；纯硬方案部署在特定的 TOR 和网关等硬件设备上，NVE 及网关能力强，适用于对性能要求较高的业务场景。

在 5G 核心网分层解耦部署过程中存在控制器—Neutron、vSwitch—虚拟层、控制器—vSwitch、控制器—硬件交换机 4 个接口的解耦选择问题，如图 5-14 所示。

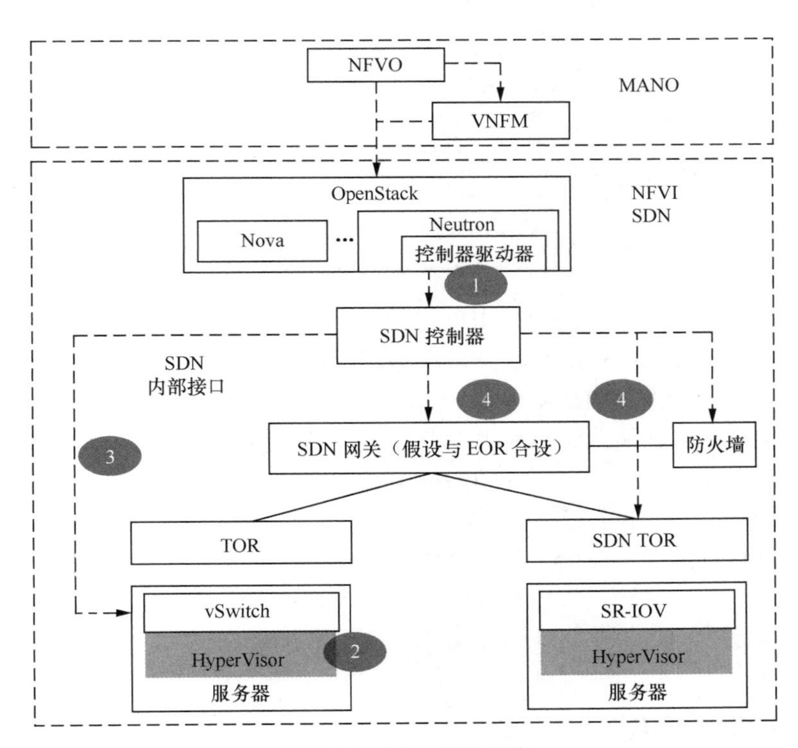

图 5-14　SDN 部署方案

控制器—Neutron 接口（调用接口）：Neutron 负责把业务的网络需求传递给 SDN 控制器。遵从 OpenStack 社区定义，多为标准接口，已具备解耦条件。

vSwitch—虚拟层接口（兼容性接口）：vSwitch 作为软件安装部署在虚拟层，并调用 CPU、内存等资源。属于操作系统和软件应用间的适配，部分厂商支持解耦，解耦难度大。

控制器—vSwitch 接口（通信接口）：控制器控制 vSwitch、下发流表等。部分厂商支持解耦，解耦难度较大。

控制器—硬件交换机接口（通信接口）：控制器控制硬件交换机等网络设备。部分厂商支持解耦，解耦难度较大。

（1）出口层路由器

出口层路由器为南北流量出口网关，需支持 VxLAN，支持向 SDN 平滑演进。路由器支持 IPv6、路由 BFD 检测、等价路由负荷分担、VRRP 等 IP 功能；支持 VLAN、链路聚合、链路负荷分担等二层功能；支持 MPLS VPN；支持 QoS 流量控制功能、ACL 过滤功能，以及端口镜像、升级业务不中断等运维功能。

出口层路由器的主要配置建议见表 5-3。

表 5-3　出口层路由器的配置要求

配置项	指标
最大配置用户 IPv4 会话数	≥128 000 个
最大配置用户双栈会话数	≥64 000 个
业务叠加模型类别	48 000 个
端口	100GE/10GE
平台类型	≥200Gbit/s
槽位数（业务）	≥8
单槽 100GE 业务接口数（线速）	≥2
单槽 10GE 业务接口数（线速）	≥20
单槽 NAT 处理能力	≥40Gbit/s
整机端口容量	≥1600Gbit/s

（2）核心层业务 EOR、存储 EOR

业务 EOR、存储 EOR 为网络核心节点，需提供高性能线速转发，支持 VxLAN，支持 BGP EVPN；支持 VLAN、VLAN 映射、链路聚合、链路负荷分担、交换机堆叠等二层功能；支持 QoS 流量控制功能、ACL 过滤功能，以及端口镜像、升级业务不中断等运维功能。

主要配置建议如下：支持 10GE/40GE/100GE 端口，单槽位不小于 24×40GE 或 48×10GE，整系统可扩展不小于 96×40GE。

（3）管理 EOR/计算、存储、管理 TOR

管理 EOR/计算、存储、管理 TOR 需支持 VxLAN、堆叠、链路聚合等。

主要配置建议如下：支持 48 个 10GE 光口，6 个 40GE 端口。

5.1.3　计算资源部署

1. 部署方案

资源池的计算资源主要包括业务集群和管理集群。

业务集群：部署计算节点服务器用于承载各类 5G 核心网 VNF。集团 DC 主要部署骨干 NRF、全国 NEF、OSS、BSS、网络编排等 VNF；省/大区 DC 主要部署 AMF、SMF、AUSF、UDM、NSSF、PCF、UPF、BSF、省 NRF、省 NEF 等 VNF；城域网核心 DC 主要部署 UPF 等 VNF。

管理集群：部署管理相关服务器，用于提供业务管理、资源管理、网络管理、运营管理等管理功能，管理节点服务器包括 MANO 和 EMS 所需的服务器。

为实现硬件的最大利用率，可根据业务及对资源的需求等维度，对 HA 进行划分，以满足不同的业务部署需求。不同维度定义的 HA 可以并存，即一个主机可归属于多个 HA，如一台主机可同时归属于控制平面网元 HA 和业务域 HA。HA 的主要划分维度及划分原则参见表 5-4。

表 5-4　HA 的主要划分维度及划分原则

划分维度	划分原则
安全域维度	根据安全隔离的要求，对于有物理隔离要求的安全域，需要划分不同的 HA，如 DMZ 和可信任域
节点用途维度	对于同属于信任域的 NFVI 管理、网元管理和 VNF，可根据主机上部署的不同应用，划分 HA 实现物理隔离，如将 MANO 和 EMS 划分在管理 HA，将 VNF 划分在业务 HA
不同网络模式（OVS/DVS/SR-IOV）维度	不同网络模式（OVS/DVS/SR-IOV）下虚拟层的配置参数不同，需要分 HA 部署
硬件规格维度	硬件配置（CPU、内存、硬盘、网络）完全相同的服务器定义为一类 HA，如用于控制平面网元（如 vCSCF、vVoLTE AS）的 HA、用于数据转发平面网元的 HA

图 5-15 所示为一种 HA 规划的示例。

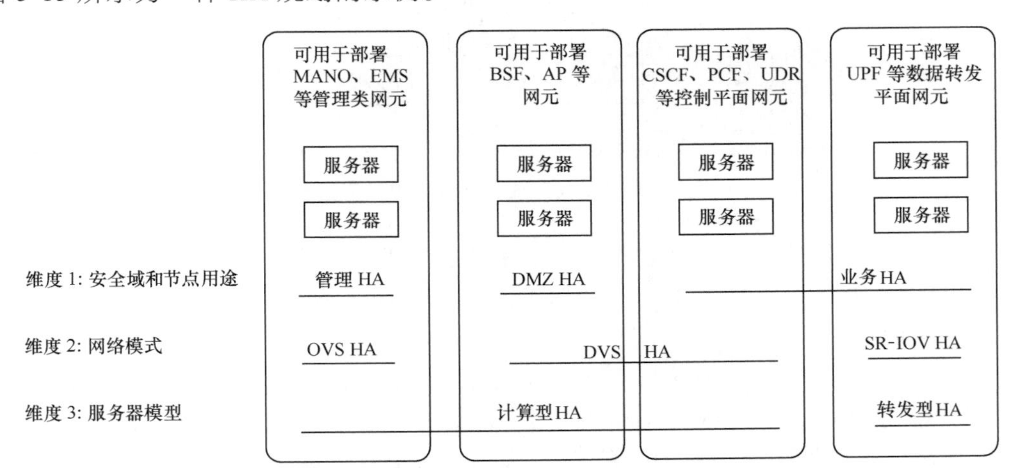

图 5-15　HA 规划

由此可见，按照安全域和节点用途的不同，可以划分为管理 HA、DMZ HA 或业务 HA；按照不同的网络模式，可以划分为 OVS HA、分布式虚拟交换机（Distributed vSwitch，DVS）HA 和 SR-IOV HA；按照不同的硬件规格，可以划分为计算型 HA 及转发型 HA。对应到 5G 核心网的 NFVI 资源池组网中，控制平面网元和数据转发平面网元就属于不同的功能及硬件规格。

计算资源为上层应用提供计算处理能力，其设备形态主要包括机架式服务器、刀片式服务器、整机柜服务器等通用 x86 服务器。x86 服务器内的组件主要包括 CPU、内存、网卡、硬盘等。服务器应尽量采用同一规格的硬件服务器来承载多种类型 VNF，以实现 VNF 在 NFVI 内各服务器之间的资源调度。可以根据网元特性进行分类，选择 2～3 种硬件配置（如计算型、高转发等），以满足不同网元的硬件需求。

计算资源每台服务器的云管理端口、存储端口、业务端口物理分离，分别接入 NFVI 资源池网络的不同平面，如图 5-16 所示。

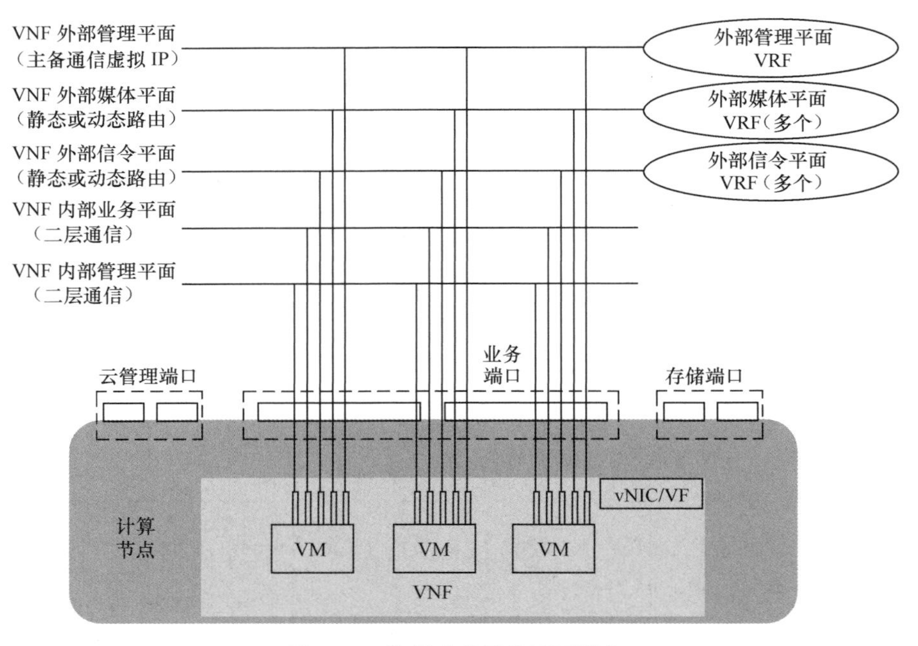

图 5-16　流量功能网络平面划分

VNF 的虚拟接口分为 6 类，内部业务及管理平面采用二层通信，外部管理平面采用浮动 IP 地址方式通信，外部信令及媒体平面采用静态或动态路由完成南北向或东西向通信。

VNF 的每个网络平面用单独的虚拟交换机或单根 I/O 虚拟化（Single Root I/O Virtualization，SR-IOV）虚拟网口挂接到网络中，接口虚拟机的对外通信虚拟网口挂接到外部网络平面，外部网络平面连接到 TOR 再到 EOR，通过 EOR 进行三层通信。

VIM 为 VNF 分配 VLAN 实现网络平面隔离。

VNF 分为 3 类通信平面：VNF 内部通信平面、VNF 外部管理口通信平面和 VNF 外部业务口通信平面。

VNF 内部通信平面：VNFC 之间通过二层方式通信，无须配置三层网关。

VNF 外部管理口通信平面：VNF 与 EMS、MANO 等通信的操作维护口或生命周期管理口，VNF 侧采用主备通信，浮动 IP 地址配置在 VNF 外部管理口上。

VNF 外部业务口通信平面：业务地址配置在 Loopback 上，接口板虚拟机 *N*+1 分担流量，VNF 采用静态路由或动态路由与外部网络通信。

根据 5G 核心网网元的不同功能，服务器可分为计算、转发、存储三大类型。

计算型服务器：主要处理 5G 核心网的接入控制、移动性管理、会话管理、策略控制等信令交互，以及 VIM 管理。

转发型服务器：承载用户平面网元 UPF。需配备智能网卡，实现用户平面硬件加速，以保障 UPF 的吞吐量和会话数需求。

存储型服务器：若选择分布式存储，则需使用存储型服务器。应明确 5G 核心网数据库对硬盘容量、可靠性、转速、读写速率、吞吐量的需求，结合成本、可维护性要求，对支持不同接口的 HDD、SSD 硬盘进行选型，并明确每台服务器的硬盘数量。

在 NFV 网络架构下，虚拟机的性能规格是可以通过 VNFD 来动态定义的。可以根据相应的用户模型、话务模型、流量模型来定义通用的 VNFD 模板，分为大、中、小等几种常用的模板。每种模板中，对于单虚拟机所需的 CPU、内存、硬盘资源是不一样的。

定义虚拟机时，需要考虑虚拟机的部署特性以满足系统的需求。对于虚拟机的部署特性，主要考虑下面几种方式。

（1）主机亲和性、反亲和性

亲和性：应用 A 与应用 B 两个应用频繁交互，利用亲和性使两个应用尽可能靠近，部署在一个 AZ 甚至一台宿主机上，以减少因网络通信带来的性能损耗。

反亲和性：当应用采用多副本部署时，采用反亲和性，将各个应用实例打散分布在多个宿主机或多个 AZ 上，以提高可用性及可靠性。

（2）CPU 核绑定

虚拟机的 vCPU 能够固定绑定到宿主机的指定物理 CPU 上，在整个运行期间，不会发生 CPU 浮动，因而减少了 CPU 的切换开销，提高了虚拟机的计算性能。假设某虚拟机需要 8 个 vCPU，根据设计需要把 1、2、5、6 绑定到物理 CPU0 上，把 3、4、7、8 绑定到物理 CPU1 上，后续的相关 vCPU 运算只会在绑定的物理核上去处理。

（3）非统一内存访问（Non-uniform Memory Access，NUMA）

在 NUMA 架构中，每个处理器能够控制一定数量的物理内存，每个处理器的每个核心将对应一个 NUMA 节点。每个处理器核心访问 NUMA 节点内存的速度要比其他节点快，因此，当虚拟机的内存大小小于或者等于 NUMA 节点的内存大小时，虚拟机在理论上能够获得最好的性能。如果为虚拟机分配更多的内存，则虚拟机必然要访问其 NUMA 节点之外的部分内存，这样或多或少会影响其性能。

（4）网络特性

NFV 网络可以灵活采用不同的虚拟网卡技术来实现。目前主流的网卡技术分为 OVS、硬直通等方式。从网络性能来看，OVS 方式劣于硬直通方式。由于管理平面对流量的性能要求较低，可以选用 OVS 方式；而对于流量性能要求较高的网元，则应正常选用硬直通的方式。OVS 由于是软件的方式，灵活性高一些，所以在冷迁移与热迁移方面的表现比硬直通好。

服务器虚拟化技术提供支持硬件辅助虚拟化的裸金属架构的 x86 服务器虚拟化，支持对服务器物理资源的有效调度和监控管理，支持对底层硬件、自身及虚拟机操作系统的调优，支持面向 NFV 承载的虚拟化层能力提升，如上述的主机亲和性/反亲和性、CPU 核绑定、NUMA 等。虚拟机基于服务器虚拟化技术实现资源封装与隔离，提供包括 CPU、内存、网卡、硬盘在内的逻辑资源；虚拟机配置应支持区分应用类型的不同配置模型，支持资源绑定、优先级、动态扩缩容、快照、迁移等功能；虚拟机存储应支持本地存储和共享存储等不同的数据存储方式，并支持虚拟机存储生命周期管理、备份、迁移等功能；支持虚拟化管理软件对虚拟机状态和生命周期的全方位管理。虚拟化层将计算资源抽象为虚拟计算资源，实现软件功能与底层硬件的解耦，其核心是资源的虚拟化与软硬件解耦。虚拟化层可由多种技术实现，如服务器虚拟化、容器、微服务等。虚拟化的几种实现方式及方案对比详见第 4.3 节。就目前面向商用的 5G 核心网技术实现而言，虚拟机容器承载兼顾了成熟的 NFV 架构体系和容器特性，是首选的虚拟化承载方式。

初期 5G 核心网控制平面可采用纯虚拟机方式或由厂家内部实现的虚拟机容器（如容器管理功能由 VNFM 集成）方式承载。MEC 平台及应用可采用容器方式承载。

核心网 VNF 共用 vDC，各控制平面网元共集群，用户平面网元共集群。为了提升虚拟机的性能，采用 CPU 核绑定且独占配置，CPU 核绑定后，虚拟化软件必须具备不同代系、不同主频 CPU 共集群的扩容能力。

为了实现 5G 网络切片等功能，省中心用户平面建议集中部署虚拟化方式 UPF，使用与 5G 核心网控制平面相同的资源池，分租户进行业务隔离。本地网用户平面选用本地网 NFVI 资源池为 UPF 提供承载。

承载 5G 核心网用户平面网元 UPF，需配备转发加速设备。流量以南北向流量为主，需对 UPF 流量进行接入汇聚，并保证与外部公网的连接。要重点规划好物理和虚拟组网方案，保证交换机的南北向链路带宽，提供 QoS 能力。受限于机房环境，边缘云 NFVI 在硬件设备数量、重量和功耗方面，有设备精简需求，建议在保证可靠性的前提下，配备所需物理硬件的最小集合，并选择功耗较低、重量较轻的产品。

2. 配置方案

目前，x86 架构的服务器是资源池部署服务器的主流形态，主要分为刀片式服务器和机架式服务器两种技术阵营。刀片式服务器的标准化程度较低，不同厂商的背板交换实现差异较大，资源共享最小粒度为框，不同虚拟化厂商不能共享同一框刀片。受空间限制，PCI-e 的可扩展性较差。但网络简单，刀片背板已实现一次性收敛，线缆数量较少。而机架式服务器无背板交换，标准化程度较高，资源共享粒度为单台服务器，PCI-e 的可扩展性较好，网络布线较复杂，线缆数量较多。

除上述通用服务器外，还有一类被称为定制化服务器。服务器定制是针对特定应用场景对通用物理服务器的简化和优化，以提升性价比。定制化服务器普遍以削弱通用性为代价，通过全局优化、功能简化、部件精简、芯片集成等方式实现总持有成本（Total Cost of Ownership，TCO）的降低及性价比的提升。

5G核心网NFVI应用场景将大规模使用NFV型定制化服务器。规模部署时，既要考虑每种业务场景下各种VNF功能与x86通用服务器资源配置的最佳匹配需求（包括原来采用专用芯片的媒体转码部分），也需要考虑整体上NFVI如何部署大规模集群的综合资源需求。

NFV型定制化服务器的典型特点包括：选用中高端CPU，英特尔至强可扩展处理器"*N*"SKU；选用高速网络接口（如4×25Gbit/s网卡）；存储资源可针对网元需求灵活调整，部分服务器只需启动盘空间，部分服务器则需要具备本地高性能NVMe固态驱动器/低成本硬盘簇组合；特别考虑NUMA对系统性能的影响等。

在进行服务器选型时，应综合考虑业务需求、机房配套（空间、电源、空调等）、计算能力、I/O、采购成本、管理成本等因素，具体如下。

➢ 根据业务的需要，选型应便于从物理上划分服务器，能较好地满足不同虚拟机规格的需求，有利于充分利用资源、尽量减少资源碎片的出现。CPU与内存的配比应均衡。

➢ 由于机房机架等基础配套的建设成本较高，在满足本期处理能力需求的同时，需尽量采用高密度设备以节省机架空间。

➢ 考虑到服务器的CPU、内存等扩容成本高、实施代价也大，因此建议配置应一次性到位，尽量不考虑后续对服务器部件进行扩容。

➢ 从规划、运营维护的角度，服务器形态应尽量少，以减小规划、运维的复杂度。

软硬件解耦后，资源池与VNF项目独立建设，网元侧与资源池侧应有效衔接、合理分工，避免重复冗余。网元侧应基于NFVI可提供的资源类型提交计算资源需求，并重点考虑以下因素。

➢ 网元自身利用率要求：可延续现网的物理网元利用率要求。

➢ 网元内部容灾备份要求：如所有业务模块均应采用*N*+*N*或*N*+*M*方式部署。NFVI还需结合网元之间的备份要求，将有容灾备份关系的网元部署在不同的NFVI中。

➢ 跨安全域部署要求：当单个网元部署在多个安全域中时，应分别提交各安全域的资源需求。

➢ 跨AZ部署要求：当单个网元跨AZ部署时，如MANO等管理类网元，应分别提交AZ资源需求。

➢ 在二层解耦场景（虚拟层VNF未解耦）下，NFVI侧还需考虑虚拟层Hypervisor和OVS资源消耗需求。

服务器资源冗余需要综合考虑以下因素。

（1）服务器故障因素

为保证业务的可用性，当服务器出现故障后，资源池内应有足够的冗余资源保障虚拟机迁移至可用主机。

（2）资源碎片因素

资源池实现了资源共享，但也存在资源碎片。服务器数量越多、资源可共享范围越大，则资源碎片越小；反之，服务器分组越多、资源共享范围越小，则资源碎片越大。

资源碎片需主要考虑以下因素。

➢ 多 VIM 因素：若单个 NFVI 部署多套厂商的 VIM，则多个厂商 VIM 所管理的服务器资源无法共享。

➢ 多 AZ 划分因素：若单个 VIM 划分为两个 AZ，当同一 VIM 下的网元具有反亲和要求时，需部署在不同的 AZ 中，则各 AZ 资源无法共享。

➢ 多 HA 划分因素：HA 划分可包含多个维度，如按硬件规格、安全域，以及运维策略等，各 HA 资源无法共享。

➢ 虚拟机反亲和部署因素：若虚拟机要求反亲和性，则具有反亲和性要求的虚拟机应部署在不同的服务器或不同的 AZ 中，无法共享。

资源碎片同时也和虚拟机资源部署算法以及可靠性有一定的关系。虚拟机资源部署越分散，可靠性越高，从而使单个服务器故障不会影响网元的整体性能。

（3）升级等迁移预留

当非热插拔更换硬件部件或 VNF 软件、虚拟层软件非在线升级时，都可能涉及虚拟资源的迁移，需要考虑该部分资源的预留。

综合考虑硬件故障、资源碎片、迁移等预留需求，服务器冗余系数建议取值为 30%～40%。

核心网数据转发平面设备通常具有较高的转发性能要求，比如承载移动网络数据流量的分组域核心网网关设备。大多数传统电信设备厂商都采用专有的转发芯片。从物理硬件的分类来看，传统设备采用的专有芯片（如 NPU 等）转发性能高但可扩展性较差，而通用服务器采用的通用芯片转发性能低但可扩展性较好。随着硬件技术的发展，通用芯片的计算能力越来越强，通用网卡的转发能力也越来越强（已经达到 10Gbit/s、25Gbit/s、40Gbit/s 等）。同时，数据平面开发套件（Data Plane Development Kit，DPDK）、SR-IOV 等优化技术的出现，还将进一步提升通用服务器的转发性能。

从数据转发平面设备的演进路线来看，传统设备中大多采用专有的单板来实现转发功能，而其业务控制处理功能则由其他类型的单板来实现。由于机框单板数量的限制，传统设备通常通过两种单板的配比来实现容量的要求，这在一定程度上限制了转发单板和业务处理单板的独立扩展，难以充分利用硬件资源。

数据转发平面采用包括基于 x86 的软件加速、x86 通用服务器+智能网卡硬件加速、设备厂商专用设备硬件加速等设计方案。

（1）基于 x86 的软件加速

5G 核心网数据转发平面全部采用 x86 服务器，CPU 软转发；通过 DPDK/SR-IOV 等软加速技术，以及 CPU 核绑定、负载均衡等手段优化，满足普通速率转发要求（单机吞吐量 40Gbit/s 或更低）。如图 5-17 所示。

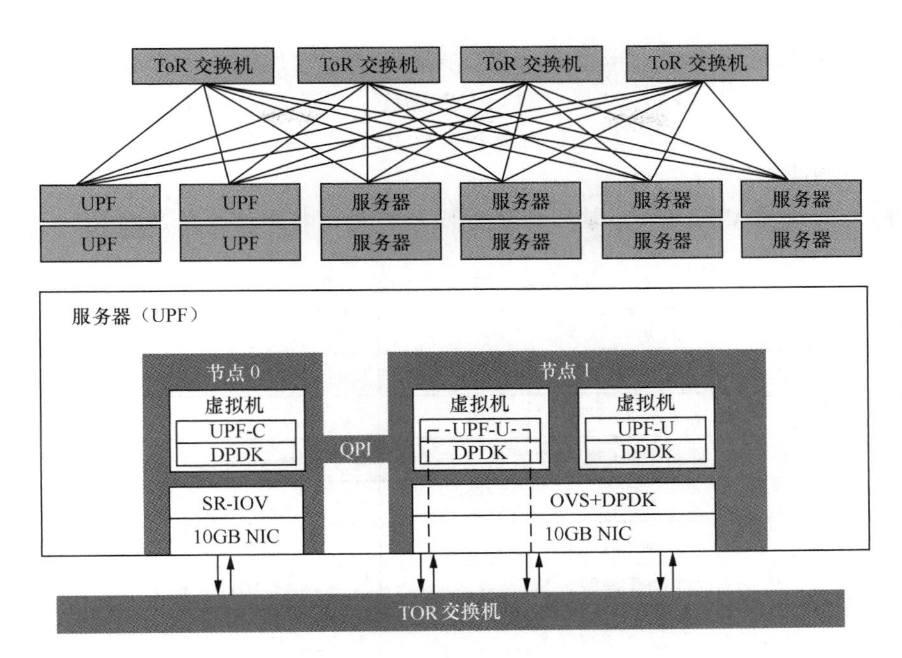

图 5-17　基于 x86 的软件加速方式

基于 x86 的软件加速方式支持 NFV 分层解耦方案，可扩展性好，所采用的 SR-IOV、DPDK 等加速技术相对成熟。目前业界主流厂商大部分都认为基于 x86 的软件加速技术无法满足大流量转发需求，具体性能是否满足 5G 转发需求待测试。UPF 下沉后，边缘资源池因缺乏足够的冗余，该方案存在可靠性风险。同时，CPU 处理抖动较大，不适用于低时延要求业务。

（2）x86 通用服务器+智能网卡硬件加速

通过智能网卡可将报文分类、加解封装、加解密、负载均衡、业务处理等功能从 CPU 卸载，减轻 CPU 的工作负荷，提高数据转发平面的转发效率。

相比纯软件加速，“x86 通用服务器+智能网卡”的硬件加速方案可大幅提升转发性能，且有利于对后期其他业务加速（如视频加解密、转码等）进行布局。但是，各厂商实现的业务卸载功能不一，UPF 与智能网卡间的接口未标准化，导致厂商的 UPF 软件与智能网卡捆绑。VNF 与智能网卡需采购同一厂家，x86 服务器采购其他厂家，x86 通用服务器与智能网卡的硬件接口兼容性问题导致特定的智能网卡可能与特定的 x86 服务器无法匹配。智能网卡资源无法被现有 NFVI 资源池统一纳管。

（3）设备厂商专用设备硬件加速

本质是一种专有硬件，在 x86 通用服务器的基础进行了改进优化，计算节点（业务板）可支持虚拟化，安装虚拟机或容器化 UPF 网元。厂家宣称，在吞吐量相同的情况下，功耗及空间比机架式服务器显著降低。但加速卡属于厂家自有方案，缺乏生态，仅支持设备厂家自有 MANO 管理，无法实现分层解耦，无法被 NFVI 资源池统一纳管。第三方 VNF 是否能调用加速卡功能，有待进一步考证。

当承载网络功能时，物理服务器硬件应启用硬件辅助虚拟化功能；配置多张网卡，网卡间配置主备/负载均衡绑定模式实现链路高可靠；启用智能平台管理接口等实现故障告警的实时监控。服务器虚拟化应启用 DPDK、内存巨页、NUMA、SR-IOV 等性能优化手段，应根据业务场景及技术约束条件（如启用 SR-IOV，则无法支持虚拟机迁移）进行合理选择。

承载 NFV 的宿主机配置，其服务器规格及数量可参考如下计算模型，详见表 5-5。

表 5-5 服务器计算模型

编号	指标名称	计算公式	单位
X1	vCPU 总需求数		个
S1	单台宿主机服务器 CPU 路数		路
S2	每路 CPU 物理核数		核
S3	超线程比		
A1	总线程数	A1=S1*S2*S3	
S4	软件开销线程数	S4=A1/10+6，向上取偶	
A2	实际可用线程数	A2=A1−S4	
S5	超配比		
A3	每台宿主机服务器可虚拟化的 vCPU 数	A3=A2*S5	个
X2	虚拟化宿主机服务器数量	X2=X1/A3，向上取整	台
S6	管理服务器配比		
X3	管理服务器数量	X3=X2*S6	台
X4	服务器数量小计	X4=X2+X3	台

控制平面网元对内存及计算性能需求较高，对网卡隔离要求较高，并需支持 VT-x、超线程等功能。

数据转发平面网元对服务器网卡处理能力有较高的需求，可能需要配置 25Gbit/s 或 40Gbit/s 网卡，并需支持网卡直通 SR-IOV 等功能。

5.1.4 存储资源部署

存储设备用于承载 5G 核心网的数据库，存储用户位置、编号、套餐、资费、日志、话单等数据。

1. 部署方案

目前，存储设备主要有共享存储与软件定义存储（Software Defined Storage，SDS）两大类。

（1）共享存储

共享存储类型包括存储区域网络（Storage Area Network，SAN）、网络附加存储（Network Attach Storage，NAS）、磁带库等。存储性能要求较高时可采用光纤通道

SAN（Fibre Channel SAN，FC SAN）；存储性能要求稍低时可采用 IP SAN；文件存储采用 NAS，传统离线备份采用磁带库。SAN 又可细分为 FC SAN、IP SAN、以太网光纤通道 SAN（Fibre Channel over Ethernet SAN，FCoE SAN）。FC SAN 性能最好，但成本相对较高，需要建设单独的光纤存储网络。IP SAN 和 NAS 可以构建在现有以太网之上。相较 FC SAN，IP SAN 和 NAS 的成本较低，当然性能也相对较低。FCoE SAN 是融合光纤存储网络与以太网的 SAN 技术。

共享存储方案对比见表 5-6。

表 5-6 共享存储方案对比

对比项	FC SAN	IP SAN	FCoE SAN	NAS
主机侧连接方式	专用 FC HBA 卡接入 FC 交换机	专用的 iSCSI 卡/普通网卡+Initiator（发起端）软件接入以太网交换机注	专用 FCoE HBA 卡接入以太网交换机。需要将原有的以太网交换机升级为增强型以太网交换机	普通网卡接入以太网交换机
存储侧连接方式	接入 FC 交换机	接入以太网交换机	FCoE 接口与增强型以太网交换机相连；FC 接口与 FC 到 FCoE 的转换设备相连后，再与增强型以太网交换机相连	普通网卡接入以太网交换机
协议	FCP	iSCSI、TCP/IP	FCoE	NFS、TCP/IP
传输方式	光纤	IP 网	以太网	IP 网
传输距离	距离短	距离远	距离短	距离远
	FC 网可达，一般应用在 40km 范围内	IP 网可达	以太网可达，一般应用在 80km 范围内	IP 网可达
主机通道	目前主流为 8Gbit/s 或 16Gbit/s	目前最高为 10Gbit/s	目前最高为 10Gbit/s	目前最高为 10Gbit/s
		已有 40Gbit/s 以上标准	已有 40Gbit/s 以上标准	已有 40Gbit/s 以上标准
可靠性	高	中	中	一般
安全性	高	一般	较高	一般
	独立网络	共享网络	共享网络，逻辑隔离	共享网络
读写性能	高	较高	高	低
成本	高	低	高	低
商用成熟度	高	高	低	高

注：要实现 iSCSI 读写，除了使用特定的硬设备外，也可通过软件方式，将服务器仿真为 iSCSI 的发起端（Initiator）或目标端（Target），利用既有的处理器与普通的以太网卡资源实现 iSCSI 的连接。

共享存储在物理上均是基于磁盘阵列实现的。独立磁盘冗余阵列（Redundant Array of Independent Disk，RAID）技术可以提升磁盘阵列整体的可靠性与性能。RAID 可提供比单个硬盘更高的存储性能和数据备份，通过把多块独立的物理硬盘按照不同的组合方式组合成逻辑硬盘组来实现。磁盘阵列组合及读写方式不同，RAID 的级别也不同。目前磁盘阵列可提供的 RAID 级别有 RAID0、RAID1、RAID3、RAID5、RAID6 及 RAID10 等。各种 RAID 方式的比较详见表 5-7。

表 5-7 各种 RAID 方式的比较

RAID 级别	RAID0	RAID1	RAID3	RAID5	RAID6	RAID10
容错性	没有	有	有	有	有	有
冗余类型	没有	复制	奇偶校验	奇偶校验	奇偶校验	复制
热备盘选项	没有	有	有	有	有	有
读性能	高	低	高	高	高	中间
随机写性能	高	低	最低	低	低	中间
连续写性能	高	低	低	低	低	中间
需要的磁盘数	一个或多个	2 个或 2*N* 个	3 个或更多	3 个或更多	4 个或更多	4 个或 4N 个
可用容量	总磁盘容量	只能使用磁盘容量的 50%	（n−1）/n 的总磁盘容量，其中 n 为磁盘数	（n−1）/n 的总磁盘容量，其中 n 为磁盘数	（n−2）/n 的总磁盘容量，其中 n 为磁盘数	磁盘容量的 50%
典型应用	无故障的迅速读写，安全性要求不高，适合图形工作站等	随机数据写入，安全性要求高，适合服务器、数据库存储等领域	连续数据传输，安全性要求高，适合视频编排、大型数据库等领域	随机数据传输，安全性要求高，适合金融、数据库存储等	对数据的读取性能要求高，同时要求有一定的可靠性	要求数据量大，安全性要求高，适合金融、数据库存储等领域

另外，吞吐量和每秒钟的输入/输出量（IOPS）是磁盘阵列需要考虑的两个性能参数。

光纤通道的大小、磁盘阵列的架构及硬盘的数量等因素决定了吞吐量。通常来说，每个磁盘阵列中的内部带宽设计都是充足的，不会构成瓶颈。如果对数据的流量要求很大的话，可以采用多块 8Gbit/s 或 16Gbit/s 的光纤卡。硬盘的限制相对来说更重要。10krpm 的硬盘所能支撑的流量大小约为 10MB/s，15krpm 的硬盘对应的流量大小为 13MB/s。假设一个磁盘阵列有 120 块 15krpm 的光纤硬盘，则可以支撑的最大流量为 120×13=1560MB/s。

缓存命中率、磁盘数量和磁盘阵列的算法是决定 IOPS 的主要因素。读缓存的命中率越高，通常表明它可以支持更多的 IOPS，效果越好，它的影响因素主要有：数据的分布、缓存的大小、数据访问的规则和缓存的算法。磁盘阵列算法不同的阵列各不相同，在应用该种存储之前，需要学习相关的算法规则及限制。硬盘方面，每个物理硬盘能处理的 IOPS 是有上限的。10krpm 的硬盘对应的 IOPS 约为 100，15krpm 的硬盘对应的 IOPS 约为 150。假设一个阵列有 120 块 15krpm 的光纤硬盘，那么它能支撑的最大 IOPS 为 120×150=18 000。

综上所述，需要根据需求的容量与性能，综合考虑存储设备的配置。

（2）SDS

面对资源池按需分配、多租户、海量存储、高 I/O、快速扩展、差异化服务等需求时，共享存储逐渐成为瓶颈，存储成本高、并发 I/O 受限、线性扩展能力差以及无法确保差异化服务等成为亟待解决的问题。

这些新挑战是共享存储所不能满足的，因此 SDS 技术诞生了。SDS 将数据中心或者跨数据中心的各种存储资源抽象化、池化，以服务的形式提供给应用，满足应用按需（如容量、性能、QoS、SLA 等）自动化使用存储的需求。SDS 将存储的功能从传统的存储系统中抽象出来，通过软件来实现，而不再是硬件设备上的固件。通过软件定义，可管理来自不同厂商的所有物理和虚拟存储资源，并按需进行自动配置。

主流的 SDS 技术包括 3 类：分布式块存储（如 Server SAN）、分布式对象存储（如 Swift）和分布式文件存储（如 HDFS 存储）。这 3 类存储都是基于通用 x86 服务器（根据不同的存储，配置上有差异）分布式部署，通过软件实现存储功能。在 5G 应用场景下主要会用到分布式块存储（Server SAN）。此类存储可以满足块存储和卷管理的需求，支持高 I/O、SCSI/iSCSI，适合虚拟机数据库和文件系统存储，可替代 FC SAN/IP SAN。

分布式块存储（Server SAN）的优点是成本较低，可扩展性好，易于维护，并发处理能力较强。它基于标准 x86 服务器，通过软件定义各项存储功能，搭配应用成熟的以太网硬件，是 SDS 的一种典型的实现方式。主流的 Server SAN 存储架构由存储客户端、网络层以及存储服务器端三部分构成，是一个典型的 C/S 架构，其技术架构如图 5-18 所示。

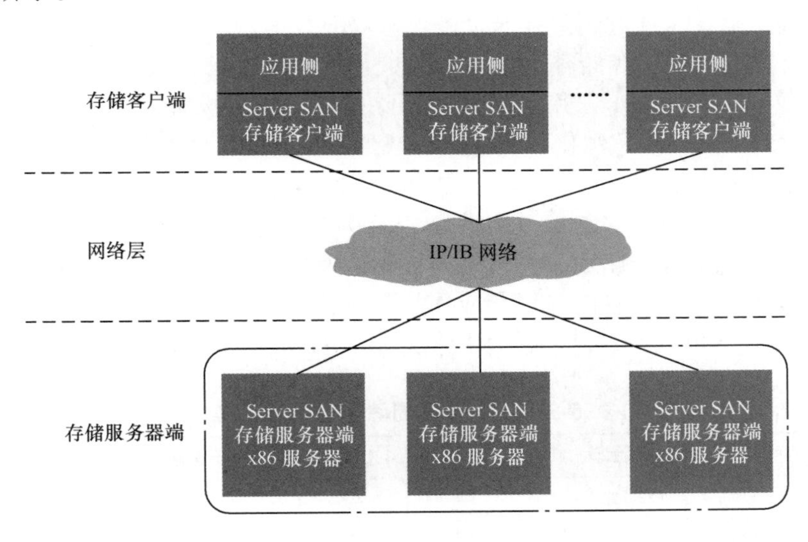

图 5-18　Server SAN 技术架构

存储服务器端：部署在每一个存储节点上（x86 服务器），可以识别本地硬盘或外接磁盘，并将存储资源池化，是 Server SAN 的存储服务器端软件。当接收到存储客户端的请求时，存储服务器端根据策略将 I/O 分发到相应的存储服务器节点。每台存储服务器都配置少量的 SSD 硬盘，并形成分布式缓存区，提高了缓存的能力及存储性能。

网络层：用于连接 Server SAN 存储客户端和存储服务器端。

存储客户端：可以识别存储服务器端划分的存储空间，并通过 SCSI/iSCSI 协议供应用使用，是 Server SAN 的存储客户端软件。客户端安装在计算服务器上，与安装在存储服务器上的存储服务器端通过内部协议的方式进行通信。同时，存储客户端也是存储系统的一个无状态机头，将数据均衡地分发到各个存储节点，其占用的 CPU 内存较小，而且分布式机头的架构 IOPS 效果更好。

Server SAN 有卷管理、SCSI、条带功能、快照功能等存储功能。从实现形态上，Server SAN 可分为纯软件形态（软件与硬件可分离，硬件单独采购）和软硬一体化形态（软件与硬件紧耦合，软件针对硬件优化）；从部署架构上，Server SAN 可分为 3 类：计算和存储一体化部署（存储与虚拟化共用主机和网络，存储会影响计算）；计算和存储分离部署（存储独立部署，独立网络，类似于传统的 SAN 部署方式，计算和存储互不影响）；存储客户端与计算虚拟化层部署在同一台 x86 服务器上，而存储服务器端软件部署在另外单独的 x86 服务器上，为虚拟化宿主机上的用户虚拟机提供块存储资源。

Server SAN 软件需要支持 VMWare、Hyper-V 以及 Xen 等主流虚拟化平台，同时支持 Windows 和 Linux 等主流操作系统。

存储是数据中心宝贵的资源，如果在存储系统中存放很多重复数据，将会浪费大量硬盘空间。重复数据删除和压缩技术是最有效的节约存储空间的热门技术。

① 重复数据删除技术

重复数据删除技术通过删除存储设备上重复的数据，只保留其中的一份，从而消除冗余数据，有效地优化了存储容量，很大程度上减少了对物理存储空间的需求，可满足日益增长的数据存储需求。采用重复数据删除技术可满足投资回报率（ROI）/TCO 的要求；减少无效存储空间，优化存储效率；减少了存储和管理的总费用；减少了对数据传输的网络带宽的需求；节省了空间、电力、制冷等运行和维护成本。

备份和归档系统在多次备份数据后也会出现大量的重复数据，非常适合使用重复数据删除技术。重复数据删除率和性能是衡量重复数据删除技术的两个主要维度：重复数据删除率根据数据本身的特征和应用模式确定，目前各存储厂商公布的重复数据删除率从 20:1 到 500:1 不等，其影响因素见表 5-8；而性能则取决于具体的实现技术。

表 5-8　重复数据删除率的影响因素

高重复数据删除率	低重复数据删除率
数据由用户创建	数据从自然世界获取
数据低变化率	数据高变化率
引用数据、非活动数据	活动数据
低数据变化率应用	高数据变化率应用
完全数据备份	增量数据备份
数据长期保存	数据短期保存
大范围数据应用	小范围数据应用

续表

高重复数据删除率	低重复数据删除率
持续数据业务处理	普通数据业务处理
小数据分块	大数据分块
变长数据分块	定长数据分块
数据内容可感知	数据内容不可感知
时间数据消重	空间数据消重

数据的去重可以在数据源端或目标端开展。在数据源端进行去重能节省传输所需的网络带宽，但相关源端系统资源则会被大量消耗；目标端去重则是先将数据传输到目标端，再在目标端进行去重，这种方式虽然不占用源端的系统资源，但却需要占用较多的网络带宽。目标端去重有以下优点：对应用程序透明，互操作性良好，不需要专门的 API，现有应用可直接使用，不需要进行任何修改。

重复数据删除功能在备份场景上的应用取得了成功，这个需求就自然而然地被迁移到了主存储场景上。不过，因为主存储场景中的 I/O 模型与备份场景中的 I/O 模型存在非常明显的差异，这就导致了主存储场景的重复数据删除在实现方式上与备份场景存在比较大的区别。

② 数据压缩技术

数据压缩是一种字节级的数据缩减技术，其思想是采用编码技术（常用的如霍夫曼编码），将较长的数据用较短的、经过编码的格式来表示，以此达到减少数据大小的目的。

从效果上来看，可以认为重复数据删除是一种基于“数据块”的压缩，而数据压缩是一种基于“字节”的重复数据删除。从应用上来看，重复数据删除和数据压缩通常会配合起来使用。如在备份场景中，为了提高数据的缩减效率，在数据经过重复删除之后会对唯一的数据块再执行一次压缩。这样，数据的缩减效果就是重复删除和压缩效果的叠加。

2. 配置方案

NFVI 的存储需求来自核心网网元侧。存储空间和 IOPS 指标要根据 VNF 的需求进行选择，此外进行设备配置时还应明确以下参数。

➢ 使用磁盘阵列应提交 RAID 方式需求；使用 SDS 时，应提交副本数量需求。

➢ 明确存储介质要求，如使用服务器本地硬盘或外接磁盘阵列、分布式存储等。

➢ 当单个网元跨 AZ 部署时，如 MANO 等管理类网元，应区分 AZ 并分别提交各 AZ 的存储资源需求。

考虑性价比，在设计存储资源池时，推荐将数据通过不同的存储方式存储在不同性能的存储设备上，分类依据为数据的重要性、访问频率、保留时间、容量、性能等指标。通过一个存储管理平台实现对各种级别、异构的存储系统的统一管理。在分层解耦场景下，特别需要注意存储与虚拟化软件、云管理平台的兼容性。

存储分级模式如图 5-19 所示。

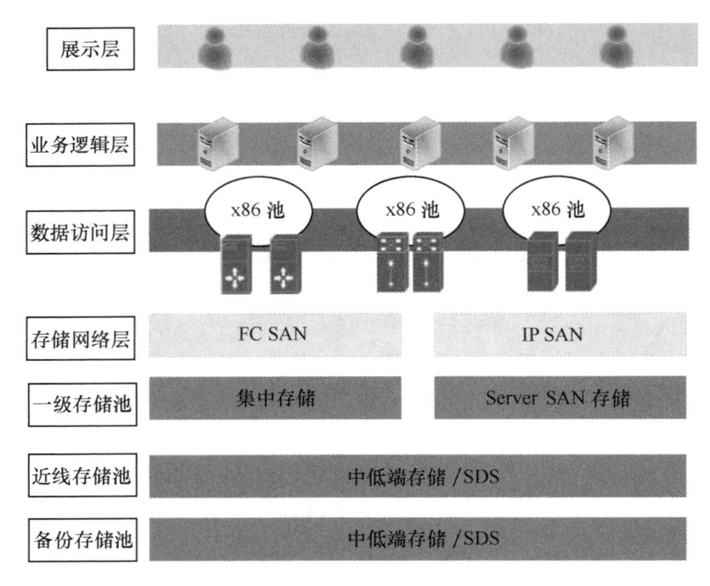

图 5-19 存储分级模式

（1）磁盘阵列配置

存储设备的容量测算模型示例如下：

$$S=\left(S_R+S_S\right)\times\left(1+R\right)\times\left(1+R_R\right)\times\left(1+R_p\right)$$

式中：S——存储容量；

S_R——业务数据量；

S_S——系统管理数据量；

R——系统冗余系数；

R_R——可靠性冗余 RAID 系数；

R_p——其他数据冗余保护带来的冗余系数。

RAID 系数根据实际情况选用。RAID10 的存储空间利用率为 $N/2N$，取 50%；RAID5 的存储空间利用率为（$N-1$）/N，通常取 75%；RAID6 的存储空间利用率为（$N-2$）/N，通常取 60%。对于磁盘阵列，还需考虑热备盘需求及磁盘阵列自身元数据等开销，可取 10%～15%的冗余。

存储容量配置还需考虑存储厂商与网元侧存储容量换算单位间的差异，以 1TB 机械硬盘来计算，1TB 的实际容量为 1×1000×1000×1000×1000/1024/1024/1024=931GB 空间，单位差异系数约为 8%。

存储设备在性能方面应主要考虑以下因素：

- 控制器数量及 IOPS、缓存大小等；
- 硬盘容量（如 900GB、1200GB 等）、硬盘转速（如高速、低速或固态硬盘）；
- 前端接口、后端接口的数量、类型、速率等因素。

存储大量用户、日志、监控信息的网元或设备，如 UDM、PCF 和 NFVI 管理设备等，对存储容量存在较大需求，建议配备高性能大容量的存储设备。

计费功能服务实体负责产生详细话单记录，并传送到计费网关，最终由计费网关创建详细话单记录文件，并转发到计费域的相关处理设备上。故计费网关需存储大量话单信息，对存储容量也有较大需求，也需配备高性能大容量的存储设备。

在功能方面，需要结合业务和组网需求，选择是否支持负载均衡、自动精简配置、分层存储、快照、克隆、镜像、同步、异步远程复制、存储虚拟化、存储在线迁移、多租户支持等功能。

（2）分布式块存储配置

分布式块存储容量测算模型示例见表 5-9。

表 5-9　分布式块存储容量测算模型

序号	指标名称	计算公式	单位
A1	宿主机服务器数量		台
A2	每台宿主机服务器可虚 vCPU 数		
A3	每 vCPU 需求存储容量		TB
A4	副本数		
S1	虚拟机系统存储总需求容量	S1=A1*A2*A3*A4	TB
A5	存储复用比		
S2	虚拟机系统存储实际需求容量	S2=S1/A5	
S3	分布式存储新增数据存储有效需求		TB
S4	实际需求容量	S4=S3*A4	
A6	单台存储服务器存储	例如：每台服务器 12 块 6TB	TB
A7	系统消耗		
S5	存储服务器数量	S5=(S2+S4)/A6/(1−A7)	台

此外，分布式块存储的硬件设计还需关注以下几个方面。

➢ 副本数量。副本数量的设置将影响存储硬盘数量（成本）、系统整体 I/O 性能、文件的安全性，一般设置为 2～4 个不等，常见的为 3 个。

➢ 硬盘配置。单台服务器的 SSD、SAS 以及 SATA 不同硬盘类型的配置比例会影响到系统的 I/O 性能和系统建设成本。

➢ 网络平面设计。一般由存储数据平面和存储管理平面组成，两个平面需要在物理或逻辑上分开。同时需根据系统的 I/O 性能要求配置接入交换机、核心交换机。一般情况下，建议接入交换机配置为万兆交换机，同时数据重构流量尽量下沉到接入交换机层完成。

➢ 安全级别设置。副本可以跨机房、跨机柜、跨服务器设置：跨机房设置的安全级别最高，可保证单机房故障时整个存储业务不受影响，但对机房之间的网络要求较高；跨机柜设置可保证单机柜故障时整个存储业务不受影响，但后续扩容必须以机柜为单位进行扩容；跨服务器设置可保证单服务器故障时整个存储业务不受影响，后续扩容以服务器为单位进行扩容。

➢ 备份资源配置。备份数据主要考虑备份存储的容量。首先确定备份策略。例如，每份数据保留 3 个月，每天一增备、每周一全备，则 3 个月内共有 14 个全备副本、77 个增备副本。然后结合重复数据删除率确定总的备份容量需求。由于在备份场景下，存储容量不可能算得很精确，如日增量、年增量、重复数据删除率等通常都是一个经验值，所以为了让备份存储能满足真实业务备份对容量的需求，建议考虑一定的冗余容量。

性能计算对生产存储是比较重要的，因为生产存储所提供的性能必须要满足业务峰值运行时的要求。备份业务一般是有备份窗口，在这个时间内基本上没有业务或只有很少业务在运行，所以基本上是可以满足业务备份性能需求的。对备份存储来说，主要是考虑备份容量。

5.1.5 安全配置

为提高 5G 网络的灵活性，提升系统部署的效率，并降低成本，新的 IT 技术被引入到 5G 网络架构中，如 SDN 和 NFV。新技术的引入，在提高网络架构灵活性和部署效率的同时，也给 5G 网络安全带来了新的问题和挑战。

5G 网络应用虚拟化技术实现了软件与硬件的解耦，并引入了 NFV 技术，使得部分功能网元以软件的形式实现，通过虚拟功能网元的形式部署在云化的基础设施上，而不再依赖于专用的通信硬件平台。因此，在 5G 网络中，安全功能也越来越多地采用将功能软件承载在虚拟机上的方式来提供。这样才能进一步促进 5G 网络切片的端到端实现，根据业务需求针对切片定制其安全保护机制，从而根据不同的业务等级提供差异化的安全服务，更好地推出面向客户的安全分级服务。

云化的基础设施中应建立一套完善的安全资源池，部署有防火墙、负载均衡、入侵防御系统（Intrusion Prevention System，IPS）、Web 应用防火墙（Web Application Firewall，WAF）、防分布式拒绝服务（Distributed Denial of Service，DDoS）攻击、设备漏洞扫描、运维审计等安全资源设施，对网络中的系统和数据进行保护，避免因偶然的或恶意的原因而遭受到破坏、更改和泄露，保障用户虚拟机、网络设备、操作系统、中间件和数据库不受数据中心内外网络的病毒感染威胁、黑客入侵威胁、安全漏洞威胁，保障系统运行的连续性和可靠性，使网络服务不中断。

5G 核心网分层解耦云化部署以后，会带来新的安全风险，主要包括虚拟化安全威胁、数据安全威胁、网络层安全威胁、管理和编排安全威胁等。

虚拟化安全威胁主要来自攻击虚拟化平台（如虚拟化 Hypervisor、Host OS 被篡改）、虚拟化资源逻辑隔离导致的物理边界失效、虚拟机逃逸以及利用系统漏洞获得 Host OS 的特权等等。

数据安全威胁主要来自恢复 VNF 使用的硬盘中的数据以及被劫持虚拟机截取或窃听其他虚拟机数据传输流等多个方面。

网络层安全威胁主要来自失去物理边界的天然保护和安全策略静态配置无法满足

业务动态调整等因素。

管理和编排安全威胁主要来自对虚拟化管理平台 MANO 的攻击、虚拟化超级管理权限过大导致的滥用和误用以及非法/不安全的编排。

为应对上述安全风险，可采用以下安全框架，分别在管理安全、数据安全、虚拟化安全、系统加固、DC 边界安全等方面采取相关措施，如图 5-20 所示。

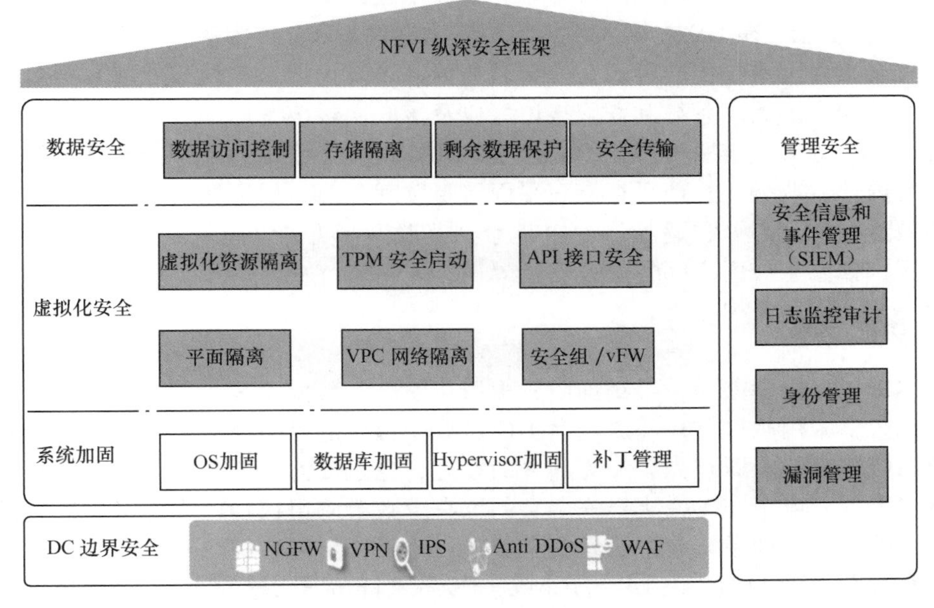

图 5-20　NFVI 纵深安全框架

管理安全：网元、MANO、SDN 控制器、服务器和交换机等硬件设备应支持日志功能，应记录用户的操作，并支持远程日志上报功能。系统应具备记录 3 个月内用户操作的能力。系统应支持通过 Syslog 方式向日志审计系统提供日志接口。系统中的防火墙、IPS 设备、防病毒系统、账号管理系统、日志审计系统等应纳入安全管理系统的统一监控范围内。入网前，各设备和系统的相关配置数据应配置在安全管理系统的安全资产管理模块中。安全信息和事件管理（Security Information and Event Management，SIEM）系统具备收集审计文件的能力，包括数据库审计日志，网络设备、操作系统、防火墙和应用程序的事件信息等。

数据安全：采用多种数据加密技术及安全传输协议，对传输中的重要数据流进行加密，防止数据被窃听、泄露、破坏和篡改。通过安全散列算法，对路由更新信息、网络管理信息等重要信息的传递过程进行保护，避免信息在传递过程中被恶意破坏。选择部署安全性高的数据库系统，并采用基于口令/密码算法的身份验证措施，防止发生身份被冒用、关键数据被窃取的情况。用户信息、计费信息及网络数据等要定期进行备份，保障数据的安全性。

虚拟化安全：云化结构与传统信息系统安全的最大差异在于增加了“虚拟化安全”层。虚拟化安全应着重保障虚拟机之间的资源安全隔离，采用的措施包括虚拟化资源隔离、TPM 安全启动、API 接口安全、VPC 网络隔离、平面隔离、安全组/vFW 等多维度隔离手段，提供虚拟机内部以及各虚拟机之间的流量和资源隔离机制。

系统加固：系统中使用的操作系统、数据库、中间件、网络设备等均应按照行业安全标准要求进行安全配置，入网前应进行充分的安全基线检查与加固。对操作系统、数据库、中间件、网络设备也应实施安全基线配置，包含口令账号管理、密码复杂度配置、开启安全审计、关闭危险服务等，确保配置的安全性。

DC 边界安全：在 DC 边界部署传统的安全硬件设备，作为第一道安全防线，阻止外部的安全威胁。系统中应考虑在安全域边界部署防火墙，实现与外部数据网、远程管理网等的安全隔离。系统互联网接口区以及核心网段应考虑部署入侵检测系统，对核心交换机上的关键链路进行监测，及时发现网络入侵行为，并采取一定的应对措施。针对平台内部，业务、管理、存储三平面流量物理隔离，保证在物理层面互不干扰。不同的域进行安全划分和隔离，将 IP 地址从互联网可见的网元放到 DMZ，并且 DMZ 和管理区、核心生产区之间要进行安全隔离。

1. 功能要求

在 NFVI 安全框架中，系统加固、虚拟化安全、数据安全、管理安全等层级中的安全措施大多采用软件方式部署，而 DC 边界安全层部署的很多安全硬件设备依然是在提升系统安全能力时首先会考虑部署的设施，也是最为重要的安全手段之一。安全硬件设备大部分应用在 DC 边界安全层，也有少数会应用在管理安全层及其他层级，比如常用的安全审计系统属于管理安全层。

下面对安全领域中应用最多的几种安全设备进行功能部署的阐述，其中包括常见的网络安全设备和“软件+服务器”方式的安全系统。

（1）防火墙

随着云上的业务越来越多、租户 IT 应用的不断增加以及来自外部访问的增多，边界安全依旧是最重要的安全问题之一。访问流量包括虚拟网络内部的东西向访问流量和来自外部网络的南北向流量，需要分别为这两种流量提供安全防护手段。防火墙依旧是网络中进行流量管控和安全防护最典型的设施手段之一。

防火墙功能可以采用硬件防火墙或 vFW（虚拟防火墙）来实现。云化基础设施中将有越来越多的防火墙功能由虚拟防火墙方式来实现。

防火墙需要实现的基本功能如下。

➢ 支持基本配置及维护，如系统配置、网络配置、对象配置、安全配置、日常维护。

➢ 可开启虚拟防火墙，具备安全隔离功能，对虚拟化环境中的各安全域进行隔离，每一个虚拟系统都可以提供定制化的安全防护功能，并可配备独立的管理员账号。

➢ 需支持 IPv6。

➢ 具备高可用功能，支持路由模式的 HA 和桥模式的 HA。

➢ 支持解密安全套接层（Secure Socket Layer，SSL）协议并对其数据进行应用层防护，多种形式建立 VPN 隧道。

➢ 支持基于内容、URL、邮件、网络行为的行为管控。

➢ 具备全方位风险信息展示及分析功能，着重突出失陷主机、威胁事件、重点关注对象。

（2）负载均衡设备

负载均衡功能可以采用硬件负载均衡（Load Balance，LB）或虚拟负载均衡（virtual Load Balance，vLB）来实现。云化基础设施中将有越来越多的负载均衡设备通过软件提供。

负载均衡设备应实现以下基本功能。

➢ 应具备应用负载均衡功能，能够为云中部署的业务系统和平台应用提供多种负载均衡功能，包括多数据中心负载均衡、多链路负载均衡、服务器负载均衡等。

➢ 能够实时监控业务系统、链路及服务器的状态，支持将用户的访问请求按照预设规则分配到相应的数据中心、链路以及服务器上，实现数据流的合理分配，提高数据中心、链路和服务器的利用率。

（3）WAF设备

WAF设备，即Web应用防火墙，其工作在应用层，通过执行一系列针对HTTP/HTTPS的安全策略来为Web应用提供保护。WAF设备对来自Web应用程序客户端的各类请求实施内容检测和验证，实时阻断非法的请求，予以通行合法的请求，确保Web访问的安全性与合法性，从而对各类Web网站进行有效防护。

WAF设备应满足以下基本功能要求。

➢ 提供网站及Web应用系统的应用层专业安全防护，应对如OWASP TOP10中定义的常见威胁。

➢ 快速应对恶意攻击者给Web业务带来的冲击。

➢ 对黑客入侵行为、结构化查询语言（Structured Query Language，SQL）注入/跨站脚本等各类Web应用攻击、DDoS攻击进行有效检测、阻断及防护。支持的防护类型应包括HTTP合规性检测、Web特征防护、爬虫防护、防盗链、防跨站请求伪造、文件上传/下载防护、敏感信息检测。

➢ 提供网页防篡改功能，可集中管理控制各个网页的防篡改点，并提供监控、同步、发布功能。

➢ 具备日志审计功能，生成管理员行为日志，日志要素包括账号、时间、操作对象、事件、行为、IP地址等详尽的信息，方便区分行为是正常更新行为还是篡改攻击行为；还应具备日志查询的审计功能，以方便对日志操作行为进行溯源。

（4）入侵防御/检测设备

入侵防御系统也即IPS设备，一般部署于防火墙和外来网络出口设备之间，通过检测数据分组进行网络防御。入侵检测系统也即IDS设备，负责实时监测网络传输过程，在发现可疑传输或攻击时向网络管理员发出警报，或者按照预设规则直接采取主动反应措施，IDS设备采用的是积极主动的安全防护策略。

入侵防御/检测设备应具备的功能要求如下。

➢ 支持针对系统、应用漏洞的入侵防御规则。

➢ 支持对已知的漏洞进行虚拟修补，在虚拟机系统和应用不进行安全补丁升级的情况下，能够有效防护针对漏洞的各种攻击。

➢ 防御各种利用Web应用程序漏洞的攻击，例如跨站脚本攻击、SQL注入等。

➢ 系统自动侦测虚拟机系统的内容，动态调整入侵检测规则库，提高检测效率。

➢ 具备自动更新功能，及时防御针对最新漏洞的攻击。

（5）安全审计

安全审计系统既可以通过专用一体化硬件来实现，也可以通过软件部署在服务器/虚拟机上来实现，应满足以下基本要求。

➢ 审计记录应包括：事件发生的日期、事件发生的具体时间、事件涉及的角色、用户、事件类型、事件成功与否、其他与审计相关的信息。

➢ 应通过日志记录系统中的网络流量、网络设备运行状况、用户行为等。

➢ 应能够根据记录数据进行分析和提取，按照需求生成审计报表。

➢ 应具备对审计记录的保护措施，防止受到预期之外的篡改、删除或覆盖等。

➢ 应具备日志缓存功能，所有日志均应可以对外导出。

➢ 审计功能一般应包括网络审计和数据库审计功能模块。

➢ 支持采用旁路部署方式，避免对原有网络造成不良影响，网络审计产品如果出现故障，不会影响到被审计系统的正常运行。

另一种常见的安全审计设备为堡垒机，多为软件部署在虚拟机上实现相应的功能。虚拟堡垒机为虚拟机和网络设备提供安全的访问控制，对用户操作权限进行粒度细分。虚拟堡垒机中预设系统管理员、运维人员、口令管理员、审计管理员等角色，为服务器、虚拟机和其他网络设备提供全面的安全访问控制。

虚拟堡垒机一般需具备六大功能：账号集中管理、统一管控、单点登录、记录与审计、动态授权、敏感指令复核。

➢ 账号集中管理，管理用户与审计，三权分立。

➢ 统一管控，管理员可以对用户操作进行统一管控。

➢ 单点登录，用户可以通过堡垒机管理系统单点登录到相应的虚拟机与服务器。

➢ 记录与审计，通过堡垒机管理系统的访问历史记录回放功能，可随时查看每个用户对所属服务器、虚拟机和网络设备的访问情况。

➢ 支持动态授权，堡垒机可以对虚拟机与服务器的权限进行细粒度划分，不同的角色对应不同的权限。

➢ 支持敏感指令复核。

（6）数据库审计

随着越来越多的应用上云，数据也跟着进入云端存储，虚拟的云端数据库增加了数据安全风险。数据库审计功能也越来越重要，因此，在需要的时候，可以建立独立的数据库审计系统。数据库审计系统可实现数据库操作行为审计、事件追踪、威胁分析、实时告警等多种功能，从而保障云环境下核心数据的安全防护。

数据库审计将数据库上的所有操作日志同步到数据库审计组件上，实现对数据库操作行为的审计。

➢ 支持多种数据库类型，如 Oracle、MS-SQL、DB2、MySQL、Cache DB、Sybase、PostgreSQL。

➢ 支持多个系统的审计。

➢ 支持权限分离。

➢ 独立审计，保持中立性。

➢ 字符型协议审计，除支持对各种数据库访问的审计外，云数据库审计系统还应支持TELNET、FTP等各种字符型协议对数据库服务器的访问，并可对其设置告警条件。

➢ 支持自定义审计策略，如根据drop、delete、alter等危险操作行为制定数据库危险操作策略，根据不同工具的数据库备份信息制定数据库备份策略库等。

➢ 支持数据库备份审计，记录数据备份行为。

➢ 可输出多种数据分析统计报表，如会话行为报表、SQL行为报表、政策性报表、自定义报表。

➢ 支持多种告警方式，如邮件、短信平台、Syslog、简单网络管理协议（Simple Network Management Protocol，SNMP）陷阱告警。

（7）漏洞扫描

漏洞扫描系统的功能主要是：定期对网络和系统执行安全漏洞扫描，检测和发现系统中存在的各种安全漏洞，对系统不必要开放的账号、服务、端口进行检测和收集，检查系统是否存在弱口令等不安全情况，最后输出整体安全风险报告。

漏洞扫描可以采用软件部署在服务器/虚拟机的方式进行功能提供。

➢ 扫描和管理

具备多路扫描功能，可以同时扫描多个隔离业务子网。

具备扫描系统漏洞的功能，可以对Web漏洞进行检查和综合分析。

具备远程扫描功能，可以采用SMB、SSH、RDP、Telnet等协议对操作系统进行登录扫描。

具备采用多种维度和角度对漏洞进行检索的功能，检索要素包括：漏洞名称、漏洞发布时间、是否使用危险插件、风险等级等。

具备输出扫描结果报表的功能，能够将系统漏洞扫描结果和Web漏洞扫描结果合并在一份报表中输出。

内置多种漏洞模板，支持用户自定义扫描范围和扫描策略，支持自动模板匹配技术。

支持扫描主流虚拟机管理系统的安全漏洞；支持对主流数据库的漏洞检查。

支持立即执行、定时执行、周期执行扫描任务。

能够断点续扫，当发生已完成的扫描任务中没有被覆盖到的情况时，支持对未扫描的目标重新下发扫描任务。

具备认证信息管理功能，可统一管理和配置系统登录信息、配置检查模板等。

支持风险告警和风险闭环处理，具备邮件和页面告警功能，可以以单个或批量形式修改风险状态。

具备自定义风险值计算标准配置功能，支持自定义网络风险等级评定标准和主机风险等级评定标准等。

➢ 展示和报表

能够通过仪表盘直观展示各项信息，包括主机风险等级分布、资产风险值、资产风险趋势、资产风险分布趋势等内容，并可查看各项详情。

具备在线报表功能，可以在线展示各节点和主机资产风险分布、配置合规和脆弱账号信息、漏洞分布、漏洞具体信息、设备风险详情等。

具备数据高级分析功能，能够在线查看对同一 IP 的多次历史扫描结果，支持针对同一 IP 的两次扫描结果进行风险对比和分析。

支持按照多种维度执行筛选扫描任务，包括用户、IP 范围、任务名称、任务状态、漏洞模板、起止时间等；能够汇总筛选结果，生成在线报表或离线报表。

具备显示扫描结果的功能，显示要素包括扫描进度、主机存活数、预计扫描时间、漏洞风险信息等。

支持在完成扫描任务后自动生成报表，并能够按照要求自动发送到电子邮箱或者上传到 FTP 服务器上。

支持输出综述报表和主机报表等多种报表类型。

具备报表自定义功能，可灵活定制报表的各项要素，包括报表标题、封面 Logo、报表页眉、报表页脚、报表格式、报表各章节显示内容等。

➢ 权限管理

具备分权分域管理功能，根据不同的用户角色赋予相应的权限，区分普通用户、系统管理员、审计管理员等多种角色，不同管理员的管理权限和管理范围将不同。

具备多用户分级别权限管理功能，支持为每个用户角色分配账号、进行任务级的权限分配，限定其允许登录的 IP 范围和允许扫描的 IP 范围等。

具备审计功能，能够记录和查询登录日志、操作日志和异常报告等。

2. 配置要求

（1）防火墙

防火墙设备应根据网络吞吐量、TCP 连接数、端口数量和速率等因素进行配置，主要的配置参数包括：整机三层及应用层吞吐量（bit/s）、最大 TCP 并发连接数（条）、TCP 新建连接速率（条/秒）、业务接口（100GE 口、10GE 口、GE 口）等、病毒库容量、虚拟防火墙支持能力等。

（2）负载均衡设备

负载均衡设备应根据网络吞吐量、TCP 连接数、端口数量和速率等因素进行配置，主要的配置参数包括：四、七层吞吐量单向（bit/s）；四、七层最大并发连接数（条）；四、七层新建连接速率（条/秒）；DNS QPS 容量；业务接口（10GE 口、GE 口）、虚拟防火墙支持能力等。

（3）WAF 设备

WAF 设备应根据整机应用层吞吐量、最大 TCP 并发连接数（条）、TCP 新建连接速率（条/秒）、端口数量和速率等因素进行配置。

（4）入侵防御/检测设备（IPS/IDS 设备）

IPS/IDS 设备应根据应用层单向攻击防护能力（bit/s）、最大 TCP 并发连接数（条）、TCP 新建连接速率（条/秒）、防护路数、端口数量和速率、具备旁路功能等因素进行配置。

（5）安全审计系统

安全审计系统可以通过专用一体化硬件来实现，也可以通过软件部署在虚拟机上实现相应的功能，一般在网络中采用旁路部署的方式。配置时需要考虑的参数一般包括网络吞吐量、授权管理设备数、业务接口（10GE 口、GE 口）等。

虚拟堡垒机一般采用软件部署在虚拟机上实现相应的功能，配置时需要考虑的参数一般包括网络吞吐量、认证因素要求、授权管理设备数等。

当建设独立的数据库审计设备时，需要考虑的参数与安全审计设备大致相同，应包括网络吞吐量、业务接口（10GE 口、GE 口）等。

（6）漏洞扫描

漏洞扫描系统将定期对网络和系统执行安全漏洞扫描，检测和发现信息系统中存在的各种系统安全漏洞和应用安全漏洞，并可以输出完整的安全风险报告。

漏洞扫描既有专用硬件解决方案，也有采用软件部署在虚拟机上的方式进行功能提供，一般在网络中也可采用旁路部署的方式。需要考虑的配置参数一般包括：页面扫描检测速度、IP 地址检测速度、扫描准确率、爬虫能力、业务接口（10GE 口、GE 口）等。

5.2　VNF 部署方案

VNF 旨在利用软件定义、云原生等云计算技术，打造云化可编程网络功能，实现网元功能与基础设施解耦、分解重构、智能推送、灵活部署、动态运营，以摆脱各类私有封闭的专用网元设备，降低 OPEX 和 CAPEX，加速网络业务创新。

VNF 是一个在技术和业务创新驱动下不断发展演进的分阶段过程，基于业界共识，将主要经历如下 4 个发展阶段。

解耦阶段：网络功能与底层硬件分离，从专属、封闭的商业解决方案中解放出来，以软件形式部署在标准化硬件平台之上，提升部署的灵活性，降低成本和管理复杂性。

虚拟化阶段：实现基于虚拟化的网络功能部署，有效提高资源利用率和密度，并通过编排器实现简单的管理能力，如扩缩容等。

云原生阶段：构建基于云原生的 VNF 以及统一的网络云化控制和编排能力，全网资源共享、弹性部署，基于 DevOps 的网络业务研发运营，根据流量和需求变化的网络业务动态响应。

分解重构阶段：实现基于微服务等架构的网络功能分解和动态拼接，网络功能组件（通用、专属等）在全网范围（核心、边缘等）的智能化推送和按需部署，最大化提升资源利用率和客户体验。

当前，网元实现云化整体上处于虚拟化阶段，并正在向云原生阶段演进。

VNF 是指实际的虚拟网络功能，对外提供某种网络服务，属于软件。它利用 NFVI 所提供的基础设施资源部署在虚拟机、容器或物理机中。参照 VNF，基于硬件部署的传统网元可以称之为 PNF。VNF 与 PNF 能够单独组网或混合组网，这样就形成了服务链（Service Chain），服务链提供某些特定场景下需要的端到端网络服务。VNF 本身具备高可用性机制，当底层发生故障时，能够迅速切换至备用模块，从而保证业务的连续性。

VNF 部署主要关注虚拟网元 DevOps、监控、性能、通用 EMS 等。

虚拟网络层：电信的各个业务网络对应虚拟网络层，将各个物理网元映射成一个VNF虚拟网元，VNF需要的资源被分解为虚拟的计算资源/存储资源/网络资源，由NFVI进行承载，VNF之间的接口使用SBA信令（3GPP+），VNF的网管使用NE-EMS-NMS架构。

根据VNF所属各虚拟机在云资源池AZ/HA中的分布方式不同，VNF资源部署具备以下两种方案。

方案一：VNF在同一AZ部署，如图5-21所示。

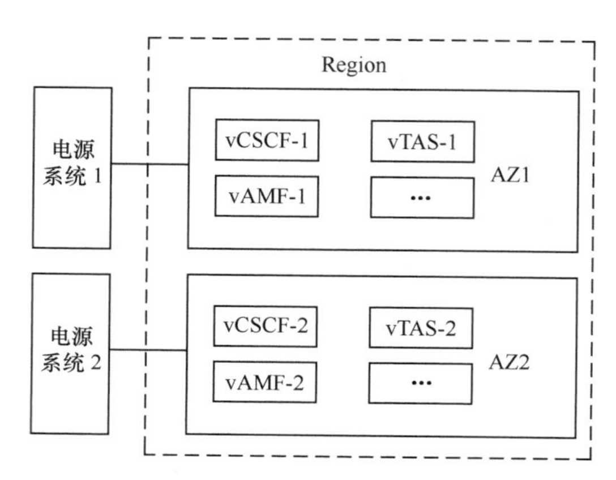

注：vTAS为virtual Telecommunications Application Service，虚拟通信应用服务。

图5-21　VNF在同一AZ部署方式

VNF的所有VNFC均在一个VIM的一个业务AZ内部署，具有容灾备份关系的网元［如同一个Pool内的两个虚拟移动性管理实体（virtual Mobility Management Entity，vMME）］分别被部署在两个AZ内。单套电源系统发生故障，可能会造成整个VNF发生故障，故通过VNF层的容灾备份机制（如Pool）来实现业务接管不中断。

优点：对资源池与VNF无特殊要求。

缺点：网元层面需要进行冗余配置来保证业务的整体接管率。

方案二：VNF跨AZ进行部署，如图5-22所示。

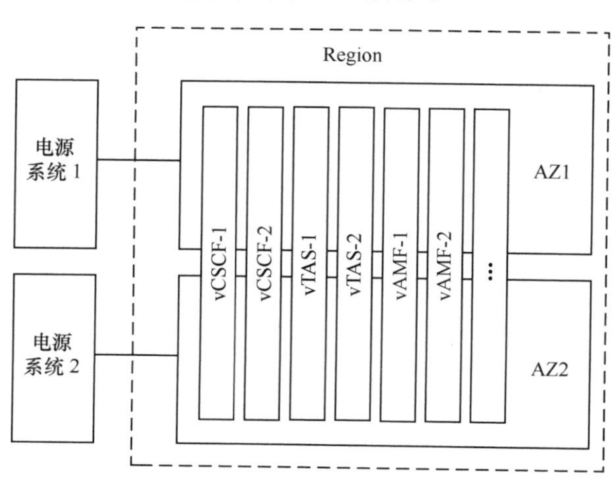

图5-22　VNF跨AZ部署方式

VNF的主备用模块要求部署在不同的AZ中，负荷分担方式运行的模块也平均分配部署在不同的AZ中。单套电源系统发生故障，将会影响性能，但不影响VNF的整体功能。

优点：单电源系统发生故障，VNF能够保留一半的性能，整体业务提供能力少许降低。

缺点：VNF 要求支持部分模块发生故障时对业务功能不造成影响；但对于组 Pool 方式的部署网元，因为无法实时对 Pool 中的网元业务分担系数进行修改，故可能导致部分业务超过故障网元处理能力，产生业务损失。

5G 核心网的网元根据其功能定位不同可以分为控制类网元、数据类网元、用户类网元和管理类网元，如图 5-23 所示。控制类网元包括 AMF、SMF、AUSF、NSSF 等，负责移动性管理、会话管理等，需要高可靠性保障；数据类网元包括 UDM、PCF、NRF、UDR 等，负责用户数据存储和策略控制，需要高可用性保障；用户类网元包括 UPF，负责用户数据转发，需要大流量、低时延保障；管理类网元包括 EMS 以及 VIM、NFVM、NFVO 等。

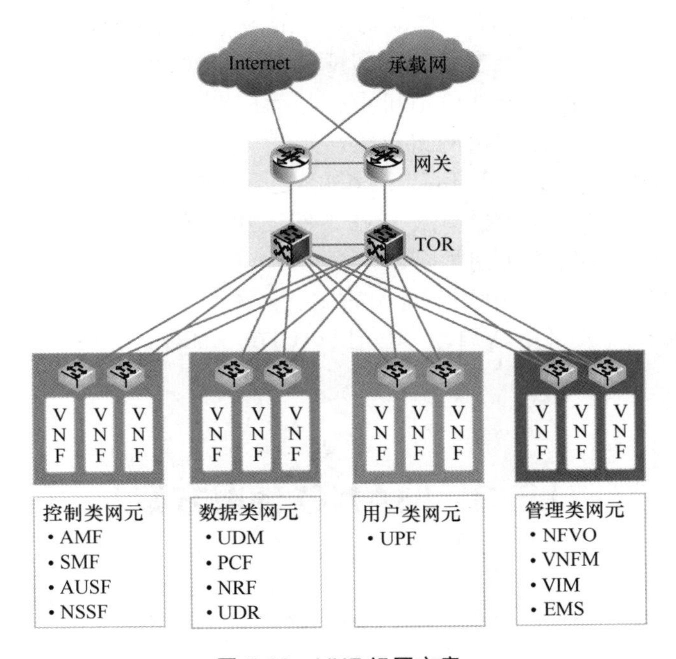

图 5-23　VNF 组网方案

核心网控制类网元的部署需遵循大容量、少局所、虚拟化、集中化的原则，应设置在至少两个异局址机房内，进行异地容灾。

核心网用户类网元需按照业务需求分层部署：

➢ 满足网络切片等业务需求时，需要设置在省层面；

➢ 满足互联网业务需求时，需要设置在本地网层面；

➢ 满足 MEC 业务大带宽、低时延需求时，需要设置在边缘。

NFV 部署时，可以根据网元的特点，将同类型的部署在一个服务区集群中，根据网元的特性进行有针对性的设备配置和组网。按照专业网络的性能要求，选择在不同的 NFVI 资源池中部署虚拟网元。对于时延不敏感的虚拟网元（如管理类网元、数据类网元），应尽量部署在集约化程度高的区域和省级资源池等；对于流量大、时延敏感的业务网元（如用户类网元），应考虑下沉到接近最终用户的地市核心或地市边缘，必要时在地市边缘资源池划分专业网络的资源区，并可以进一步下沉到接入机房。

电信级业务对数据中心的可靠性要求提高了，因为相较传统系统，NFV 系统有更多的业务节点，提高了潜在的故障点与风险系数。IT 系统设计需要考虑通过构建 VNF 系统的多级容灾备份机制来实现电信级的高可靠性，以应对运营挑战。

在 5G 核心网中设计了三级容灾备份体系：IT 级容灾备份、网元级容灾备份，以及网络级容灾备份。通过三级容灾备份机制克服 IT 服务器可靠性不足的问题，提高网络的整体可靠性。

IT 级容灾备份：单 DC 支持硬件多路径，多 AZ，提升单 DC 的可用性。每个 AZ 都配备了独立的供电系统和网络，当 DC 内的单 AZ 发生故障时，业务可以迅速切换至另一个 AZ。

网元级容灾备份：使用多路结构应对多点故障，提高 VNF 的可用性。使用状态数据和业务处理相互解耦的无状态设计，即便系统内的多台虚拟机同时发生故障，也能够将业务迅速切换到其他剩余的虚拟机上，从而应对多点故障；同时开展 A/B 测试，提供灵活的业务发布，降低商用网络风险。

网络级容灾备份：跨 DC 网元间组 Pool，提升网络可用性。当单 DC 中单 VNF 故障时，业务迅速切换到其他 DC 中的 VNF，保证业务连续可用；通过业务与多 DC 的并联，达到业务的电信级高可用性。

5G 核心网各网元建议采用如下备份方式：AMF、SMF、UPF 一般采用 Pool 备份方式；UDM、PCF 一般采用 N+1 负荷分担；UDR、NRF、NSSF、BSF 一般采用 1+1 主备方式。

5.3 MANO 部署方案

根据 ETSI 定义的 NFV 标准框架，MANO 包含 NFVO、VNFM 和 VIM 三个功能模块。

NFVO 主要负责完成跨 VNF、跨 NFVI 的资源编排以及网络服务的生命周期管理，并负责网络服务定义的生成与解析，实现 NFV 实体的目录管理、拓扑管理、实例管理、网络服务生命周期管理、虚拟资源管理、VNF Package 管理、多 VNFM 管理、策略管理、NFV 加速管理、多 VIM 管理，以及网络服务的性能、故障管理等。

VNFM 主要完成 VNF 的生命周期管理，并完成 VNFD 的生成与解析，实现对 VNF 生命周期的管理，以及 VNF 所使用的虚拟资源分配、告警和性能管理，还有 VNF 的扩缩容策略及亲和策略的管理等。

VIM 主要负责对整个基础设施层资源的管理和监控，实现部署 NFV 网络所需要的计算/网络/存储资源管理、调度和编排，提供资源告警监控等功能，并配合 NFVO 与 VNFM，实现上层业务与 NFVI 资源间的相互映射和关联，以及完成 OSS/BSS 业务资源流程实施等。VIM 支持与 NFVI 的解耦，支持对各类跨域、异构云基础设施环境的统一纳管；支持对计算、存储、网络资源的管理，包括虚拟机镜像、生命周期、镜像、网络实例及其子网、接口和路由、存储卷生命周期等；支持分权分域的系统管理；

支持对物理服务器、虚拟机、网络资源的告警监控；支持与 VNFM、NFVO 等管理系统的互通。

NFVO、VNFM、VIM 这三个功能模块逻辑上相互独立，可以通过标准的接口互通，实际部署时可以根据需要分设或合设。MANO 向上层应用与管理系统提供高可用的资源申请及调度通道，要求云资源管理系统的可靠性达到 99.999%。MANO 与硬件设备、虚拟化层之间保持隔离，可以独立升级，并提供备份恢复的能力。从业务流程来看，MANO 主要实现对网络服务的生命周期管理、VNF 的生命周期管理、VNF 的分组管理，以及网络服务的故障和告警管理。MANO 的管理框架及 MANO 中各部分与 NFV 网络中各层之间的接口关系如图 5-24 所示。

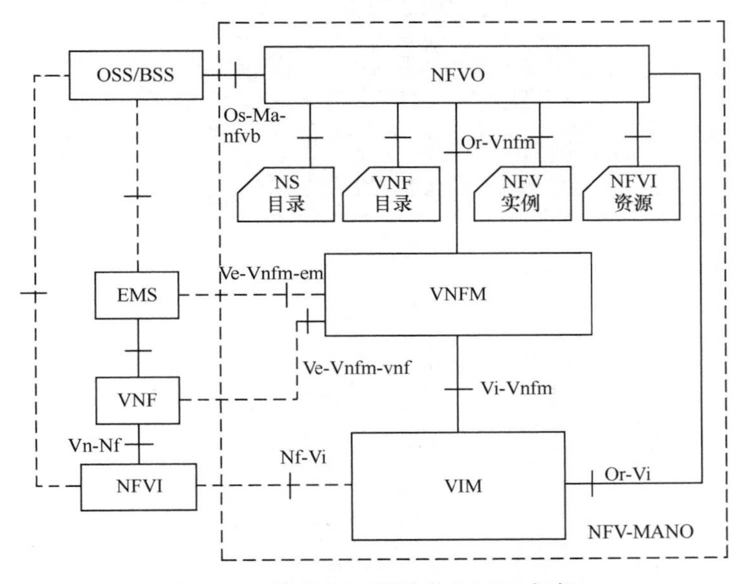

图 5-24 基于 NFV 网络的 MANO 框架

NFV 网络从下到上依次为 NFVI、VNF 和 EMS 或网元管理（EM）功能，与之对应的 MANO 实现了对 NFV 各层的管理与编排。VIM 用于对虚拟化基础设施进行管理，主要对 NFVI 进行管理，在一个或多个 NFVI 实例中管理 NFV 的基础资源，提供虚拟资源管理接口或 API，并向 VNFM 与 NFVO 发送虚拟资源管理通知与状态；VNFM 是虚拟化网络功能管理，主要管理 VNF，包括管理 VNF 的生命周期（自动化部署、弹性伸缩等），管理 VNF 的相关虚拟资源，管理 VNF 的默认配置，并为 NFVO 等提供 VNF 的生命周期管理接口或 API；NFVO 是 NFV 编排器，负责 NFV 基础设施、软件资源以及 NFVI 层面的网络服务编排和管理，管理网络服务的生命周期，通过 VNFM 提供的接口管理 VNF 的生命周期，通过 VIM 提供的接口管理虚拟资源，并面向 VNFM 提供相应的虚拟资源管理接口。

5G 核心网虚拟化后，将会打破现有以网元为中心的软硬件强耦合的管理模式，转向以资源为中心的软硬件弱耦合的管理模式，进而实现跨域、跨平台、跨地区的集中管理，并实现资源的智能化调度（自动扩缩容等），这就实现了基于 NFV 的核心网云化管理。NFVO 功能架构如图 5-25 所示。

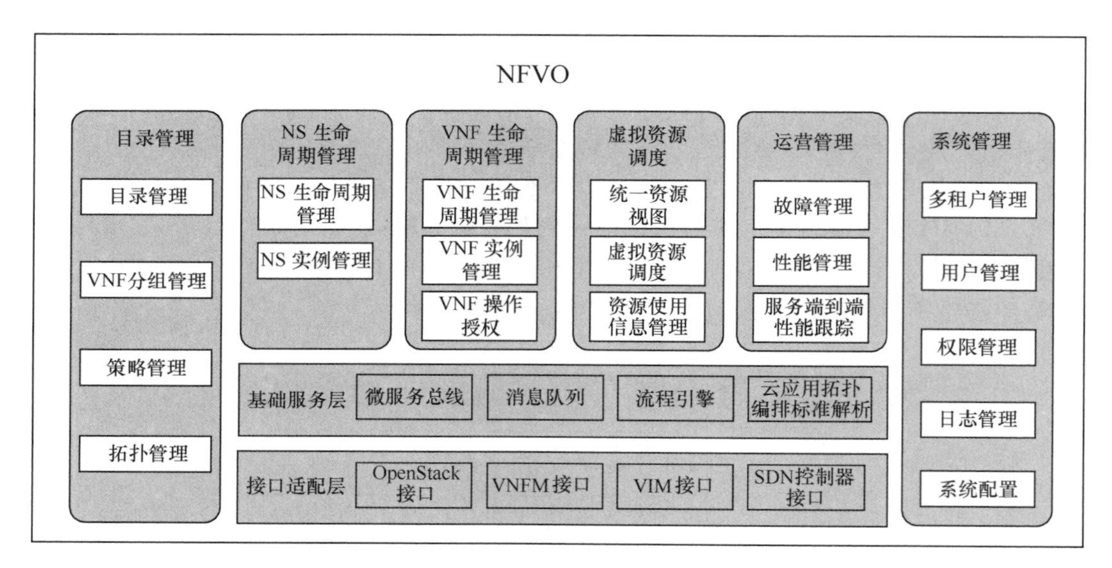

图 5-25　NFVO 功能架构

NFVO 的主要功能如下。

➢ 目录管理：统一管理 NS/VNF 描述文件、VNF 软件包，提供生命周期操作设计功能，并根据数据分发的配置要求，将 VNF 相关信息分发到相应的 VNFM。

➢ NS 生命周期管理：完成 NS 生命周期管理的操作，包括：NS 实例化、扩缩容、更新、终止等。

➢ VNF 生命周期管理：下发 VNF 生命周期管理操作要求，包括：VNF 实例化、扩缩容、更新、终止等。提供 VNF 操作授权。

➢ 虚拟资源调度：从 VNFM 和 VIM 获取虚拟化资源信息、VNF 关联资源信息，对外提供虚拟化资源统一视图；间接模式下，提供虚拟资源统一配置能力。

➢ 运营管理：对外提供 VNF 运营相关支持功能，包括：集中的虚拟化资源故障管理、性能管理，以及面向 VNF 软件的端到端性能跟踪等。

➢ 接口适配层：下发生命周期管理操作指令，提供资源操作授权、底层虚拟化资源配置和调度接口；可配置，多协议接口支持。

5G 核心网网元云化部署，由 VNFM 实现虚拟网元管理。

VNFM 功能包括 VNF 生命周期管理、VNF 实例管理、策略管理、虚拟资源管理、性能管理、故障管理以及系统管理等。VNFM 支持对 VNF 实例进行生命周期管理，其中包括 VNF 实例创建、VNF 实例扩缩容、VNF 实例终止、VNF 实例启用/停止、VNF 实例升级/更新等。

VNFM 具备对一个或多个 VNF 实例进行管理的能力，被管理的 VNF 实例既可以属于同一类型，也可以属于不同类型。VNFM 通过 VNF 实例 ID 来区分不同的 VNF 实例。VNFM 虚拟资源管理功能主要包括：支持为与 VNF 实例相关的虚拟化资源提供特定部署的配置参数；支持维护 VNF 实例与 VNF 实例的虚拟化资源之间的映射；

支持为 VNF 实例请求分配 VNF 模板要求的资源；支持分配和释放必要的加速资源以满足 VNF 的加速能力要求。

VNFM 策略管理功能主要包括：新增策略，支持可视化方式新增策略，并提供编辑策略触发条件功能；修改策略，可对已配置策略的规则及触发条件进行修改；删除策略，可删除已配置策略；查询策略，支持以可视化方式查询已配置的策略。VNFM 接收并执行从 NFVO 下发的弹性扩展策略，检测业务资源的使用情况（如 CPU 占用率、内存占用率），当超出弹性扩容阈值时，需要增加虚拟机资源，VNFM 通知 VNF 对相应的业务负荷进行调整，将部分业务负荷分配给新创建的虚拟机。当业务使用情况低于弹性扩容阈值，满足弹性缩容条件时，VNFM 通知 VNF 对相应的业务负荷进行调整，将业务负荷集中至某些虚拟机，并适时删除空载的虚拟机。

VNFM 支持接收来自 VIM 的故障信息。VNFM 根据接收的虚拟资源故障信息，查询故障资源所关联的 VNF 实例，转发相关 VNF 实例的资源故障信息给 EMS，由 EMS 进行相应的故障处理。VNFM 故障管理主要负责实时采集 VNF 相关的虚拟资源告警信息，并提供相应的告警呈现和告警处理功能。

VNFM 系统的管理功能主要包含：安全管理、用户及权限管理、认证与鉴权、日志管理等。

VIM 负责整个基础设施层中资源的管理与监控，主要功能包含计算资源管理、网络资源管理、存储资源管理、系统管理、资源告警与监控、虚拟资源配额管理以及虚拟资源编排管理。

计算资源管理是针对虚拟机的管理，虚拟机管理是对虚拟机生命周期进行一系列基本管理和功能操作的集合，使用户在虚拟机的操作上达到实体机操作的效果。另外还添加了一部分虚拟机分布与迁移策略等操作。

网络资源管理包含网络管理、子网管理、路由管理、网络接口管理，以及虚拟网络资源亲和性/反亲和性约束组管理。

存储资源管理包含：存储卷管理（创建、挂载/卸载、查询、更新、重置、强制卸载、扩缩、删除存储卷，创建、查询、删除、恢复卷快照）、虚拟存储资源亲和性/反亲和性约束组管理。

系统管理包含：认证与鉴权、资源与管理、可用区管理、项目管理。

资源告警与监控包含：虚拟资源监控、物理资源监控、虚拟资源告警、物理资源告警。

虚拟资源配额管理包含：查询、新增、更新、终止计算网络存储资源配额。

虚拟资源编排管理包含：虚拟资源编排 Stack 资源管理、虚拟资源编排输出管理、虚拟资源编排 Stack 快照管理、虚拟资源编排 Stack 事件管理、虚拟资源编排类型管理、虚拟资源编排管理服务操作。

MANO 有如下两种部署方案。

方案一：总部跨域 NFVO+省级 NFVO 两级系统协同

如图 5-26 所示。

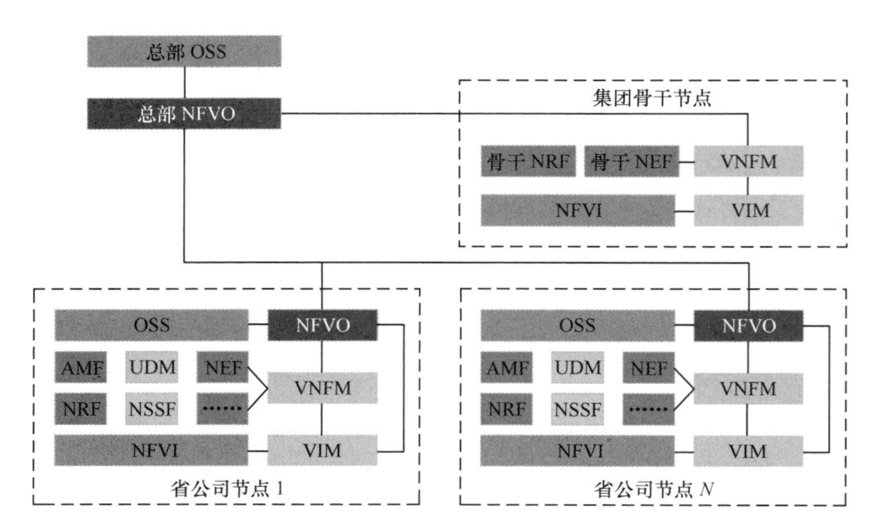

图 5-26　MANO 部署方案一

总部跨域 NFVO 实现如下功能：

➢ 全网 5G 网络模板统一管理、5G 网络软件版本统一管理；

➢ 承担总部 5G 核心网骨干全生命周期管理（网络编排与自动化部署、升级、弹性伸缩、终止等）；

➢ 骨干 5G 核心网虚拟化网络告警监控、性能集中管理；

➢ 5G 核心网网络、网元与虚拟化资源告警的跨层关联。

省级 NFVO 实现如下功能：

➢ 省内 5G 核心网全生命周期管理（网络编排与自动化部署、升级、弹性伸缩、终止等）；

➢ 省内 5G 核心网虚拟化网络告警监控、性能管理；

➢ 5G 核心网网络、网元与虚拟化资源告警的跨层关联；

➢ 省内 5G 网络、虚拟化资源统一视图。

省级 VNFM 实现如下功能：

➢ 负责省内 5G 核心网网元的全生命周期管理；

➢ 面向 5G 核心网网元的告警监控、性能管理；

➢ 5G 核心网网元与虚拟化资源告警的跨层关联。

方案二：总部跨域 NFVO 集中部署

如图 5-27 所示。

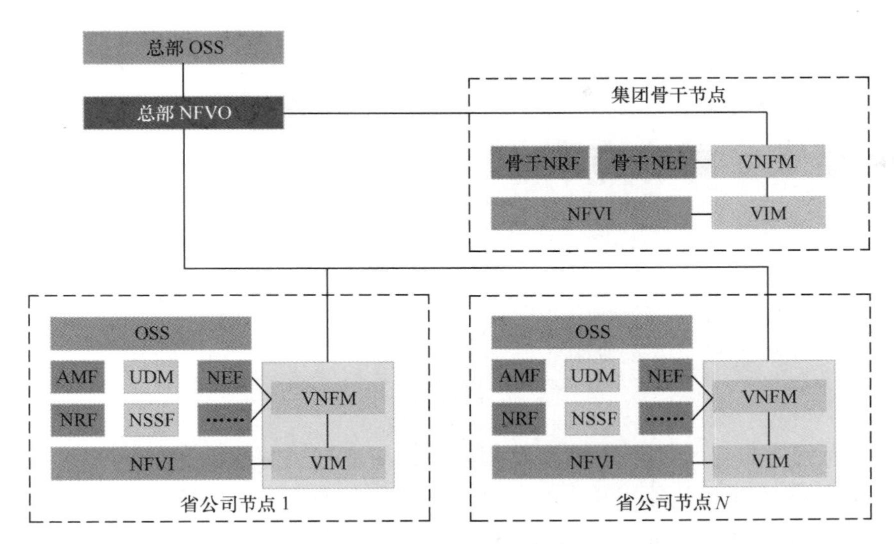

图 5-27　MANO 部署方案二

总部跨域 NFVO 集中部署方案中，总部跨域 NFVO 负责如下功能：

- 全网 5G 网络模板统一管理；
- 全网 5G 网络软件版本统一管理；
- 全网 5G 网络全生命周期管理（网络编排与自动化部署、升级、弹性伸缩、终止等）；
- 全网 5G 核心网虚拟化网络告警监控、性能集中管理；
- 全网 5G 核心网网络、网元与虚拟化资源告警的跨层关联。

省级 VNFM 负责如下功能：

- 负责省内 5G 核心网网元的全生命周期管理；
- 面向 5G 核心网网元的告警监控、性能管理；
- 5G 核心网网元与虚拟化资源告警的跨层关联。

上述两种 MANO 部署方案的对比见表 5-10。

表 5-10　MANO 部署方案对比

对比项	总部跨域 NFVO+省级 NFVO 两级系统协同	总部跨域 NFVO 集中部署
业务成效	能实现业务的快速支撑，易于满足省内的差异化需求	支持虚拟资源的统一管控，便于强制实现软件版本的统一管理
架构	对等架构，总部、省二级松耦合	集中管控架构，符合运维集约趋势
业务技术问题	需标准化集团与省级 NFVO 接口	集团与省之间的告警/性能数据交互量大
集成复杂度	增加了集团/省二级 NFVO 接口，全网对接工作量大	初期集团 NFVO 与省级 VNFM 接口集成复杂，未来接口改造少
系统运营维护	NFVO 多系统、多版本，总体成本高； 风险分担，总部系统维护压力小	全网 NFVO 统一版本，总体成本低； 总部系统维护压力大

方案的选择除了技术问题外，还有许多运营相关的非技术问题，需开展技术验证并进一步评估方案的可行性。

第 6 章

5G 网络安全解决方案

5G 作为新一代移动通信技术发展的方向，可满足未来物联网应用的海量需求，并能进一步提升移动互联网的用户业务体验，同时实现与工业、教育、医疗、交通等行业、领域的深度融合，最终实现“万物互联”。此外，5G 还需为物联网、车联网、虚拟现实、高速铁路等行业的发展提供快速、泛在的网络接入，同时也要为垂直行业提供信息基础平台。这些新的应用和新的技术给 5G 网络带来了许多新的安全需求与风险。

5G 为不同场景提供的接入方式和网络服务方式存在较大区别，同时业务交付方式也有所不同，对安全需求的差异也非常明显。例如，物联网应用所必需的大连接认证、高可用性、低时延、低能耗等安全需求，以及 5G 引入的 SDN/NFV、虚拟化、MEC 等新技术所带来的安全风险，这些都对 5G 系统的接入认证/鉴权、切片安全、数据保护和用户隐私保护等提出了全新的挑战。其中，5G 核心网安全更是 5G 网络安全的重要组成部分。

本章将针对 5G 网络安全需求和目标、5G 网络安全标准化进展、5G 网络安全总体架构、5G 核心网安全解决思路等多个方面进行阐述，并着重分析 5G 核心网安全相关的内容，以期对 5G 安全的研究工作有所促进。

6.1 5G 网络安全需求和目标

6.1.1 5G 网络新的安全需求

5G 的三大业务场景不仅对网络带宽、时延提出了新的挑战，而且对网络的安全性也提出了新的要求。

在 eMBB 场景下，5G 用户的网络速率比 4G 用户增长了 10 倍以上，这对安全相关的设备的计算能力提出了新的挑战。为了保护用户隐私，通常要针对数据或信息进行访问控制。而要实现业务策略的访问控制，安全基础设施需部署在网络入口处。一般来说，要以高性能的单独设备来确保传统安全基础设施的计算能力，但这在 5G 时代将很难适应网络超大流量的防护需求，因此需要基于网络云化部署来实现安全基础设施。为了应对海量数据，未来部署安全基础设施的主要途径必然是依托集群的协同处理模式来实现高性能的安全处理能力。

在 uRLLC 场景下，端到端时延要降至 1ms 或以下，典型应用包括自动化辅助驾驶、车联网、远程医疗以及工业自动化控制等。这类应用将直接关系人身安全或经济利益，因此安全能力必须提到和网络自身业务能力同等的高度。这类应用的安全防护机制必须非常严格，另外还必须保证用户的体验，传统的打补丁式的（如隧道式加密）防护手段无法满足以上应用的需求。此外，网络需部署 MEC 能力以降低网络时延从而满足低时延应用要求；但 MEC 技术需要将部分原本位于运营商核心机房的功能下沉至靠近用户的网络边缘进行部署，这类部署方式将有可能使资源完全脱离运营商可控制的区域，这会极大地增加核心设备遭受攻击的风险。

在 mMTC 场景下，连接数密度变化巨大，将从 10 万台/km^2 增大到 100 万台/km^2。数量的指数级变化也会带来全新的安全问题。首先，由于终端设备数量巨大，即使正常情况下数据分组流量不大，但认证过程及业务相关的数据都有可能带来瞬时极大的业务峰值，有可能引发信令的风暴；其次，终端设备在无人值守的情况下一旦被劫持，很可能会形成一个巨大的“僵尸网络”，极有可能会对其他关键网络基础设施发起 DDoS 攻击。因此，需要研究海量终端设备接入安全机制，加强细粒度的设备管控。

面对多种应用场景和业务需求，5G 网络需要一个统一、灵活、可扩展的 5G 网络安全架构，以满足不同应用场景下不同安全等级的安全需求，即 5G 网络需要一个统一的认证框架，支持多种应用场景下的网络接入认证（支持终端设备的认证、支持签约用户的认证、支持多种接入方式的认证、支持多种认证机制等）。同时，5G 网络应支持可扩展性，如在网络横向扩展过程中需要及时启动安全功能实例，以满足网络横向扩展过程中增加的安全需求；在网络融合过程中需要及时终止部分安全功能实例，以实现网络融合过程中的节能。此外，5G 网络应支持按需对用户端数据进行保护，如根据三大业务的不同类型或具体业务的安全需求来部署相应的安全保护机制，而这种安全机制的选择包括不同的加密终端、不同的加密算法、不同的密钥长度。

由于 5G 网络的开放性和软件虚拟化技术的大量应用，5G 核心网的安全已经成为 5G 网络安全的关键所在，5G 核心网面临着接入安全、网络安全、能力开放安全、数据安全等各方面的挑战，特别是大量的网络功能将通过虚拟网元部署在云基础设施上，这将给网络安全带来很多风险。

SDN/NFV 技术在 5G 核心网中的应用，使得不同网元共享物理资源成为可能，这一方面提高了网络的灵活性和资源效率，但另一方面也使得网络安全边界变得模糊，带来了更多的网络攻击风险。

而 5G 核心网的网络业务和网络管理提供了开放的能力，这种能力开放给垂直行业和第三方应用接入提供了极大的便利，但同时也削弱了传统封闭式网络的高安全特性，使得外部用户攻击 5G 网络成为可能。

综上所述，5G 核心网安全作为 5G 网络安全的重点，面临着网元虚拟云化和能力开放带来的巨大挑战，如何在保证 5G 网络安全的同时，提供优质、高弹性、高效率的网络服务，已经成为业界的难题。本节将从总体上介绍 5G 网络安全解决方案，重点介绍与 5G 核心网相关的移动边缘计算安全、切片安全等安全加固措施。

6.1.2 5G 网络的安全目标

5G 网络的安全目标主要包括以下几方面。

（1）满足新技术和新特征下的需求

为了达到系统高度灵活的目的，5G 网络将 SDN/NFV 等新的 IT 技术引入其中，有效地实现了提高效率、完善服务的初衷。

5G 网络借助虚拟化层面的技术，实现了硬件和软件的成功解耦，然后在 NFV 技术的助力下，将一些功能网元虚拟化，并将它们合理部署，配置于云端重点设施上，网络功能独立于通信硬件平台之外，功能由软件承担。网络中传统的功能网元保护功能，对物理设备安全隔离有显著的依赖性，虚拟化 5G 网络以其自身的优势改变了此种状况，以往认可的安全物理环境也受到了威胁。此外，5G 网络中还植入了创新的 SDN 技术，在资源配置上更加科学合理，将数据传输速率提升到了一个新的高度；在实现安全性方面，通过设计虚拟 SDN 控制网元，部署 5G 环境下的 SDN 流量表，引入转发节点的安全性隔离技术。

为了顺利实现 3 种业务场景，5G 网络将有计划地部署网络切片，这样可以针对不同种类的业务，提供不同的安全服务。根据业务需求的差异性，有效地制定安全防护体系，使安全服务做到层级化。同时，网络切片的安全方面也需强化，切片之间的安全隔离技术亟待完善。

5G 核心网控制功能针对业务场景的低时延，需要与基站集成（或接入网边缘）部署。控制功能可根据业务量的不同，在全网内灵活部署业务赋能设备和数据安全网关，以减少回传网络的压力，降低时延，从而提升用户体验。5G 网络提供的安全能力伴随着核心网功能下沉至接入网，同样呈现出下沉性。

5G 网络所具有的能力开放特性，需在网络控制功能上实现部署，这样才能使管理和服务面向第三方开放。5G 网络中提供开放业务的每个网元，不同的网元调用其开放的能力是基于 API，这与 4G 网络的点对点流程涵盖内容不一样。在 5G 网络中，开放不只表现为能力领域开放，还表现为各网元之间的能力领域开放。所以 5G 网络安全要求的不仅仅是核心网内部网元间，还有核心网与第三方网元之间都要具有高效、灵活的安全能力，以顺利完成业务的分发和承载，让 5G 网络的服务安全走向更为顺畅的通道。

（2）满足多种接入方式和多种设备形态的需求

5G 网络要长远发展，就需要支持多种接入技术，以适应多样化应用场景的需求，如 LTE、固网、WLAN、5G 新型技术等，不同的接入技术都有着与之匹配的接入认证机制和安全要求。一个用户在拥有多个终端时，一个终端可能对多种接入方式都支持，当同一终端可能需要在不同的接入方式之间进行切换时，这就要求快速认证来确保业务不中断，使用户获得上佳的体验。在这样的场景下，5G 网络需要兼容多种接入认证方式，实现认证模式统一化，需对现存的安全认证协议不断进行完善和补充，以提高终端切换时的安全认证效率。更重要的是，同一业务在更换接入方式或终端时，业务的安全性和连续性需得以保障。

在 5G 的具体应用场景中，有些终端设备的能力强大，可能备有通用用户识别模块（Universal Subscriber Identity Module，USIM）/用户识别模块（Subscriber Identification Module，SIM），其具有一定的存储能力和计算能力，而一些不具备 USIM/SIM 的终端设备可能有 IP 地址、数字证书等；一些能力较弱的终端设备不具备硬件存储 ID 和认证凭证，所以 5G 网络需要构建一个兼容的身份管理系统，能统一地支持不同的 ID、认证方式和凭证。

（3）满足新的商业模式的需求

5G 网络技术要提供通信服务给垂直行业，满足人们对超大流量、连接数密度和超高移动性的要求。随着 5G 时代的来临，应运而生了一种新的通信服务和网络模式，与之相对应的是，网络设备和终端的定义也随之改变了。出现的创新型终端设备，有与之相契合的安全需求，且是非静态的需求。5G 网络中，将有诸多的无线传感器的无人机被引入，而众多小型网络将同时与 5G 网络连接，体现出大连接的物联网场景的宏大景象。为了使 5G 网络对各种新业务模式都能兼容并蓄，并确保其安全，就要设计科学合理的安全架构。

5G 网络是开放的网络，可以对第三方开放网络的安全能力，如常用的授权能力、认证能力，第三方与运营商之间有诚信关系，用户在接入 5G 网络的同时，也被接入第三方服务。5G 网络能力开放从对运营商的开放开始服务于生态圈的构建，有利于吸纳更多用户，扩大服务覆盖面。利用运营商广泛使用的数字身份信息，实现第三方业务的快速延展，达到增加用户的目的。

（4）满足更高的隐私保护需求

5G 网络因其自身的开放性、场景与业务种类繁多，在给用户带来方便的同时，也使用户的隐私信息泄露的风险与日俱增。例如，在智能交通中，行车路线、位置等信息也不再是秘密，有被追踪的危险；在智能医疗大数据中，患者的病历、治疗过程等信息存在泄露和被篡改的风险，5G 网络时代更需要有先进的科技来强化和保护用户隐私。

5G 网络选择多种接入技术，每种技术对用户隐私信息都设置了不同的保护程度，是一个异构性网络。5G 网络中的用户数据连接不同的网络实体和接入网络，导致用户的隐私数据充斥于网络的各个角落，数据的深层挖掘技术也能让第三方从散落的隐私数据中抽丝剥茧，找出用户的隐私信息。所以在 5G 网络时代，要充分考虑数据的强大穿透力量、面临的随时泄露隐私的风险，制定全方位、有效的隐私保护方法，全面保护用户的各种身份信息、访问位置的服务等，这是一项至关重要的工作。

4G 网络已经暴露出的泄露用户身份的弊端，在 5G 网络中就要对新的网络机制进行完善和优化，在安全机制方面从技术上加大力度，关注保护用户身份的隐私，有效规避 4G 网络中泄露用户身份的事件发生，避免重蹈 4G 网络的覆辙。

5G 时代，一方面，垂直行业与移动网络的深度融合，带来了多种应用场景，包括海量资源受限的物联网设备同时接入、无人值守的物联网终端、车联网与自动驾驶、云端机器人、多种接入技术并存等；另一方面，信息技术与通信技术的深度融合，带来了网络架构的变革，使得网络能够灵活地支撑多种应用场景。5G 安全应保护多种应用场景下的通信安全以及 5G 网络架构的安全。

综上，5G 网络安全的总体目标如下。

诸多应用环境中的各种终端设备、诸多的接入方式与接入凭证、诸多的时延条件、隐私保护标准等均与 5G 网络息息相关，并且伴随着 5G 功能的更加开放也同步产生了诸多的风险，而为了保障网络安全，需要做到以下方面。

➢ 提供统一的认证框架，支持多种接入方式和接入凭证，从而保证所有终端设备安全地接入网络。

➢ 根据实际需求提供多样化的安全保护，为不同应用环境下的终端设备生命周期标准与业务时延条件提供支持。

➢ 能够有效保障隐私安全，可以实现客户隐私安全保护，并符合相关法律规定。

➢ 保证 NFV/SDN 连接的 SDN 控制器、数据、软件、虚拟机等移动网络的安全可靠。

➢ 保证切片本身安全可靠。既要保障各切片能够实现稳定的安全隔离与管理，同时也要保证用户终端连接切片稳定可靠，且要做到各切片能够安全稳定地通信等。

➢ 提供能力开放的安全保障，既能保证开放的网络能力可以安全地提供给第三方，也能够保证网络的安全能力（如加密、认证等）可以开放给第三方安全使用。

6.2 5G 网络安全标准化进展

为了保障 5G 网络的建设安全、用户使用安全、信息数据安全，国际组织（包括 3GPP、ETSI 等）在 5G 标准编制之初就把安全保障设为 5G 网络的重要组成部分。每个国家在制定通信网络政策时、厂商在研发网络产品时、运营商在部署网络时，均把 5G 网络安全标准作为一项重要工作。

6.2.1 国际 5G 网络安全标准化进展

3GPP 的安全标准化组织（SA WG3）已经于 2018 年 3 月完成了第一版 5G 安全标准（编号为 3GPP TS 33.501）的编制工作。

为了保障 5G 的安全研究及标准制定和 5G 总体架构的相关工作保持同步，业界积极研究创新技术来满足 5G 的网络安全需求，推动 5G 的安全保护、安全统一认证架构、SBA 的安全、5G 网络安全设备保障、虚拟化网络产品的安全保障方法、256bit 密钥长度密码算法及安全保障规范等方面的国际、国内相关标准化工作。

目前，5G 的网络安全相关国际标准主要由 3GPP SA3 工作组制定，其重点研究 5G 系统安全架构及流程相关要求，包括安全框架、用户数据的机密性和完整性保护、接入安全、移动性和会话管理安全、用户身份的隐私保护以及与 EPS 的互通等相关内容。

2019 年 2 月 19 日，ETSI 推出了新的全球通用标准，旨在改进消费级物联网产品的基准安全性，鼓励制造商改进产品的内置隐私和安全保护，同时为消费者提供标识来区分消费级物联网产品与普通产品。

除了标准化组织，各国政府也对 5G 网络安全提出了自己的要求，2019 年 5 月全球 30 多个国家的官员制定了 5G 网络安全通用准则——“布拉格提案”，呼吁重视 5G 网络安全，各国政府应考虑供应商可能受第三国影响的整体风险。无论是政府、运营商还是制造商，都必须了解影响产品或服务安全层级的零部件及软件的原产地和来源。供应商和网络技术的安全风险评估，应结合法治、安全环境和供应商不法行为综合考量，且应符合开放、互操作性、安全标准及产业目标等要求。虽然该准则不具有约束力，但却对 5G 的安全性提出了更高的要求。

日本总务省现行的《无线电防护指南》规定了每个频段的无线电波强度的标准值，该标准值是开发和制造各种无线设备（如手机）的标准。但 5G 通信将使用比传统手机更高的频段，其标准尚未确定，日本总务省将测量有关设备发出的电波强度，评估其安全性，将 5G 相关频段标准纳入《无线电防护指南》中。日本总务省将制定 5G 技术安全标准，努力促使该标准被国际组织采用，从而成为国际标准。

德国上一任总理安格拉·默克尔（Angela Merkel）曾表示，德国将为新的 5G 移动网络制定自己的安全标准。德国政府非常重视数字网络的安全，包括 5G 移动基础设施，但德国政府方面将按照国内标准进行决策。

6.2.2　国内 5G 网络安全标准化进展

中国 5G 网络安全的标准由 CCSA 无线通信技术工作委员会（TC5）及 IMT-2020（5G）推进组制定。

CCSA 在 2017 年即通过了 4 项 5G 相关的研究课题立项，包括“5G 网络架构及关键技术研究”“5G 系统高频段研究：24.25 ~ 30GHz”“5G NR 技术研究”和“5G 系统高频段研究：30 ~ 43.5GHz”。这些课题将在安全、频段、5G 无线接入网和核心网各方面展开相关研究。

IMT-2020（5G）推进组全力支持在 ITU 和 3GPP 框架下开展研究，积极采用创新的技术来满足 5G 网络的安全需求，推动 5G 的切片安全、安全统一认证架构、按需的安全保护以及 256bit 密钥长度密码算法等国际、国内相关标准的研制工作。IMT-2020（5G）推进组分如下两阶段积极推动 3GPP 开展 5G 的安全标准研制工作。

第一阶段，2018 年 3 月之前，完成接入安全、安全框架、用户数据的完整性和机密性保护、会话管理和移动性安全、用户身份的隐私保护和与 EPS 的互通等相关研究。

第二阶段，2019 年 12 月之前，重点进行能力开放安全、切片安全、256bit 密钥长度密码算法等相关工作。

目前国内的 5G 网络安全规范已经基本完成，各标准化组织正在共同推进 5G 增强技术及安全机制研究并将其推荐为国际标准，加快形成能够覆盖多种应用场景的 5G 安全解决方案。

6.2.3 厂商 5G 网络安全标准化进展

通信厂商作为 5G 网络设备的主要提供者，也积极参与 5G 安全标准的研制。爱立信发表的 5G 安全白皮书——《实现可信的 5G 系统》描述了 5G NR 和核心网的安全性。该白皮书概述了构建 5G 系统可信度的五个核心要素，即：弹性、通信安全、身份管理、隐私、安全保障。

2015 年 12 月大唐电信的 5G 网络安全白皮书《建设安全可信的网络空间》分析了未来 5G 移动宽带系统的一些典型的应用场景，分别站在网络和服务平台提供者、用户、社会和政府的不同角度，分析了 5G 网络的安全需求。在此基础上，该白皮书提出了 5G 网络安全的三个核心要素：身份可信、实体可信、网络可信。

华为的 5G 网络白皮书提出，传统的移动网络安全架构聚焦于语音和数据保护，具有以下几个安全特征，即：基于 USIM 卡的用户身份管理、分段的安全保护机制以及运营商网络与用户之间进行认证。5G 网络为垂直行业提供差异化应用服务。为支撑垂直行业对安全差异化应用的需求，网络需要提供满足各项安全需求的端到端的安全保护。5G 网络安全需支持灵活高效、端到端的安全快速部署和扩展，能够基于业务应用和场景变化进行安全保护机制快速更新，满足业务安全的需求更新。针对 IT 技术的引入，如 SDN/NFV，5G 网络安全为网络设备提供了多元化的系统级防护，能防止各类非法攻击及入侵，如恶意 DDoS 攻击等。5G 网络环境将包含多厂商的软硬件基础设施，因此网络设备身份必须得到有效管理，防止非法用户对网络资源的访问。5G 网络安全提供传输保护，为数据传输提供机密性、完整性的安全防护，预防传输中数据的非法窃听和转发。

中兴通讯与 3GPP 共同推进了一系列 5G 安全保证规范的研究与制定。他们针对产品上线运营是否满足安全性制定了相应的测试规范。安全性测试是网络上线运营的必要条件，只有经过规范的安全性测试，才能保障 5G 网络的安全运营要求。

6.2.4 相关安全标准

国内外有关标准化组织已完成或正在研究的安全标准规范见表 6-1。

表 6-1 国内外安全标准规范列表

序号	名称	编号	备注
1	5G 系统安全架构和流程	3GPP TS 33.501	国际
2	3GPP 系统架构演进（SAE）安全架构	3GPP TS 33.401	国际
3	非 3GPP 接入安全	3GPP TR 33.402	国际
4	5G 系统非接入层协议：阶段三	3GPP TS 24.501	国际
5	安全保障通用要求	3GPP TS 33.117	国际
6	5G 安全保障规范 NR Node B（gNB）	3GPP TS 33.511	国际
7	5G 安全保障规范 AMF、UDF、UDM、SMF、AUSF、SEPP、NRF、NEF	3GPP TS 33.512-519	国际

续表

序号	名称	编号	备注
8	支持256bit密钥长度密码算法研究	3GPP TS 33.841	国际
9	3GPP虚拟化网络产品的安全保证方法论（SECAM）和安全保障规范	3GPP TS 33.818	国际
10	NFV安全：问题描述	ETSI GS NFV-SEC 001	国际
11	NFV安全：管理软件中的安全特性分类	ETSI GS NFV-SEC 002	国际
12	NFV安全：实现NFV环境安全与信任指南	ETSI GS NFV-SEC 003	国际
13	NFV安全：隐私与监管要求	ETSI GS NFV-SEC 004	国际
14	5G安全技术研究		CCSA课题
15	NFV环境下移动通信核心网安全需求研究		CCSA课题
16	5G移动通信网安全总体技术要求	2018-2367T-YD	CCSA
17	移动通信网络设备安全保障通用要求	2017-0319T-YD	CCSA
18	5G技术研发试验系统验证 5G网络安全技术要求		IMT-2020（5G）推进组
19	5G技术研发试验系统验证 5G网络安全测试方法		IMT-2020（5G）推进组

6.3 5G网络安全总体架构

5G安全应与5G技术同步演进，不能再延续以往移动通信系统建设完成后再进行“打补丁式”的演进升级模式，达到系统主动安全与防御安全威胁两手齐抓、“标本兼治”的目标。为了达成这一目标，5G网络安全总体架构应具备良好的弹性和灵活的可扩展性，并匹配5G安全技术的演进发展需求。

总体来说，对应5G应用、网络、无线接入、终端、系统等演进带来的新安全需求，5G将渗透到交通、医疗、工业等多元化的垂直行业和领域，并支持人与人、人与物、物与物间多样化的信息交互。因此，安全架构应面向多样化、海量的应用与终端，支持统一的身份管理和认证功能，支持多元化的信任关系构建；面向多元化安全需求，支持差异化策略与模组的灵活适配。

5G的来临将带来移动网络和垂直行业的深度融合和交叉通信，势必也将产生多种新型的应用场景，例如：同时接入和管理大量物联网设备，物联网终端分散部署、无人值守，云端机器人，车联网，自动驾驶以及并存多种接入技术的业务场景，等等。与此同时，IT技术与网络技术也将进行深度的融合和渗透，网络架构的演进和变革势在必行，将带来更为灵活的网络以对多种应用场景进行有效支撑。而对于5G安全，应针对各种应用场景对通信安全及5G网络架构安全提供保护。

如前分析，5G 网络会出现行业和网络交叉融合的多种应用场景，会涉及不同类型的终端设备、多种接入方式、多种接入凭证、各种隐私保护要求、多种时延要求等，所以在设计 5G 网络安全架构时，需要应对上述各种新的安全挑战和安全需求，包括新业务、新特征、新技术、新接入方式、新的设备形态等。

5G 网络安全架构的设计原则包括提供统一认证框架、实现业务认证、具备数据安全保护机制、满足能力开放安全、支持切片安全、具备应用安全保护机制等。

5G 网络安全总体架构如图 6-1 所示。

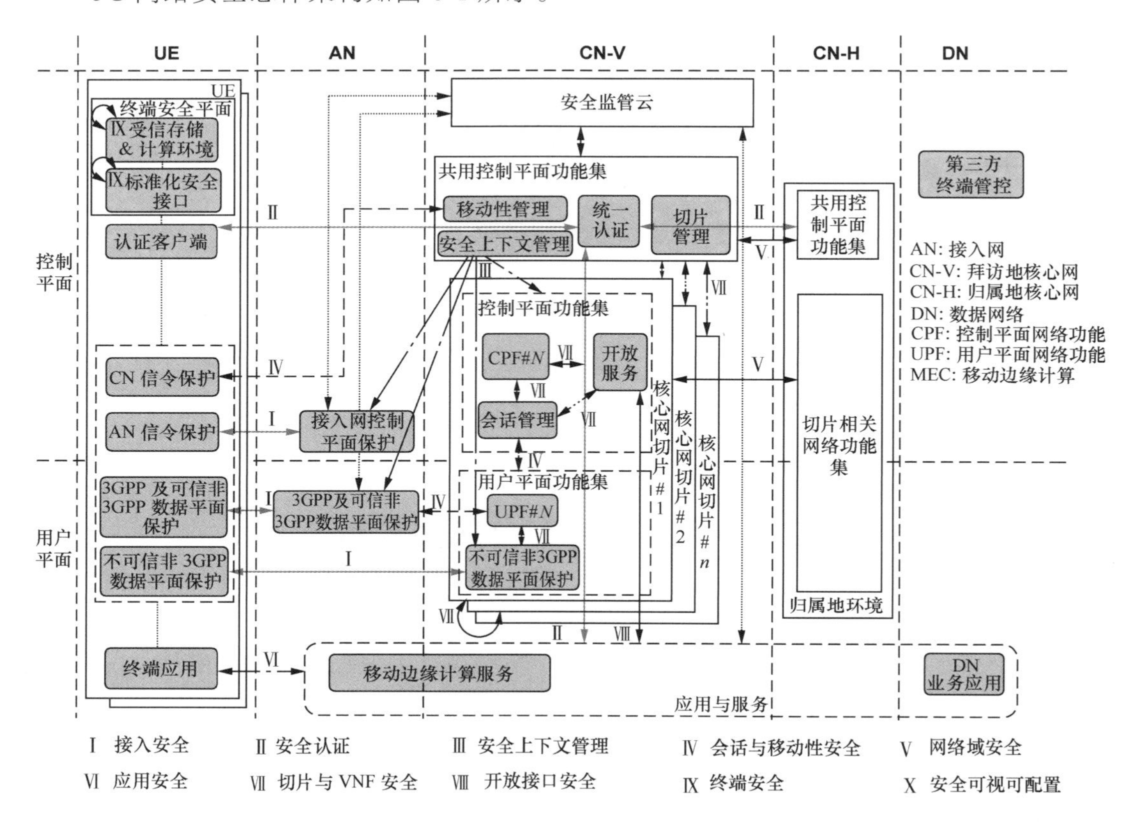

图 6-1　5G 网络安全总体架构

由图 6-1 可见，针对 5G 新型网络架构与典型业务应用场景的安全需求，5G 网络安全总体架构设计中涵盖了认证、接入安全、切片安全、MEC 安全、安全监管、终端安全等核心安全功能。安全架构所需的安全技术集与 4G 网络相比，也发生了很大的变化：在 4G LTE 安全技术集的基础上，针对 5G 网络开放性与虚拟化的特点，引入了开放接口安全、切片与 VNF 安全的技术集；针对终端的高安全防护能力需求，引入了终端安全技术集；针对 MEC 等新型移动服务方式，扩展了应用安全技术集。5G 网络安全架构至少应包含 10 个安全技术集，具体见表 6-2。

表 6-2 5G网络安全技术集

序号	名称	含义
1	接入安全	保证终端接入5G网络的数据与信令安全的技术集
2	安全认证	保证终端、网络与业务相互安全认证的技术集
3	安全上下文管理	保护接入网、核心网、终端安全上下文的生成和下发等管理过程的安全技术集
4	会话与移动性安全	保证会话安全性与移动性管理的安全技术集
5	网络域安全	保证拜访地的网络功能和归属地的网络功能之间信令和数据交互安全性的技术集
6	应用安全	保证终端和 MEC、电信网或数据网业务应用之间安全通信的安全技术集
7	切片与VNF安全	保证切片的安全运行、各VNF的安全运行、各切片间和各VNF间安全隔离、通信的安全技术集
8	开放接口安全	保证开放接口的合理、合法调用的安全技术集
9	终端安全	提高终端自身的安全防护能力，以及与专用应用领域适配的安全技术集
10	安全可视可配置	确保上述各项安全功能可视、可定义和可配置，各项安全功能可以被用户获知的配置

5G网络安全总体架构主要有以下几个特点。

（1）增强信任关系构建

区别于以往移动通信系统信任关系构建所依赖的用户与网络、用户与业务的二元信任模型，该安全架构通过统一认证的网络功能，支持网络与业务间新的二元信任模型，该安全架构通过统一认证网络功能，支持网络与业务间新的信任关系构建，赋予用户与业务间信任关系新的内涵。

➢ 支持网络与业务间新的信任关系构建

首先，在现有二元信任模型的基础上引入网络与业务间的信任构建机制，可以提高业务提供商的可信性，降低恶意软件、钓鱼网站等对用户的威胁；其次，对于某些物联网行业应用（如烟感监控报警），通过事先建立网络与业务间的信任关系，终端在完成入网认证后不再需要进行业务接入认证，从而简化了用户的业务认证流程。因此，安全架构通过安全认证技术集，在统一认证网络功能和应用服务间构建新的信任关系。

➢ 支持业务与用户间信任关系的新机制

在业务与网络分别对用户进行认证的基础上，针对多样化应用的安全需求，支持网络统一认证与业务（第三方）统一认证两种机制。

网络统一认证：业务提供商将业务认证委托给电信运营商，由电信运营商进行一次认证便达到网络认证和业务认证的双重目的，例如边缘计算服务等应用场景便可以如此建立认证机制。

业务（第三方）统一认证：运营商信任业务对用户的认证结果，经一次业务认证，即可为用户提供网络服务，例如一些高安全专用领域、工业物联网等应用场景。

（2）异构接入安全

该安全架构支持 3GPP 接入安全，包括：接入层控制平面安全、非接入层控制平面安全、用户平面安全，并支持可信与不可信的非 3GPP 接入安全。对于 3GPP 接入和可信非 3GPP 接入方式，应该在接入网执行控制平面保护和用户平面保护；而对于不可信非 3GPP 接入方式，由于接入方式不可信，需要将用户平面保护功能置于 5G 核心网中，执行从用户到核心网端到端的保护方式，避免用户平面数据在不可信的非 3GPP 接入网被窃听或修改。

（3）网络开放能力安全

5G 网络架构将支持采用 API 把部分服务能力和安全能力开放给第三方，第三方包括垂直行业系统、业务提供商等。在安全架构中通过开放服务网络功能与业务应用间引入开放接口安全技术集，为合法合理调用开放服务提供了保障。

（4）切片与 VNF 安全

针对 5G 网络虚拟化的特点，在安全架构中引入了切片与 VNF 安全技术集，实现切片间安全隔离、切片内部不同的 VNF 之间的安全隔离、VNF 访问控制、MANO 安全加固、SDN 控制器安全加固等。

（5）基于大数据的安全监管

由于 NFV、SDN、网络切片等 IT 技术的引入，以及与诸多垂直行业的深度融合，5G 网络相对于 4G LTE 网络受攻击面大幅增加。因此，保证 5G 安全的完备设计是一个巨大的难题。

针对这一难题，在安全架构中引入基于大数据技术的"安全监管云"，对 5G 网络进行安全态势管理、监测预警与安全防护。具体而言，在接入网、核心网的网元与各网络功能中部署监测点，各监测点实时采集相应的配置信息与各网络运行状态等信息，包括信令信息、内容信息、流量信息等，再将所采集到的信息统一汇聚到安全监管云；安全监管云通过智能学习与大数据技术等手段对网络中存在的潜在威胁进行识别和预警；进一步，安全监管云可支持动态防护策略的生成、更新和下发；各监测点根据下发的安全防护策略对所在网元和网络功能进行重配置以实现系统的主动防御。

（6）终端安全

终端安全是 5G 安全体系中不可缺少的一环。安全架构在终端中引入终端安全平面，在终端安全平面中通过构建可信存储、计算环境和标准化安全接口，分别从终端自身和外部两方面为终端安全提供保障。终端自身安全保障可以通过构建可信存储和计算环境，提升终端自身的安全防护能力；终端外部的安全保障通过引入标准化的安全接口，支持第三方安全服务和安全模块的引入，并支持基于云的安全增强机制，为终端提供安全监测、安全分析、安全管控等辅助安全功能。

5G 核心网作为 5G 网络安全的重点，需着重关注网络安全、管理安全、能力开放安全和数据安全，如图 6-2 所示。

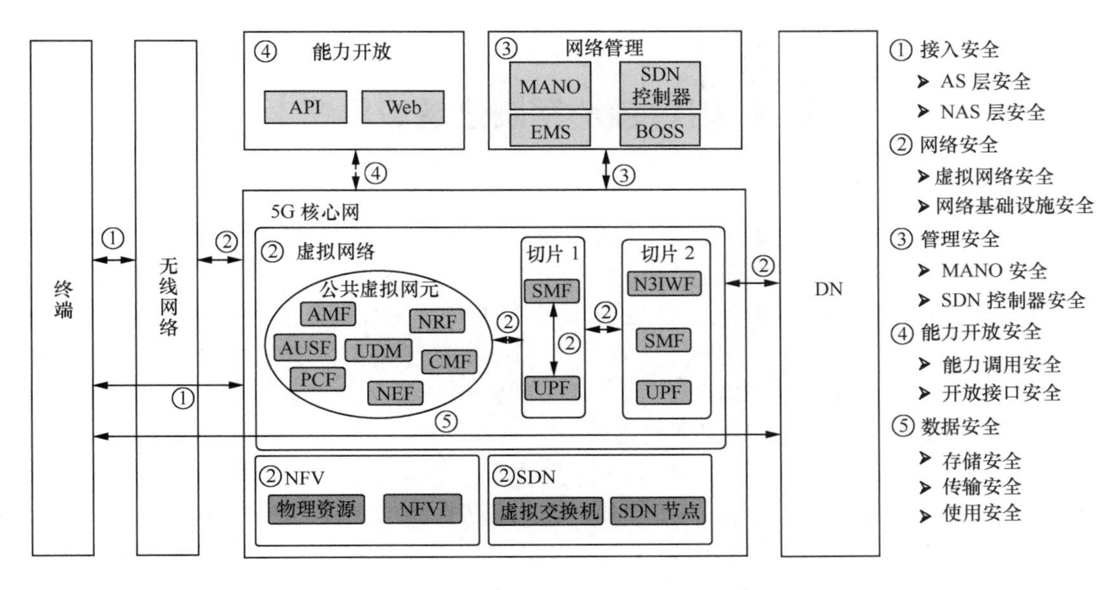

图 6-2　5G 核心网安全总体解决方案

由于 5G 核心网将部署在云化基础设施上，网元功能将以虚拟化的形式呈现，网络功能通过软件来实现和控制。这一改变将给网络安全和管理安全带来很多新的风险：系统中采用 NFV 技术对网络功能进行虚拟化，虚拟网元承载在共享的物理资源之上，安全边界变得模糊，SDN 架构通过将网络控制平面和数据转发平面分离，网络控制平面更加集中和开放化，这一切都使得攻击更容易和集中，安全威胁可能传播得更快、波及范围更广。为应对上述安全风险，在网络安全方面，需要关注安全接入、网络防攻击、安全加固、保障路由协议安全等多个方面；而在管理安全方面，则需要面临和解决身份鉴权、分权分域、组件安全通信、数据库加固、API 保护、接口保护等多方面的问题。

可以看出，5G 核心网的开放性特点相比以前要明显得多，开放性体现在网络服务和管理功能等各个方面，能力使用者可以采用 API、Web 方式按照需求灵活调用开放的能力，快速形成对外提供的服务。这种能力开放的特性一方面为垂直行业和第三方应用提供了灵活可定制、快速便捷的网络服务，另一方面也打破了传统电信网络以往的安全保护思路，以往能力提供者都是对自己的能力进行封闭和保护，以充分保障自身的安全性，而这种对网络能力封闭性的打破也就造成了能力的外部使用者更容易对 5G 网络形成攻击，因此应对能力开放带来的安全问题、重点研究网络能力服务安全保障机制已经成为 5G 网络安全亟待解决的重要课题。

在 5G 时代，业务类型更加多样化，网络的开放性特征更加明显，隐私数据从封闭的网络和平台转移到开放化的网络和系统，再加上大数据和人工智能的有力结合，这些都加大了用户数据和业务数据泄露和被篡改的风险。特别要提及的是，在工业控制场景中，数据安全保护不到位将会给工业安全和商业交易安全带来风险，其可能造成的后果和损失将难以预计，数据安全也就显得尤为重要。

| 6.4 5G 核心网安全解决思路 |

5G 核心网在部署的过程中将面临来自接入安全、认证鉴权管理安全、能力开放安全、边缘计算安全、切片安全、隐私保护等诸多方面的安全性挑战。

在接入方式和业务场景上，5G 支持多种不同能力的终端以多种接入技术接入 5G 网络，这势必就对接入安全提出了更高的要求；垂直行业和移动网络的深度融合催生出了多种应用场景，5G 网络需要为不同的应用提供差异化的安全服务。从 5G 网络的三大典型应用场景来说，其对安全的要求侧重点存在着一定的差异：在 eMBB 场景下，个人业务要求隐私数据加密，行业应用要求对所有环境信息加密，所使用的加密算法也有差异；在 uRLLC 场景下，同样需要提供隐私、关键数据的安全保护，但在接入认证、数据传输安全、安全上下文切换、安全终结点加解密等引发的时延方面，必须满足低时延业务要求；在 mMTC 场景下，需要解决海量终端接入时的高效认证，降低信令风暴，提供轻量安全算法，简化安全协议，满足资源受限需求时的低功耗、轻量化安全接入。因此，5G 网络在建设时需要充分考虑上述业务场景和接入方式的不同，提供统一、完整的安全认证框架，以便为用户提供无感知的、连续的、可靠的统一安全接入方法。

由于 5G 核心网将越来越多地采用 NFV 的方式提供功能，即 5G 核心网网元将以虚拟化形式部署在云化基础设施上，网络功能软件的大量部署给网络安全和管理安全带来了新的风险：采用 NFV/SDN 技术，虚拟网络将承载在共享的物理资源之上，安全边界变得模糊，网络虚拟化、开放化使得被攻击的难度降低，安全威胁传播得更快、波及范围更广。在 5G 网络安全方面需要关注安全接入、防攻击、安全加固、路由协议安全等诸多风险，在管理安全方面则需要解决分权分域、身份鉴权、API 保护、组件安全通信、数据库加固等多方面问题。此外，5G 网络切片也将通过深度依赖底层的虚拟化网络功能设施，为特定用户按需提供网络切片服务，5G 网络切片的安全威胁主要在于网络切片自身以及网络虚拟化带来的安全威胁。

此外，5G 核心网的网络服务和管理功能将朝着开放趋势演进，能力使用者可以通过 API、Web 方式按需调用开放的能力，快速提供服务，这种能力开放的特性将为垂直行业、第三方应用灵活、快速、可定制地部署网络服务提供条件，但同时，这打破了传统电信网络以能力封闭换取能力提供者自身安全性的传统思路，使得 5G 核心网的能力以 API 等方式暴露在外，能力外部使用者对能力提供者的攻击似乎更为便利。因此，应对能力开放安全问题，研究网络能力开放安全保证机制已经成为亟待解决的重大问题。

综上所述，在 5G 时代，业务更加多样化，网络更加开放，同时伴随着技术的发展，大数据和人工智能结合愈加紧密，隐私数据越来越多地从封闭平台转移到开放平台，这都加大了数据信息泄露的风险，因而对网络安全提出了更高的要求。尤其是在工业控制场景中，数据安全同时涉及工业安全和商业风险，安全保护显得尤为重要。

6.4.1 能力开放安全

5G网络所具有的安全能力也可以向第三方服务（如服务商、企业、垂直行业等）开放。这就确保了第三方服务提供商可以将时间和精力聚焦于开发更重要的应用业务逻辑，从而快速、灵活地部署一系列新的业务，以满足快速变化的用户需求。另一方面，运营商通过API开放5G网络的安全能力，使运营商的网络安全能力能深入到第三方所服务的环境中，可以快速提升用户忠诚度，拓宽运营商的商业收入来源。

5G网络可提供开放的业务能力。这种开放的商业能力也需要安全封装，比如对承租方开放的网络容量必须经过运营商的授权，不同的容量应该有不同的授权，这样才能接入不同的服务等级。有不同的方式可以提升开放网络能力的安全性。针对不同的用户，可选择不同的认证方式进行用户访问；针对不同的业务，也可选择不同的加密级别和不同的完整性保护方式；针对不同的切片，给出不同的安全级别；针对不同的用户数据，选择针对用户的数据保护终端点。为了确保门户网站的安全访问，必须建立坚实的管理手段，确保系统的安全运行。对于账户管理，需要支持分散式的域管理、账户生命周期管理、密码复杂度策略（持续时间、有效期限）管理。对于认证管理，需要进行集中认证管理，认证采用开放授权标准OAuth2.0，在Web用户界面和NFVO/VNFM之间使用REST接口，实行统一审核管理。对于网络接入，必须支持IPSec VPN、SSL VPN、HTTPS等常用安全协议；对于应用场景，网络容量的开放接入和租户接入，必须经过日常的管理维护和安全审计。

能力开放安全架构如图6-3所示。

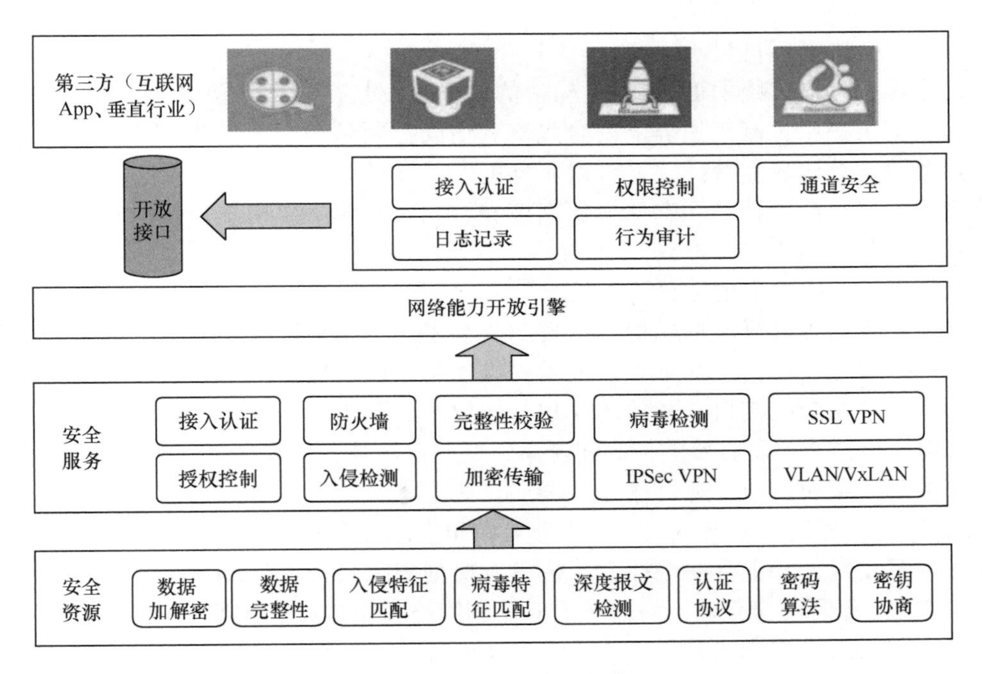

图6-3 能力开放安全架构

开放的 5G 网络安全能力主要包括：基于网络接入认证向第三方提供业务层的访问认证，即如果业务层与网络层互信，则用户在通过网络接入认证后可以直接访问第三方业务，简化用户访问业务认证的同时也提高了业务访问效率；基于终端智能卡（如UICC/eUICC/iUICC）的安全能力，拓展业务层的认证维度，增强业务认证的安全性。

6.4.2 云化安全

1. 云化安全概述

5G 核心网通过引入虚拟化技术实现了软硬件解耦，通过 NFV 技术将大部分功能网元通过虚拟机结合软件的方式部署在云计算基础设施上，主要由软件来控制和实现各项网络功能，功能实现不再依赖传统的专用硬件设备和平台。同时，借助 SDN 技术，将核心网进行切片化，不同的业务形成不同的业务切片模板，通过相互隔离的逻辑网络提供业务。

与此相匹配，在 5G 网络中，安全功能也将越来越多地采用功能软件承载在虚拟机上的方式来提供。这样才能进一步推动端到端实现 5G 网络切片，根据业务需求，针对切片定制不同的安全保护机制，为不同的业务推出差异化的安全服务，更好地实现针对不同客户的差异化安全等级服务。

由于 5G 核心网采用云化方式建设，云计算作为一种新型的计算模式，安全建设与传统的信息安全建设存在区别，其安全性也必有其特殊的一面。云计算所带来的安全威胁必然存在，主要如下。

（1）安全边界不可见

云计算平台与传统的 IT 组织架构上的差异导致其在安全防护理念上存在差异。在传统的安全防护中，基于边界的安全隔离和访问控制是一个很重要的原则，只有各区域间具备清晰的边界划分，才能针对不同的安全区域设置不同的安全防护策略；但在基础设施云化之后，计算和存储资源高度整合，基础网络架构统一化，传统的控制部署边界减弱甚至消失了。

（2）虚拟化中内部的流量不可控

物理计算资源进行虚拟化提高了资源共享率和资源利用率，解决了资源提供如何自动弹性扩展等问题，但在虚拟化技术提供便利的同时也带来了大量安全风险，例如系统漏洞、不安全的接口、开放的 API、如何对虚拟机之间的通信和流量进行监控、如何对虚拟机之间实现有效的控制和隔离，这些都涉及云计算环境下的安全防御问题。

（3）云计算安全的合规建设

5G 网络在通过云平台承载后，业务架构和形态都发生了变化，传统的安全防护措施也发生了改变，云平台安全体系的建设应根据国家云计算等保方面的要求和标准制定解决方案，部署防御策略。我国对于云计算网络安全的相关政策、法律法规包括《中华人民共和国网络安全法》和《信息安全技术 网络安全等级保护基本要求》等。

（4）用户访问安全风险

在云计算环境中，各个云中的应用一般属于不同的安全管理域，在每个安全域中管理着自己的资源和用户。攻击者可能会假冒合法用户进行一些非法活动，例如窃取、篡改用户数据等。

因此，针对5G核心网云化后建设的安全，应着重从以下几方面着手。首先，应在满足国际/国家安全标准的基础上建设安全防护体系。其次，建立安全管理体系，这是云安全技术体系得以有效实施和运行的重要保障，各项安全技术措施应遵从安全管理体系规定的范围、流程、方针和制度来实施和运维。安全管理体系应包括安全管理制度、安全组织机构设置、维护作业和应急响应等方面。再者，建立安全技术体系，包括：物理和环境安全、网络和通信安全、设备和计算安全、数据和管理安全。可采取的主要安全措施和技术包括：建立门禁及视频监控系统、设置统一安全策略、部署网络安全设备、安全域划分、网络访问控制、主机防病毒、主机安全加固、虚拟补丁防护、虚拟化安全隔离、数据加密、数据备份、管理和编排安全防护等，以支撑云计算服务环境中的数据传输安全、数据存储安全和数据审计安全等。

2. 云化安全技术

5G核心网分层解耦云化部署以后，将带来新的安全风险，应建立完善的云计算安全技术体系，从物理和环境安全、网络和通信安全、设备和计算安全、数据和管理安全等方面提供合理、全面的云化安全措施。

（1）物理和环境安全

这一方面需采取的安全措施包括建立门禁系统、视频监控系统、环境监控系统、防盗报警系统和监控报警系统等，与传统数据中心采用的措施并无太大差异。此处不再赘述。

（2）网络和通信安全

网络和通信安全防护主要包括以下手段：安全域划分、构建网络安全资源池、访问控制技术、网络防病毒、防DDoS攻击、入侵检测与防御技术等。可以通过部署防火墙、WAF设备、IPS/IDS设备、负载均衡交换机等网络安全设备来实现，也会越来越多地采用NFV方式将功能软件部署在虚拟机上进行功能的提供。

其中，安全域划分是各类安全控制设计和部署的基础。而构建网络安全资源池，部署防火墙、负载均衡、IPS、WAF、防DDoS攻击、运维审计、设备漏洞扫描等安全资源能力，实现资源池各业务的安全防护与应用交付，满足资源池横向各区域、各切片以及纵向各安全域、网络边界、不同等级防护要求的不同安全防护需求，则至关重要。下面将着重阐述安全域划分和构建网络安全资源池这两点安全措施。

安全域是一个逻辑范围或区域。同一个安全域中的信息资产将具备相近或一样的安全属性，如安全级别、所面临的安全威胁、安全弱点、风险等。同一个安全域内的系统具备相同的安全保护需求，彼此间相互信任，其子网和网络具备相同的安全访问控制和边界控制策略，相同的网络安全域共享相同的安全策略。

安全域划分将完成对不同的域进行安全划分和隔离的工作。安全域划分好之后，安全域间的信息流控制遵循如下原则：首先，所有跨安全域的数据流必须在预先定义好的边界控制组件的控制下进行传递；其次，在边界控制组件中，除了明确允许流转的流量，所有的流量通行都将被拒绝；再者，边界控制组件发生故障时，也不会发生跨越安全域的非授权访问；最后，严格防御和控制所有来自因特网的流量，每个连接和访问必须在被授权和审计的状态下进行。

云化的基础设施中应建立一套完善的安全资源池，部署有防火墙、负载均衡、IPS、WAF、防 DDoS 攻击、运维审计、设备漏洞扫描等安全设备和资源设施，对网络中的应用系统和通信数据进行有效保护，防止它们因人为恶意的或偶然的原因而遭到破坏、修改、泄露，保障用户的虚拟机、网络设备、操作系统、中间件和数据库不受数据中心内外网络的病毒感染威胁、黑客入侵威胁、安全漏洞威胁等，保证系统能连续可靠正常地运行，网络服务不发生中断。

各种安全能力可以通过传统的安全设备来实现，也可以通过软件部署在服务器上以 NFV 的形式来实现。随着 NFV 技术的不断发展，软件+服务器的能力形式将越来越多地被采用。通常，在 DC 边界部署传统安全硬件设备，作为第一道安全防线，阻止外部安全威胁。云资源池内部应考虑在安全域边界部署防火墙，实现域与域之间的安全隔离。

安全资源池部署如图 6-4 所示。

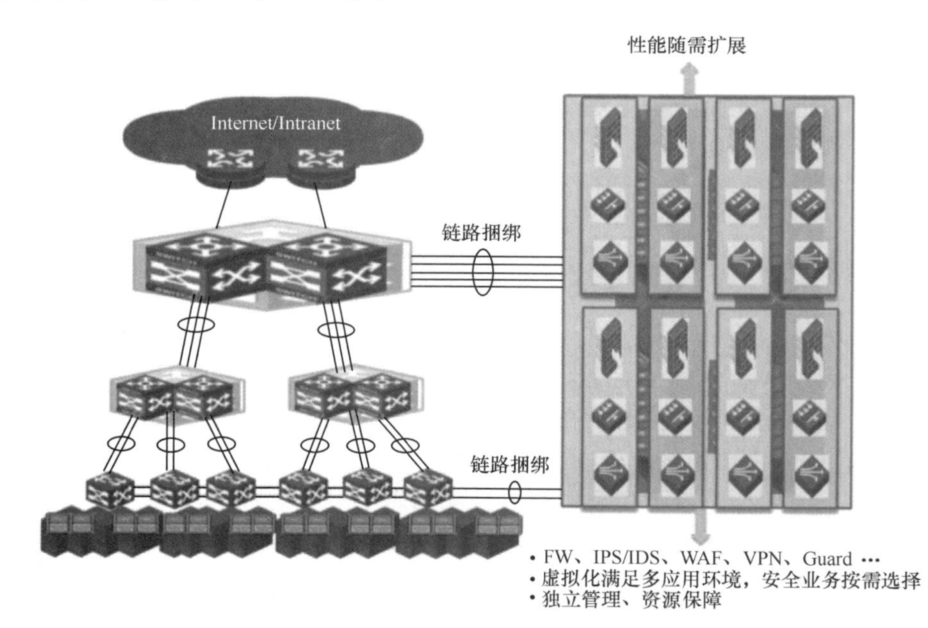

图 6-4 安全资源池部署

安全资源池的核心层通常由两台核心安全交换网关来构建，负责整个资源池上各应用业务数据和流量的高速交换。核心安全交换网关上部署有防火墙、IPS/IDS 等功能设备（可以是外置设备或者网关上插卡方式），实现资源池内各业务的安全防护与应用交付，并构建网络安全资源池，满足资源池横向各区域的安全防护需求，以及纵向各安全域、网络边界、切片、不同等级防护要求等。

两台核心安全交换网关可采用虚拟化技术，简化路由协议运行状态，简化运维管理，同时需要支持设备故障及链路故障后的快速切换，避免网络发生振荡，保证高可靠及横向互访大带宽。

在核心安全交换网关上可旁挂或串接部署 IPS/IDS 功能设备，能够对扩展到用户端、服务器及四至七层的网络型攻击提供防护，如病毒、蠕虫与木马程序以及各种应用层攻击等。在实际部署中，IPS/IDS 功能部署应支持按需分配方式，防止外部应用层攻击，保证系统和网络的高可靠性。同时，可以根据不同应用的实际需求，确定哪些业务流需要开启 IPS/IDS 在线安全防护功能，对于不需要在线安全防护的流量，则直接从核心安全交换网关进行转发、不经过 IPS/IDS 处理，从而降低对 IPS/IDS 的性能压力。WAF 功能的工作方式与 IPS/IDS 类似。

安全能力资源池应采用虚拟化技术建设，同时兼顾传统的安全设备及技术，符合将来的技术发展趋势，综合利用 SDN/NFV+VxLAN 等相关技术构建，实现各种安全功能、性能弹性扩展。

➢ 安全能力资源池由支持虚拟化技术的核心安全交换设备构建，满足性能、功能要求，核心安全交换设备应支持 VxLAN，根据业务需要，可以将整网的网关设置在核心安全交换设备上，通过核心网关来牵引和引导应用的流量通过安全设备。

➢ 根据各应用的安全需求，应在核心安全网络区配置应用防火墙、IPS/IDS、WAF、VPN、LB 等设备，可以旁挂于核心交换机两侧，也可以串接在核心网当中，针对“南北”向网络流量，进行专业的四至七层的安全策略防护，满足资源池内各种应用平台的安全防护需求。

➢ 根据不同应用、不同安全区域边界、不同切片防护的需要，对各个安全功能设备进行虚拟化，建立智能网络安全资源池，每个虚拟化功能（如虚拟防火墙、虚拟IPS/IDS、WAF、vLB 等）对应一个应用/安全域/切片，进行有针对性的安全策略部署。

➢ 对于资源池内“东西”向流量的访问控制、网络隔离，可以采用虚拟化层面的虚拟防火墙技术进行控制，也可以通过 SDN+VxLAN 技术基于安全业务链提供按需的安全服务。

SDN 作为一项新型网络设计框架，改变了传统网络控制数据流的方式，可以使网络管理员在不改动硬件设备配置的前提下，通过软件程序以集中控制方式重新规划网络，具备应用可感知、网络可编程、虚拟资源弹性化、跨域资源管理等主要特点。在 SDN 中，SDN 控制器的部署使得网络的控制和管理更加集中化和可视化，网络管理员可以按照不同应用的要求来配置业务下发策略，更加方便地保证各应用实例之间的隔离性，同时可灵活地设置访问外部网络的安全控制机制、内部网络互访的安全控制机制和流量控制机制。SDN 架构的这些安全机制，保证了云内部网络的隔离和基本访问安全。

使用 SDN 控制器，可以按照不同应用的要求来进行业务下发，保证各应用实例之间的隔离性，同时还提供访问外部网络的安全控制，以及内部网络互访的安全控制和流量控制。SDN 架构的这些安全控制机制保证了云内部网络的隔离和基本访问安全。

针对外部网络的访问控制，SDN 控制器使用 NAT 或弹性 IP 来提供云内应用对外部网络的访问功能，所有对外网访问的流量都会经过虚拟防火墙，用户在 SDN 控制器上对 NAT 或弹性 IP 配置的安全策略，最后都会下发到虚拟防火墙上来具体执行安全策略控制。

针对内部网络的访问控制，应用内部的虚拟机之间的网络访问提供了安全组功能来实现访问控制，安全组功能可以存在于虚拟交换机上，也可以存在于物理交换机（TOR）上，同时也支持子网之间的流量经虚拟防火墙来进行安全策略控制。

同时，基于不同的组网和硬件配置，SDN 控制器可以支持多种粒度的 QoS 控制：基于虚拟机端口的 QoS，基于子网的 QoS，基于租户的 QoS。用户可以灵活配置来实现相应的流量控制。

由于当前大多数传统的硬件安全设备都尚不支持 VxLAN 技术，可以通过在传统安全设备（防火墙、IPS/IDS、WAF、LB 等）边缘引入支持 VxLAN 的两台交换机作为安全资源池的核心交换设备，同时作为 VxLAN 代理设备，通过配置实现传统安全设备的 VLAN 到 VxLAN 的映射转换。

借助 SDN 中的流量引流，通过资源编排与业务链确定安全域内的安全策略和需求，再按需分别访问不同的安全系统。

（3）设备和计算安全

云计算环境中的设备和计算安全主要指的是主机安全和虚拟化安全。

主机包括资源池中部署各 VNF 的宿主机服务器、物理主机或者是一体机，其作为信息传递、存储和处理的重要主体，自身安全性涉及虚拟机安全、数据安全、网络安全等各个方面，任何一个主机节点的安全出现问题都有可能影响整个资源池系统的安全。主机安全主要通过数据库加固、操作系统加固、访问控制等措施来保证。此外，云计算安全在层级架构上与传统信息系统安全的最大差异在于，增加了“虚拟化安全”层。虚拟化带来的最大威胁就是虚拟机间资源未完全隔离。因此，虚拟化安全主要需要关注两方面：首先是从保证虚拟机内部的安全角度出发，其次是要对虚拟机之间进行安全隔离。

主机安全采用的安全手段主要包括主机安全加固、安全补丁、主机防病毒等。

主机安全加固：可以通过人工加固以及部署系统加固产品的方式，对数据库、中间件、主机操作系统等的安全配置进行检查，并调优和整改存在安全隐患的配置。

安全补丁：软件因自身设计缺陷而可能存在较多漏洞，杜绝这些系统漏洞的有效方式便是定期为系统安装补丁，防止不法分子利用这些漏洞对系统进行攻击。因此，云资源池中应提供统一的安全补丁管理方案，实现补丁测试、自动补丁安装、补丁版本回退等机制和功能；并结合虚拟机迁移控制，保证在补丁安装期间如发生服务器重启业务不被中断。

主机防病毒：如果采用传统安装防病毒客户端软件的方式，那么需要在每台虚拟机操作系统上都进行安装，这样在防护效果上就可以做到完全防护，但是将会对物理机产生较大的资源占用和资源消耗，因为每个防病毒客户端在进行病毒扫描和更新时都会消耗同一台物理主机的资源，当多个客户端同时执行病毒扫描和更新的操作时，资源占用和消耗的情况会变得更加突出。为避免产生防病毒风暴，虚拟化环境中一般采用无代理安全模式部署虚拟机防病毒软件，以一台物理机为一个管理单位，将安全防护进程集中部署在一台虚拟安全服务器中运行，由虚拟安全服务器分时扫描其他业务服务器虚拟机，负责其他所有虚拟机的安全防护工作。这样可以有效避免病毒防护工作同时占用大量底层资源，给整个数据中心的网络资源以及共享存储带来巨大压力。

而在虚拟化环境中，虚拟化安全威胁主要来自攻击虚拟化平台（例如虚拟化 Hypervisor、Host OS 被篡改）、虚拟化资源逻辑隔离导致的物理边界失效、虚拟机逃逸以及利用系统漏洞获得 Host OS 的特权等。这一层是云化安全较传统安全增加的最显著的安全风险。如前所述，虚拟化安全主要需关注两个方面，一是虚拟机内部的安全，二是虚拟机之间的安全隔离。

① 虚拟机内部安全

毋庸置疑，云计算的主要特征之一是构建于虚拟化技术之上，通过虚拟化技术实现资源共享程度的提高，云计算平台整体的安全程度很大程度上受制于虚拟化层的安全程度。VMWare NSX 的安全方案是当前虚拟化层比较成熟的安全方案，其他厂商的虚拟化软件安全方案基本上是与 VMWare NSX 相同的原理。该方案的实现机制主要是：通过虚拟化软件对外开放一个统一管理接口（如 ESX VMsafe 接口），在该接口之上叠加第三方安全防护软件，实现监控镜像文件完整性、监控虚拟化配置、管理虚拟化软件补丁、虚拟机防病毒、监控虚拟机异常操作等常见的安全类功能。

② 虚拟机之间的安全隔离

虚拟化层能够实现同一台宿主机服务器上开启的多台虚拟机之间的资源隔离，防止各台虚拟机之间发生数据被窃取或被恶意攻击的情况，保证周边虚拟机无法影响其他虚拟机的资源使用。用户使用虚拟机时，仅能访问属于自己的虚拟机的资源（如软件、硬件、系统和数据等），而访问不到属于其他虚拟机的资源，以此达到虚拟机安全隔离的目标。

云计算环境下，系统中虚拟机之间互访的东西向流量较大，如何保障跨物理机不同虚拟机之间的安全防护和流量控制，成为资源池中虚拟机安全隔离和防护的重点内容。常见的安全措施包括软件防火墙方案和虚拟机流量外引方案。软件防火墙方案是指通过在虚拟机上部署软件防火墙，保证同租户相同 VLAN 下虚拟机之间的访问控制，同时可基于业务需求和访问流量动态扩展资源，如不同虚拟机间的流量需要进行应用层的过滤和攻击防范。虚拟机流量外引方案中，将内部虚拟流量外引至外部的接入交换机中，接入交换机侧旁挂部署有防火墙、入侵防御、入侵检测、流量清洗等传统的网络安全设备，然后再由这些网络安全设备对流量进行相应的处理。

③ 基于虚拟机安全组的网络隔离

虚拟机安全组是一组虚拟机集合，同时也包括所有和这组虚拟机相关的网络安全规则的汇总。同一个安全组中的虚拟机往往分布在多台物理位置分散的服务器上，因此虚拟机安全组的功能是在一个物理网络中划分出多个相互隔离的逻辑虚拟局域网，保障虚拟机之间的通信安全。设置安全组进行隔离防护使得最终用户可以自行管控属于自己的多台虚拟机间的通信关系，也可以控制自己的虚拟机与其他人员的虚拟机之间的联通关系。原则上，虚拟机如果属于同一个安全组，则默认为可信对象、全部互联互通；而虚拟机如果属于不同的安全组，则默任为网络隔离、不可通信。虚拟机启动时，安全组规则一般随之自动生效，而当虚拟机迁移时，安全规则也会跟随虚拟机一并带过去。用户只需要提前设置好安全组规则，而无须关注虚拟机迁移至何处。

（4）数据和管理安全

数据安全是云数据中心安全的重点，用户数据和业务数据集中放在云端后，对于数据的截取或者窃取的恶意行为或攻击将更加集中。而管理方面的安全威胁主要来自对虚拟化管理平台 MANO 的攻击、虚拟化超级管理权限过大导致的滥用和误用以及非法/不安全的编排等。

➢ 数据安全

5G 网络云化之后，内部数据的隔离大多通过虚拟防火墙和多租户功能来实现，即：将物理防火墙虚拟成逻辑上相互独立的多个防火墙，每个虚拟防火墙均可以看成是逻辑独立、互不干扰的防火墙，这些逻辑独立的防火墙均配置有独立的接口、安全策略、会话表、路由表、用户管理信息、系统资源等。通过虚拟防火墙和多租户形式，将不同应用和切片的相关数据进行隔离，它们之间都是相互独立和封闭的，从而确保互不干扰和数据隔离。

此外，应考虑叠加采用多种数据加密技术及安全传输协议。对传输中的数据流采用加密技术进行加密，可以有效防止数据被不法分子轻易地窃听和破坏；信息传输中利用高等级的安全散列算法来保护重要信息的传递过程，避免信息在传递过程中被轻易篡改。系统应对用户信息、计费信息、业务数据及网络数据等重要数据执行定时备份机制，备份可选择本地备份、异地副本等多重备份方式，有效防止数据丢失、造成不可挽回的损失。

与此同时，数据库是客户数据信息的最终载体，是整个信息系统安全的核心。不同于网络传输，数据如果在数据库中被篡改或丢失，是难以恢复并可能造成严重后果的安全事件。因此，云平台中首先应选择具备高安全防护机制的数据库系统，采用基于强壮安全性口令和密码算法的身份登录验证措施，防止数据库中存储的数据被破坏和窃取；其次，较为重要的一点是，云平台需要具备数据库安全审计功能，可以对数据库服务器的所有操作行为进行监控和记录，并支持对操作行为数据进行智能分析，审计记录和分析结果将存入审计数据库中以便日后查询和展现。

➢ 管理安全

为应对上述管理和编排方面的安全风险，可采用以下安全措施：网元、MANO、SDN 控制器、服务器和交换机硬件设备应支持日志功能，应记录用户的操作，并支持远程日志上报功能；系统应具备记录 3 个月内用户操作的能力；系统应通过 Syslog 方式向日志审计系统开放日志接口传递日志文件；系统中的防病毒系统、防火墙设备、账号管理系统、日志审计系统等均应纳入安全管理系统的统一监控范围内；安全管理系统中应设置有安全资产管理模块，在各设备和系统入网前应将配置数据配置到安全资产管理模块中，以便后续统一管控。建立 SIEM 系统，具备收集审计文件的能力，包括数据库审计日志，以及网络设备、操作系统、防火墙和应用程序的事件信息等。

6.4.3 边缘计算安全

在 5G 架构设计中，通过用户平面数据网关的下沉部署、灵活分流等实现对移动边缘计算的支持。同时，边缘计算可将移动网络的位置服务、带宽管理等服务开放给上层业务应用，优化已有业务应用，开发新的商业模式，并进一步促进移动通信网络及业务的深度融合，从而提升网络价值。

由于边缘计算平台和边缘计算应用部署在通用服务器上，并靠近用户，处于相对不安全的物理环境中，因此当管理控制能力薄弱时，就容易产生移动边缘计算平台和移动边缘计算应用遭受非授权访问、敏感数据泄露、DDoS 攻击、物理设备遭受物理攻击等安全问题。

MEC 向移动产业提供了一种新的业态，它的开放性更高。MEC 采用开放架构，运营商可以通过它对第三方开放无线接入网。运营商也允许第三方快速、灵活地在 MEC 平台上部署应用及服务。MEC 平台的开放性带来了部署的便利，但同时也增加了暴露风险，安全管理的难度也因此急剧增加。一方面，5G 引入了虚拟化技术，网络安全的边界难以界定，这给基于边界的访问控制策略的制定带来了挑战。另一方面，MEC 节点的资源有限，安全服务的部署对资源的需求难以保障。

1. MEC 面临的安全风险

对于运营商网络，一般认为核心网处于相对封闭的机房环境，容易受运营商管控，安全性有一定的保证。而无线接入网相对更接近用户，处于不安全的环境中。边缘计算的本地业务处理特性，使得数据在核心网之外终结，运营商的控制力减弱，攻击者可以通过边缘计算平台或边缘计算应用攻击核心网，造成敏感数据泄露、DDoS 攻击等。因此，边缘计算安全成为边缘计算建设必须要重点考虑的关键问题。

根据 ETSI 的标准，MEC 网络架构包括系统级架构和主机级架构，其中，MEC 系统级架构以 MEC 编排器为核心，MEC 编排器负责 MEC 系统的全局管理及调度；MEC 主机级架构包括虚拟化基础设施管理器、MEC 主机、MEC 平台管理器。其中，虚拟化基础设施管理器和 MEC 平台管理器接受 MEC 编排器的控制，实现 MEC 主机和应用特定功能管理，提供虚拟资源的实例化。MEC 主机中的 MEC 平台提供系统功能服务、流量规则控制、服务注册和 DNS 域名处理解析等能力。根据 ETSI 的 MEC 架构，其安全威胁如图 6-5 所示。

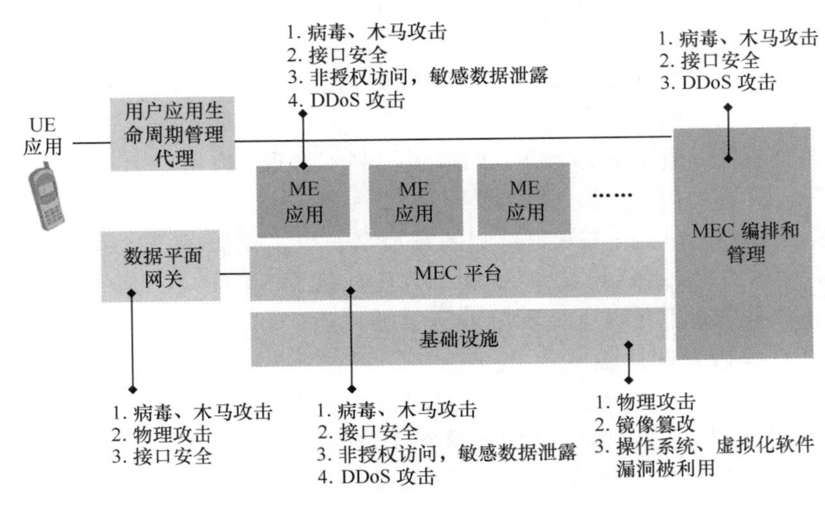

图 6-5　边缘计算安全威胁

MEC 的安全风险主要包括以下几点。

（1）基础设施风险

MEC 网络以虚拟化的方式部署在云化基础设施上，因此 MEC 首先面临的就是云化基础设施安全风险。云化基础设施采用虚拟化技术，这导致安全边界模糊，存在资源的越权访问风险。此外，虚拟机和容器都能进行弹性扩容、缩容，如果有些安全策略是人工维护的，则安全策略有可能遗漏动态变化的部分资源，这会导致安全策略不一致。如果云资源基础设施的软硬件发生故障，也将直接影响 MEC 网络的安全性。

（2）MEC 平台风险

MEC 平台是 MEC 网络节点的控制中心，负责提供 MEC 系统服务的 DNS 域名解析处理、服务注册、功能服务、流量规则控制和应用权限控制等能力，MEC 平台将面临权限管控或者权限不可用等风险。

➢ 如 MEC 平台的某些用户或应用的权限设置不当，就会使非法应用能越权访问其他服务。

➢ 如 MEC 平台受到 DDoS 攻击，则 MEC 平台的可用性会急剧降低，从而影响整个 MEC 网络节点的可用性。

➢ 如非授权设备访问 MEC 平台，则攻击者可以通过非授权设备进行恶意配置，从而影响 MEC 主机以及应用的正常运行。

➢ 如 MEC 平台的 DNS 域名解析或流量规则控制有漏洞，或者规则被非法更改，则正常用户的流量可能被引导到非授权的应用。

（3）MEC 应用风险

MEC 应用包括运营商自营 MEC 应用及第三方的 MEC 应用。MEC 应用一般基于主机的虚拟资源实例化，然后对接主机提供的服务，并接受 MEC 管理平台的管理，对外提供行业应用服务。MEC 应用面临服务能力滥用、不可用、泄露用户的个人数据等风险。

➢ 多个应用同时承载在 MEC 主机上，这也增加了安全威胁的攻击面。多个应用之间的防护能力和安全等级要求不一样，如果安全隔离不合适，某一个应用由于自身漏洞被利用后，就可以对其他应用进行恶意攻击。

➢ 多个应用共享资源，如果某一个应用因为外部攻击或者自身异常运行，导致资源占用过高，这也会影响其他应用的正常运行。

➢ 一般情况下，应用对外开放，如权限控制不合理，应用能力就存在被恶意使用、被滥用的安全风险。

➢ MEC 具有“基于用户信息感知的高质量、个性化服务”的特点，MEC 应用可以接触到大量的终端设备和移动用户的个人隐私数据，如移动轨迹、位置、用户身份等，因此用户的个人隐私数据就面临着巨大的风险。

（4）MEC 编排管理风险

MEC 编排管理是实现 MEC 网络节点灵活部署应用的核心，编排管理包括 MEPM、MEC 编排器以及 VIM，它也面临编排管理失效、被非法控制等风险。

➢ 一旦网络连接发生故障，编排管理的通信链路就不可用，这将导致无法下达编排管理指令，或者编排管理的通信链路被非法截取，则编排管理指令可能被恶意修改。这里的编排管理通信链路包括 MEPM 和 MEC 平台以及编排器和 MEPM 之间的信道。

➢ 当编排管理权限被非法使用时，非法用户就可以超越权限对其他应用进行生命周期管理。

➢ 当编排管理系统被仿冒，仿冒者就可以利用假系统对 MEC 网络节点进行恶意编排管理，这将给整个 MEC 网络节点带来巨大的安全风险。

➢ 当 MEC 编排管理系统遭遇非法入侵，攻击者就可以获取资源控制权或获取管理信息，从而非法控制 MEC 网络。

➢ 当虚拟资源管理系统遭遇非法入侵，MEC 应用的虚拟镜像就存在被非法修改、被非法访问的风险。

（5）数据平面网关风险

数据平面网关面临木马、病毒的攻击；攻击者通过数据网关可以获取敏感数据，或者篡改数据网关配置，并进一步威胁 5G 核心网的安全；数据平面网关负责 MEC 网络平台之间的数据传送，这些数据面临被拦截、重放、篡改等风险。

2. MEC 的安全防护思路

经过以上风险分析，MEC 网络面临的安全风险与云网络基础设施近似。黑客可以通过网络、计算、存储、虚拟化层以及编排管理层暴露的漏洞及后门，渗透到 MEC 资源管理，破坏硬件及服务的可用性，控制 MEC 业务应用与 MEC 系统，进而窃取重要的运营数据。与此同时，由于 MEC 网络也承载了第三方的 MEC 应用，这也增加了网络防护的攻击面，MEC 能力开放也放大了这种风险，并且难以杜绝。所以，MEC 的网络安全防护可以参考云网络基础设施的安全防护，通过规范基础设施、应用系统的配置，加强安全隔离和访问控制，提升 MEC 网络节点自身的安全防护能力。同时，加强 MEC 应用安全控制，进行更细粒度的业务授权及细粒度流量管控，并加强编排管理安全。

边缘计算安全防护框架如图 6-6 所示。

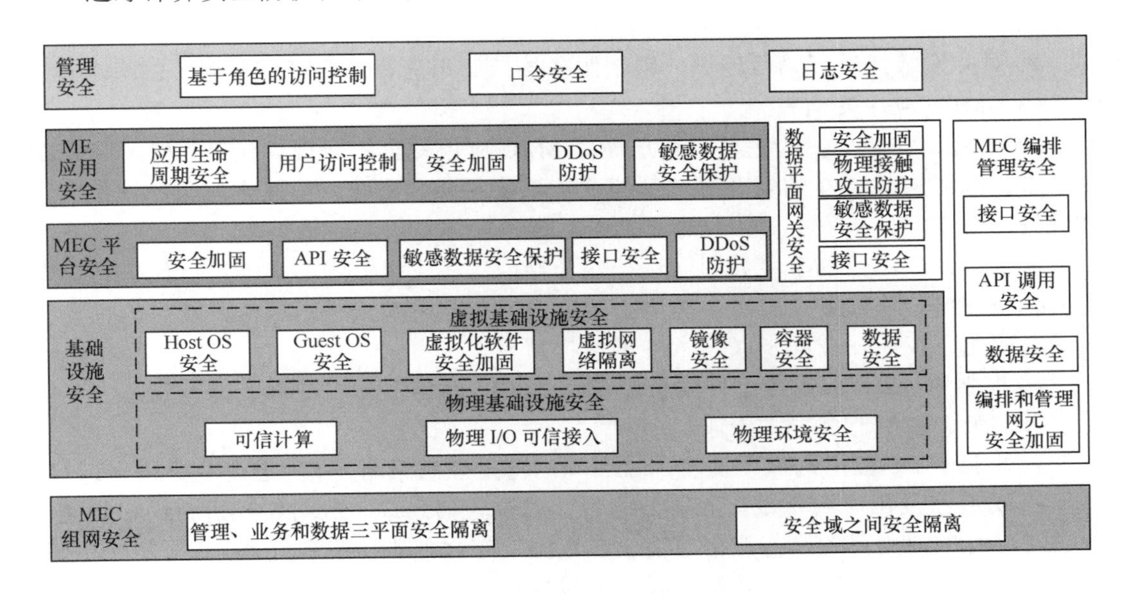

图 6-6　边缘计算安全防护框架

（1）基础设施安全

在云基础设施安全方面，应通过加锁、人员管理等措施保证物理环境安全，并对服务器的 I/O 进行访问控制。条件允许时，可使用可信计算保证物理服务器的可信。在虚拟基础设施安全方面，应对 Host OS、虚拟化软件、Guest OS 进行安全加固，防止镜像被篡改，并提供虚拟网络隔离和数据安全机制。

部署容器时，还应考虑容器的安全，包括容器之间的隔离、容器使用 root 权限的限制等。

（2）MEC 平台安全

MEC 平台安全保护的重点是加强对 MEC 应用的权限控制和接口管控，规范 MEC 网络节点配置，提升平台自身的安全稳定性，具体措施如下。

➢ 加强 MEC 应用的安全审核机制，在应用注册前先进行认证，对应用调用者进行认证授权，并对 API 权限进行分级控制。

➢ 启用内核安全分级控制机制，对进程的访问权限进行分级控制，配置基线核查，从而降低安全风险。

➢ 加强接口的安全管理，对每个 API 网关的数据请求进行分组合法性校验，同时启用 API 白名单，按照名单过滤发往 API 网关的应用请求，并监控 API 的调用操作，一旦发现敏感操作，及时截断，避免进入授权环节。

MEC 平台也应保障 MEC 服务的高可用性，规范安全配置，具体如下。

➢ 对服务设置熔断条件，遇到异常情况时暂停服务。

➢ 细化完善服务调用失败时的回滚处理程序，防止进程锁死。

➢ 监控微服务的可用性，为异常微服务设置异常处理流程。

➢ 对服务调用超时情况进行策略控制，避免异常服务抢占共享资源。

➢ 让不同类的业务在不同的进程池中运行，防止异常业务发生时不同类业务之间的影响。

➢ 对并发数量进行阈值控制，限制服务接口调用速率，保证核心服务的可用性。

（3）MEC 应用安全

MEC 应用安全防护的主要思路是规范 MEC 应用安全的配置、代码开发、降低安全风险，同时加强 API 的安全开放管控，防止挤占公共资源、第三方应用非法接入、敏感信息泄露等风险，主要措施如下。

➢ 对 MEC 应用的全生命周期进行安全管控。在应用上线前必须进行代码安全审计及镜像扫描，消除安全隐患。应用上线后定期对应用安全进行评估，及时检查安全风险。应用下线后，应同步取消 API 的操作授权。

➢ 加强对 MEC 应用的运行安全监控，对 API 网络活动、进程、运行状态、调用等进行监测，在线监控异常操作。

➢ 根据 MEC 应用的重要程度配置不同的流量控制策略，保障重要业务稳定运行。

➢ 对于涉及用户隐私数据服务的调用，如位置信息等，应对授权进行严格控制，同时对信息的使用目的进行严格监控，在数据发布之前进行脱敏处理。对容器内的敏感信息加密存储，并对用户解密权限进行授权控制，防止非授权用户或应用检索历史记录。

（4）数据平面网关安全

数据平面网关安全包含数据平面的网关敏感数据保护、安全加固、接口安全以及物理接触攻击防护，并实现用户数据按照分流策略进行正确的转发。具体包括：数据平面与交互的核心网元之间、数据平面与MEP之间应进行相互认证；对MEP与数据平面之间、核心网网元与交互的数据平面之间的通信内容应进行完整性、机密性和防重放的保护；对数据平面的敏感信息（如分流策略等）进行安全保护；数据平面是核心网的数据转发网元，从核心网MEC下沉到无线接入网，应防止攻击者非法修改数据平面网元的配置数据、获取敏感信息等。

（5）MEC编排管理安全

编排管理安全的目的是保障编排管理的可信、可用，具体措施如下。

➢ 提升连接的可靠性，对编排管理的双方网元进行双向认证或者进行白名单接入控制。同时，对编排管理传输链路进行加密，防止编排管理信息泄露。

➢ 加强镜像安全，对容器镜像、虚拟机镜像进行数字签名保护，加载之前进行完整性、可靠性验证。对镜像仓库进行实时监控，防止非授权的访问或者非法修改。

➢ 加强维护管理人员的安全管理。远程维护管理必须由专用VPN设备连接接入。维护管理人员必须通过4A系统的认证授权后，才能进行维护管理操作，禁止绕过操作。对管理、维护进行细粒度分权、分域访问控制，隔离运营MEC应用和MEC平台，隔离运营第三方应用，避免超越权限操作和数据泄露。对第三方MEC应用的运维管控，应该采用专用通信链路。

（6）MEC组网安全

与传统的网络组网安全原则相似，MEC组网安全包含三个平面的安全域的划分和安全隔离。具体来说就是实现存储、管理、业务三个平面在流量上安全隔离；网络部署时，应该通过划分不同的VLAN等手段实现各个安全域之间的逻辑隔离，或者使用物理链路隔离方式实现不同安全级别、安全域之间的安全隔离，从而保证安全风险不在存储、管理、业务三个平面之间及安全域之间扩散。

（7）管理安全

与传统网络的安全管理一样，管理安全包含授权、日志安全、账号、口令的安全等，保证只有得到授权的用户才能执行相应的操作，所有操作记录日志都应留存。

5G MEC有不同的商业应用模式。MEC安全应根据安全防护框架的风险分析，提出相应的安全防护思路，同时，在安全防护方面也可以考虑采用安全虚拟资源全网智能调度及分布式推送技术来满足分布式MEC网络节点的安全防护要求。

6.4.4 切片安全

5G网络切片化的实现主要是通过采用SDN网络架构以及虚拟化技术，而网络功能以VNF虚拟化的功能运行在5G网络切片管理架构的NFVI基础平台中。通过SDN的配置把NFVI的各虚拟机连接成一个整体，在网络分区中VNF发挥着主要的管理功能，它通过NFV MANO为网络系统提供管理接口，以支持VNF虚拟资源和生命周期配置与管理、故障管理、性能管理以及网络服务生命周期管理。

同时，在各切片中，把同样功能的网络功能设置在各种位置上。对于车联网等要求超低时延的应用系统而言，可以和客户实现数据交互的 UPF 需要在完成集成后再连接到数据中心方可进行设置。但在除此以外的其他应用中，一般会把 UPF 设置于中央数据中心。对于车联网类的应用，通常要求移动化的网络功能；不过，对于远程医疗，则无需移动化功能，在配置这样类型的网络切片时，不必再增加移动化功能。而运营商能够通过虚拟化技术，把诸多网络切片同时部署在一个物理基础设施中，这样就要为多样化的应用提供不同的网络服务。同样的网络资源可以通过网络切片来实现共享，因此部署网络时必须保证各切片间的良好隔离，这是未来 5G 网络安全研究的主要内容。在网络单元中实现端与端之间的隔离，即可预防由于切片单元间共享资源引发的资源竞争，确保单元的正常部署与运行不受影响；而且也能够预防因为某个单元的失常而引发的系统性风险，从而可以实现对单元数据泄露和攻击扩散的有效预防。具体各网络切片的设置见图 6-7。

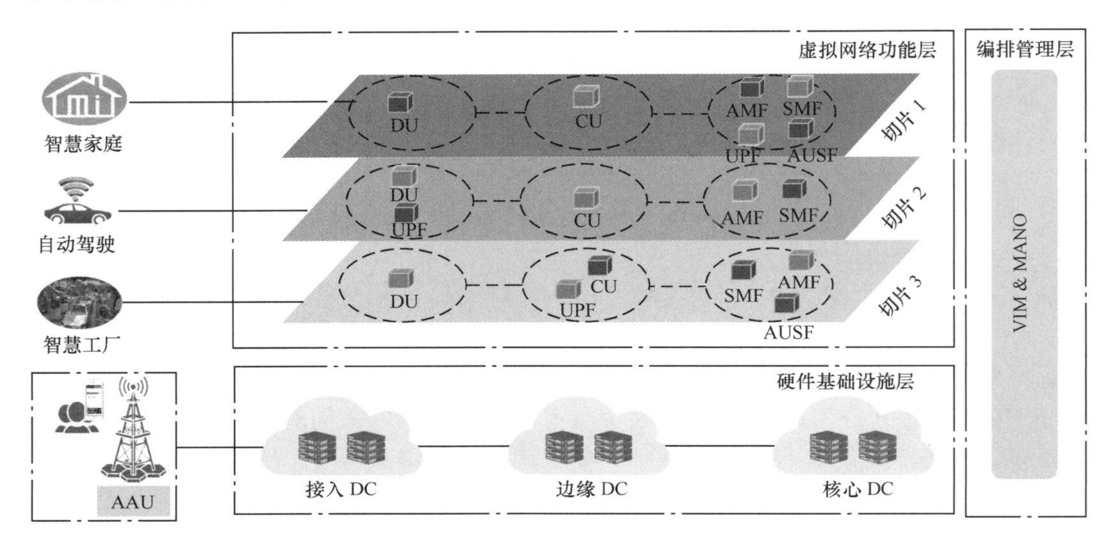

图 6-7　网络切片部署方案示例

1. 切片安全需求分析

依据 5G 网络切片的配置框架，在为指定客户按需提供网络切片服务时，需要借助虚拟化网络底层能力设施来实现上述功能，从这个意义上来说，网络切片内部与网络虚拟化是 5G 网络切片主要的安全风险来源。

5G 网络切片是 5G 网络的标志，也是其核心功能，能够为客户按需提供具体的组网需要，组网便捷机动。而这种机动灵活的特征，同样隐藏着新的安全风险。

（1）切片间的信息泄露、干扰和攻击

如果客户访问需要应用到诸多网络切片，这种访问就会给各切片数据信息的完全性与保密性带来压力，而如果网络切片间没有实现稳定的信息隔离，就会造成网络数据与用户数据的同步外泄。因此，如果攻击者访问某个片区后，就会造成除此片区以外其他片区资源的消耗，容易造成资源的缺乏，就很有可能会使其他片区受到拒绝服务（Denial of Service，DoS）攻击。而因为切片间存在极大的遭受攻击与信息泄露等风险的可能，因此必须要合理设置安全机制，有效管控切片间数据与信息的非法流动。

（2）切片的非授权访问

如果合法客户没有经过授权即执行切片，或是非法用户故意执行切片，都会造成资源的未授权访问，这样就会给合法访问切片带来较大的不利影响，从而影响客户的正常通信，同时也可能造成数据信息的被窃听或是被拦截。

（3）切片间的通信安全

如果处于特定环境中，要求通过网络切片来完成专用的网络功能，此时必须要实现各切片间的安全通信。核心网切片与无线接入网切片同样需要实现可靠稳定的通信，而网络切片间的接口极有可能在通信过程中遭受攻击，这就会使网络切片的完整性与保密性遭到破坏，从而影响正常的网络切片运行。

（4）与第三方交互的安全

获得授权的第三方可以以API创建与管理为基础来设置网络切片功能。设置时，第三方能够选择来自API的切片信息，再使用API发送管理切片的请求，这时就存在攻击者趁机攻击切片的可能，从而使攻击者可能非法窃取切片的数据信息，或是对切片的良好通信功能产生影响。

综上所述，切片必须具有下列安全保障。

➢ 保证所提供的隔离机制可靠有效，保证网络切片本身与各切片的资源无相互的干扰，同时应能够把隐藏的攻击控制在每个切片之内。

➢ 保证切片可对各种安全机制进行定义，以实现物联网应用要求的轻量级安全算法等各类切片安全要求。

➢ 能够保证可靠的切片内认证与授权体系，以预防非法访问影响用户切片资源。

➢ 保证只向授权的第三方提供在运营商有效控制下的网络切片开放管理功能。

➢ 保证在管理与认证切片时能够为用户数据隐私提供有效保障。

2. 5G网络切片的主要安全技术

关键的网络切片从本质上看就是把某个物理网络划分成诸多虚拟的端到端的网络，同时在逻辑上所有虚拟网络均存在着实时的网络资源，且这种网络资源是独立的。而结合差异服务环境中的通信业务要求，运营商能够对所有切片资源进行机动的配置。不过因为网络切片并不属于严格独立的网络，各切片彼此间存在着一定的关联性，这样就引发了切片间的干扰、攻击以及信息泄露等新的安全风险。本节结合网络切片当前面对的新风险，概括了涉及网络切片安全的核心技术。

（1）切片隔离

根据网络切片定义的功能要求，应基于签约数据、网络策略和能力要求将用户分配到网络切片的不同实例中，每个切片应该具有独立的安全策略，以可靠的方式相互隔离。当单个用户通过多个网络切片访问服务时，要提供切片间的安全隔离。网络切片安全隔离需要考虑网络切片实例的标识、切片选择和漫游场景，应确保网络切片实例资源不会相互影响。

（2）切片接入认证

为了确保用户能够正确选择和访问切片，将合适的网络切片分配给适当的签约用户，应保证切片的接入认证安全。当用户接入切片时，应对切片进行注册，通过切片访问控制保证用户接入正确的切片，通过会话机制防止用户的未授权访问。在切片选择过程中，应保证交互消息的真实性、完整性和机密性。

（3）安全机制的差异化

5G 网络切片应支持在认证方法、凭证类型、用户存储库、控制策略和安全策略等方面的安全机制差异化。安全策略包括隔离策略、加密算法、完整性保护算法、密钥长度以及密钥到期策略。应为每个网络切片定义不同的访问安全机制以及会话安全机制。

（4）切片的通信安全

切片通信安全是指根据网络切片功能的敏感级别和网络租户的需求，对网络切片之间的接口和通信进行保护。在切片和外部网络进行通信时，切片内 VNF 与外部网络 VNF 之间应相互进行认证，通过设置 VNF 访问白名单防止 VNF 之间的非法通信；同时应设置访问频率监控，防止 DoS/DDoS 攻击。在不同切片间进行通信时，管理层通过分权分域实现切片管理和编排隔离，网络层通过划分 VLAN 实现切片间的逻辑安全隔离；通过硬件资源的物理隔离保证一个切片的异常不会影响其他切片功能，切片之间通过加密隧道保证通信安全。在切片内的 VNF 之间进行通信时，VNF 之间进行相互认证保证通信双方可信，VNF 之间建立加密隧道保证通信安全。

（5）与第三方用户交互的安全

第三方垂直行业用户应通过标准化服务接口访问网络切片服务，用户必须通过传输层安全（Transport Layer Security，TLS）执行双向认证，在双向认证之后采用 OAuth 的授权机制对发送的服务请求进行授权，并利用 TLS 提供接口之间的完整性保护、抗重放保护和机密性保护。

（6）VNF 安全

在 VNF 的整个生命周期中，都需要严格做好安全认证和权限管理。在 VNF 包管理中，软件包/模板面临被非法访问、篡改、删除的风险，因此需要在上传过程中进行完整性、可信性检查，并存储在安全可靠区域，如需访问，则需要进行认证与授权。在 VNF 实例化前，需要进行完整性验证、认证和权限验证，避免由于软件包/模板被篡改而使实例化成为非法的 VNF。在 VNF 实例管理、VNF 弹性伸缩过程中，需要充分的认证和权限验证，避免攻击者非法获取 VNF 实例状态和资源使用情况，并通过篡改弹性伸缩阈值条件导致资源的过度消耗。

3. 各场景下的切片安全机制

网络切片的诸多功能使之已经成为 5G 网络的核心内容，因为网络切片的存在保证了运营商可结合市场的多样化需要来构建个性化网络，以提供最佳的解决方案。

网络切片的功能共享以及各切片间的隔离可能引发较大的安全风险。在部分环境中，第三方被授权可运行网络切片本身的功能，有时还可将功能全部授权给诸如企业或特殊行业等第三方进行管理。而对于各种网络切片的安全要求而言，其中的切片隔离直接决定了切片安全保护的效果。

有多种模式可接入 5G 网络业务，UE 可使用 3GPP 和非 3GPP 接入系统、可信/不可信网络等多类型连接 5G 网络，也能连接多切片提供的业务。5G 网络丰富的功能组合使其拥有了更多的部署场景。

各种安全等级的 5G 网络均可采用网络切片来实现按需组网与安全分类，简单来说，就是采用切片安全核心技术，结合业务环境与要求来可靠地隔离切片，通过各种安全机制明确各类安全等级，为终端接入认证和切片安全通信提供保障。其中，UE 和切片间安全、切片内 NF 间的安全以及切片内 NF 与切片外 NF 之间的安全等构成的安全机制详见图 6-8。

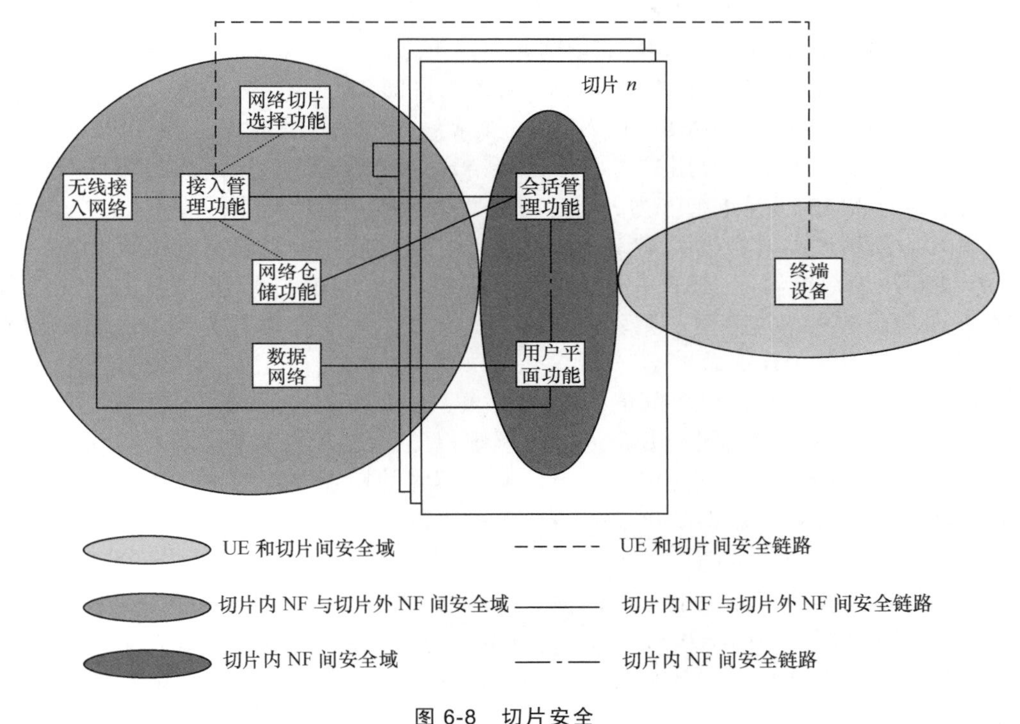

图 6-8 切片安全

（1）UE 和切片间安全

UE 和切片间通过接入策略控制来应对访问类的风险，由 AMF 对 UE 进行鉴权，从而保证接入网络的 UE 是合法的。另外，可通过设置 PDU 会话机制来防止 UE 的未授权访问，具体方式为：AMF 通过 UE 的 NSSAI 为 UE 选择正确的切片，当 UE 访问不同切片内的业务时，会建立不同的 PDU 会话，不同的网络切片不能共享 PDU 会话，同时,可在建立 PDU 会话的信令流程中增加鉴权和加密环节。UE 的每一个切片的 PDU 会话都可以根据切片策略采用不同的安全机制。

当外部数据网络需要对 UE 进行第三方认证时，可由切片本身的 SMF 作为可扩展认证协议（Extensible Authentication Protocol，EAP）认证器，为 UE 进行第三方认证。

（2）切片内 NF 与切片外 NF 间安全

由于安全风险等级不同，切片内 NF 与切片外 NF 间的通信安全可以分为以下 3 种情况。

➢ 切片内 NF 与切片公用 NF 间的安全

公用 NF 可以访问多个切片内的 NF，因此切片内的 NF 需要采用安全机制去控制来自公用 NF 的访问，防止公用 NF 非法访问某个切片内的 NF，以及防止非法的外部 NF 访问某个切片内的 NF。

网管平台通过白名单机制对各个 NF 进行授权，包括每个 NF 可以被哪些 NF 访问，每个 NF 可以访问哪些 NF。

切片内的 SMF 需要向 NRF 注册，当 AMF 为 UE 选择切片时，询问 NRF，发现各个切片的 SMF，在 AMF 和 SMF 通信前，可以先进行相互认证，实现切片内 NF（如 SMF）与切片外公用 NF（如 AMF）之间的相互可信。

同时，可以通过对 AMF 或 NRF 进行访问频率监控或者部署防火墙来防止 DoS/DDoS 攻击，防止恶意用户将切片公有 NF 的资源耗尽，从而影响切片的正常运行。比如，为 AMF 部署防御能力，进行访问频率监控，当检测到同一 UE 向同一 NRF 发送消息的频率过高时，则强制该 UE 下线，并通过接入控制限制其再次上线，防止 UE 的 DoS 攻击；或者对 NRF 进行访问频率监控，当发现大量 UE 同时上线，向同一 NRF 发送消息的频率过高时，则强制这些 UE 下线，并限制其再次上线，进行接入控制，防止大范围的 DDoS 攻击。

➢ 切片内 NF 与外网设备间的安全

切片内 NF 与外网之间的安全通过部署虚拟防火墙或物理防火墙来实现。如果在切片内部署防火墙，则可以使用虚拟防火墙，不同的切片按需编排；如果在切片外部署防火墙，则可以使用物理防火墙，一个防火墙可以保障多个切片的安全。

➢ 不同切片间 NF 的隔离

不同的切片要尽可能保证隔离，各个切片内的 NF 之间也需要进行安全隔离。比如，部署时可以通过 VLAN/VxLAN 划分切片，基于 NFV 的隔离机制来实现切片的物理隔离和控制，保证每个切片都能获得相对独立的物理资源，从而一个切片出现异常后不会影响其他切片。

（3）切片内 NF 间安全

切片内的 NF 之间通信前，应先进行认证，确认对方是可信 NF，然后通过建立 IPSec 等安全隧道保证通信安全。

4. 网络切片隔离方案

运营商运用虚拟化技术，可于同一个物理设施上同时部署多个网络切片，能够给不同的应用商提供网络技术服务。因为网络切片可以共享，所以切片之间间隔的距离尤为重要，这便是对 5G 网络安全进行研究的主要方向。对网络切片实行端到端的间隔，一是可以预防切片对资源的争夺，从而不会影响切片的部署和正常运行；二是可以避免因一个切片发生异常情况（如受到外部攻击和内部安全威胁）时会影响另一些切片的安全，防止攻击扩散导致切片的数据信息泄露。

5G 核心网是以虚拟化网络作为基础，它的架构部署可分为资源层、管理层和网络层。网络切片的安全隔断可以通过架构层级的三层隔离来实现：一是对底层的资源层所对应的切片层进行隔离，二是对网络功能层进行隔离，三是对管理调度层进行隔离。按照网络应用的不同安全需求，可以选用物理隔离与逻辑隔离两种方法。

将单独的物理资源配置给网络切片即为物理隔离，每一个切片对物理资源都拥有独占权，而且互相之间没有影响，和传统的物理专网较类似，如同图 6-9 内的工业控制切片。

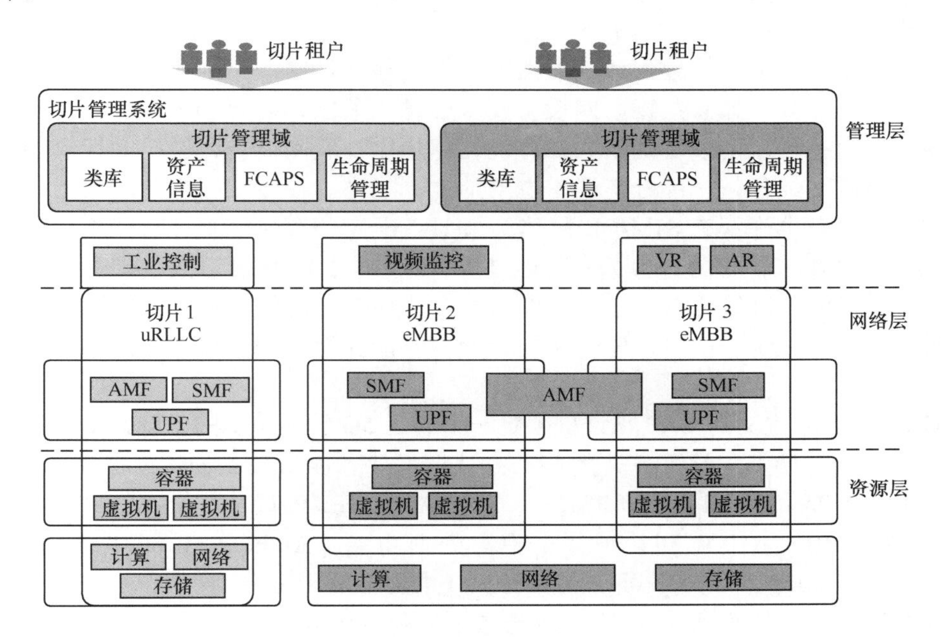

图 6-9　网络切片隔离方案

建立于共享资源池上的许多个网络切片的阻隔机制就是逻辑隔离。但对资源层的隔离，可参照 NFV 隔离机制。网络层的 NF 隔断分为片间隔断和片内隔断。片间隔断是基于虚拟机或者容器的隔断机制。例如，用来处理用户签名和存储数据的 UDM，与其他 NF 相比，对安全性的要求更高，所以必须要在一个片中隔离出多个 NF，而当各 NF 之间需要通信时，需获得身份认证后才可以建立通信链路。在管理层上开展分区阻隔，对各使用的租户配置不同的权限和账号，每一个租户只可以维护和管理属于自己的网段，无法管理与维护另外租户的网段。而且管理的界面同样需要对通道加密等配置实行安全保护。

6.4.5　接入和终端安全

以往的通信网络主要是要满足人与人之间的通信，而 5G 网络是要满足人与物、物与物之间的通信，因此 5G 网络应该支持多种网络接入，如 LTE、WLAN、5G NR、固定网络、卫星接入、物联网、车联网等，不同网络使用的接入技术不同，因此就会有不同的安全需求和接入鉴权机制。此外，由于各种智能穿戴设备的兴起，一个用户可能会携带多个终端，而且一个终端也可能会同时支持多种接入方式。有些应用场景可能需要一个终端在不同的接入方式间进行切换，或者当用户使用不同的终端进行相同的业务时，要能进行快速认证以保持业务的延续性，从而获得良好的用户体验。因此，5G 网络需要建设一个统一认证框架来融合不同的接入鉴权方式，并针对不同的接入鉴权方式优化鉴权协议，如上下文安全传输、密钥的更新管理等，以此提高终端在不同制式的网络间进行切换时的安全鉴权效率，同时还可以确保同一业务更换终端或接入方式后能够获得连续业务的安全保护。

不同类型的设备必然导致计算能力的差异，即便是同一类型的设备，计算能力也可能有较大的差异。如有些物联网设备要求轻量、节能，需要一年或者好几年才能更换一次，而有些物联网设备则不太在意能耗。相比物联网设备，手机的计算能力不断增强，已经赶上或超越了部分笔记本电脑的计算能力。在 5G 网络的应用场景中，计算能力强的设备也许配有 SIM/USIM 卡，并具备一定的存储能力，有些移动终端设备没有 SIM/USIM 卡，它的身份标识可能是 MAC 地址、IP 地址、数字证书等；有些能力弱的终端设备，可能没有特定的硬件来安全地存储身份标识和认证凭证，因此，5G 网络需要建设一个统一的身份管理系统，使得其能支持不同的认证方式、认证凭证及身份标识。

RFC 3748 中定义的 EAP 认证框架是一个满足 5G 统一认证的备选方案。EAP 认证框架是一个能支持多种认证方式的第三方认证框架，能封装多种认证协议，如 EAP-预共享密钥（Pre-Shared Key，PSK）、EAP-AKA、EAP-TLS 等。在 3GPP 所定义的 5G 系统架构中，AUSF 和认证凭证库与处理功能（Authentication Repository and Processing Function，ARPF）可完成传统 EAP 框架中的认证服务功能，AMF 网元可完成接入控制及移动性管理功能，5G 统一认证框架如图 6-10 所示。

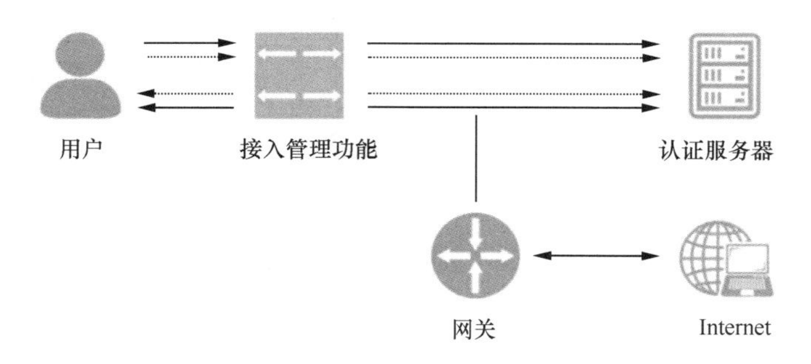

图 6-10　5G 统一认证框架

在 5G 统一认证框架中，不同的接入方式都可以在 EAP 框架下接入 5G 核心网：用户通过 WLAN 接入可使用 EAP-AKA'认证，有线接入可采用 IEEE 802.1x 认证，5G 新空口接入可使用 EAP-AKA 认证。不同的接入网使用逻辑功能统一的 AMF 和 AUSF/ARPF 提供的认证服务，在此基础上，用户在不同的接入网间进行无缝切换就成为可能。5G 网络安全架构明显不同于以往的移动网络安全架构。EAP 统一认证框架的引入不仅能降低运营商的投资和运营成本，也可以为将来 5G 网络在提供新业务时对新用户的鉴权打下坚实的基础。

6.4.6 认证与鉴权

1. 4G 认证鉴权分析

4G 网络中，MME 向归属地环境（Home Environment，HE）发送携带有国际移动用户识别码（International Mobile Subscriber Identity，IMSI）的鉴权数据请求消息，MME 接收到鉴权消息后，将鉴权消息中的认证令牌 AUTN、随机号码 RAND 和 K_{Slasme} 发送给 UE。UE 接收到鉴权请求消息后，将计算结果与 AUTN 中的 MAC 进行比较，若二者一致则网络合法，否则网络非法。同时，UE 通过检验序列号码（Sequence Number，SQN）是否在有效范围内来判断其是否合法，用以防范重放攻击。若上述两项验证均成功，则 UE 将鉴权消息 RES 发送给 MME，MME 将接收到的 RES 与鉴权消息中的 X_{RES} 进行比较，若一致则鉴权成功，否则鉴权失败。因此，4G 系统的鉴权也是双向鉴权，在鉴权过程完成后还要进行密钥协商。网络和 UE 之间双向鉴权，并共享密钥 K_{ASME}。虽然 4G 的安全层次和密钥管理机制相比 3G 系统有了很大的改进，但仍存在以下 3 个方面的安全问题。

一是密钥安全体系不够完善，过度依赖密钥 K。4G 系统的用户鉴权和密钥协商机制采用分层的密钥体系，即根密钥 K 是永久性根密钥，机密性密钥 CK 和完整性保护密钥 IK 是 AUC 和 USIM 卡在 AKA 认证过程中根据 K 和 RAND 协商的一对密钥，而终端和核心网的所有中间密钥（K_{UP}、K_{ASME}、K_{eNB}、K_{NAS}）都是通过 IK 和 CK 推演得到的，由此可见，根密钥 K 是 4G 网络整个安全体系的根基，倘若攻击者获得了 K 这个根密钥，则整个 LTE 网络对攻击者而言就是透明的。攻击者可以采用主动攻击手段攻击 eNB，也可以采用被动攻击手段在空中信道窃听核心网发送的鉴权消息和用户终端发送的回复 RES。而由于根密钥 K 是保持不变的，攻击者通过学习大量的鉴权参数样本就可以进行猜测攻击。

二是密码体制存在局限性。4G 网络采用对称密码体制，虽然其具有安全性能高、算法处理速度快等优点，但在密钥协商完成之前，网络和 UE 必须以明文传递消息，这将直接导致鉴权认证前的信令不能被有效保护，因此 2G、3G 及 4G 系统中一直存在 IMSI catcher 的问题。这是对称密码体制的天然缺陷所导致的，而非对称密码体制能够有效解决这一问题。

三是 eNB 安全问题。3GPP 认为，如果 eNB 部署在不安全的环境中，则 eNB 将面临的一个很大的安全问题是攻击者有可能直接非法占领控制该 eNB。因为目标 eNB 的密钥 K_{eNB} 可以经源 eNB 上的密钥 K_{eNB} 推演得到，如果攻击者控制了源 eNB，就可以推演得到目标 eNB 的密钥 K_{eNB}，从而导致威胁逐步扩散。那么，当用户终端跨小区切换，终端密钥不进行用户设备切换时，接入层密钥 K_{eNB} 更新就不具备后向安全性。

2. 5G 认证鉴权方案

3GPP 已发布的 SA 及 NSA 方案中都已经对 5G 认证鉴权方案进行了描述。其中，针对 4G 网络鉴权存在的安全问题，5G 鉴权方案也专门做了修正，最典型的突破就是使用公私钥加密体制来防止 IMSI 被捕获。手机的真实身份在 5G 系统中被称为用户永久标识符（Subscription Permanent Identifier，SUPI），类似于 IMSI，通过公钥加密后的密文为用户隐藏标识符（Subscription Concealed Identifier，SUCI），SUCI 将其传送给基站后，基站就直接上传至核心网。

5G 系统有两种认证鉴权协议，分别为 EAP-AKA′和 5G AKA。5G AKA 和 EAP-AKA′非常相似：它们依赖相同的安全机制，如 K 作为共享的密钥 challenge 响应，SQN 用于重放攻击保护，并使用类似的消息加密。主要区别在于一些具体流程和关键派生函数的改变。

5G AKA 认证鉴权流程如图 6-11 所示。

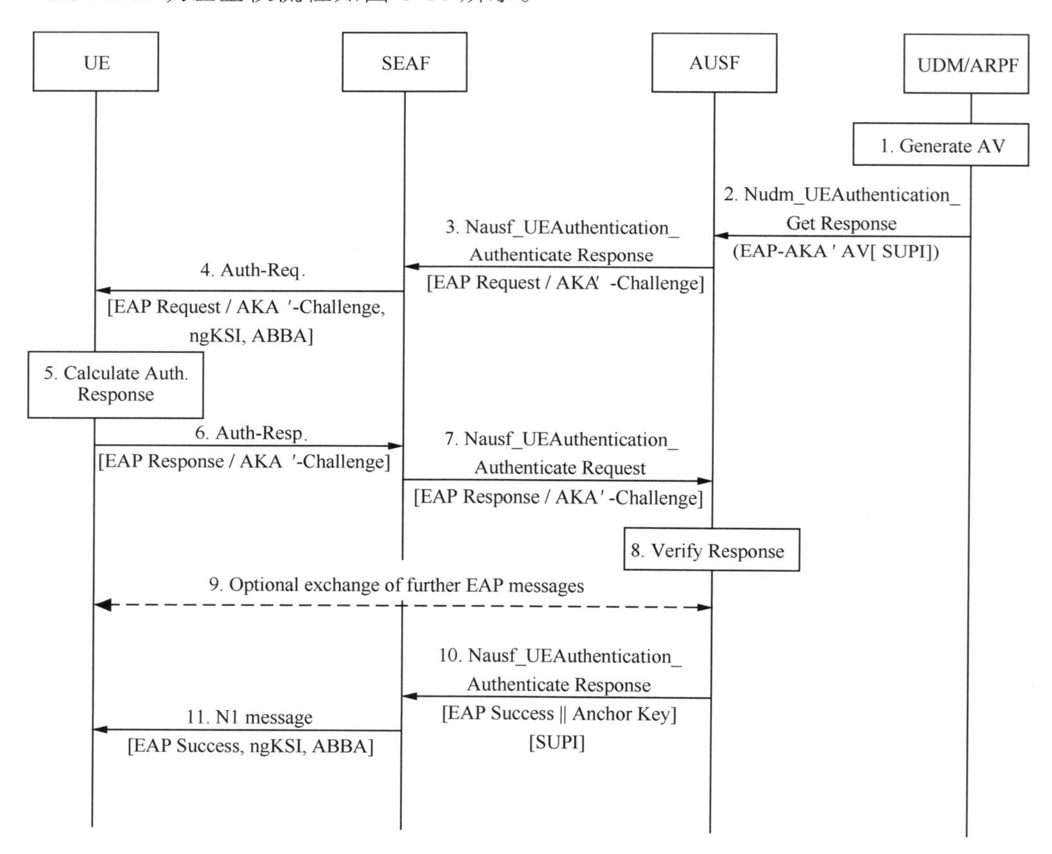

图 6-11　5G AKA 认证鉴权流程

当采用 5G AKA 协议进行认证鉴权时，服务网络（Serving Network，SN）触发用户的认证，用户终端发送 SUPI 随机加密：SUCI=（aenc（（SUPI，Rs），pkHN），idHN）。其中，aenc（·）标识非对称加密，Rs 为随机数，idHN 是归属地网络（Home

Network，HN）的唯一标识。标识符 idHN 使 SN 能从合适的 HN 请求到认证资料。HN 接收到 SUCI 以及 SN 的身份（Snname）信息后，检索 SUPI 和用户身份，选择认证方法。需要注意的是，SUPI 还包含 idHN，它标识用户及其 HN。密钥 K 用于长期共享密钥，SQN 为用户提供重放保护。虽然 SQN 应在用户与 HN 之间进行同步，但有可能由于消息丢失等原因未实现同步，此时使用 SQN_{UE}（或 SQN_{HN}）指代存储在 UE（或 HN）中的 SQN 值。5G-AKA 协议包括两个主要阶段：质询—响应阶段和可选的重新同步阶段（在 SQN 不同步情况下更新 HN 侧 SQN）。

第一阶段为质询—响应阶段。收到认证鉴权请求后，HN 用以下参数构建认证质询：AUTN（证明挑战的新鲜度和真实性）、随机数 R（challenge）、HXRES*（SN 期望的对 challenge 的回复）、KSEAF（用于用户和 SN 安全信道的建立）。函数 f1～f5 用来计算身份验证参数，这是单向密钥加密函数，这些函数彼此之间完全无关。Challenge（•）和 KeySeed（•）是复杂密钥衍生函数（Key Derivation Function，KDF），AUTN 包含 R 的串联消息认证码（MAC），其中包括为该用户存储的相应序列号 SQN_{HN}，SQN_{HN} 通过递增计数器生成。SQN_{HN} 用于允许用户验证认证请求的新鲜度来防止重放攻击，而且 MAC 证明了 challenge 的真实性。为了保护用户信息，HN 不会将质询完整响应 RES*发送给 SN，而是只发送其中的散列值。因为 HN 对 SN 并不完全信任，如果 SN 被攻击者控制，则 HN 发送完整的 RES*就会泄露用户信息。

SN 存储 KSEAF 和 challenge 预期响应，然后将 challenge 转发给用户。收到 challenge 后，用户首先检查其真实性和新鲜度。此时，用户可从 AUTN 中提取 SQN_{HN} 和 MAC 进行检查。

➢ MAC 是否是对于 K 正确的 MAC 值，如果不是，则回复 MAC 校验失败信息'Mac_failure'。

➢ 认证的请求是不是新鲜的，即 $SQN_{UE}<SQN_{HN}$，如果不是，就回复同步失败消息<'Sync_failure'，AUTS>。

如果所有检查均通过，那么用户计算密钥 KSEAF 可用于保护后续消息，它还可以计算认证响应 RES*并将其发送到 SN。SN 检查该回复是否符合预期，并转发给验证的 HN。如果验证成功，则 HN 向 SN 确认认证成功，并将 SUPI 发送到 SN，并使用密钥 KSEAF 保护 SN 与用户之间的后续通信。

在同步失败的情况下，用户回复<'Sync_failure'，AUTS>，此时还要发起重新同步流程。AUTS 信息使 HN 能通过用户 SQN_{UE} 的序列号替换它自己的 SQN_{HN}，并与用户重新同步，但为了避免被窃听，SQN_{UE} 不以明文形式传输。因此，规范要求隐藏 SQN，它与一个值保持私有的异或：AK*= f5*（K，R）。表达式为，隐藏值 CONC*=SQN_{UE}+AK*，它允许 HN 通过计算 AK*提取 SQN_{UE}。

5G 网络的认证鉴权机制已在 R15 中得以明确。R16 中针对垂直行业拓展，着重增强了切片的注册认证安全，同时重点关注了接入各种类型设备的统一认证安全性，打通了运营商网络与企业侧认证系统，通过切片二次认证，企业可在确保安全的前提下灵活控制访问权限。通过公私钥加密方式，5G 网络杜绝了空口中的 IMSI 泄露问题，关闭了黑客入侵核心网的第一道关卡，极大地提高了 5G 网络的整体安全性。

尽管标准已经很完善，但是运营商在实际部署 5G 网络时，为了在成本与收益之间取得平衡，或者为了满足 5G 的低时延特性，而不部署或者部分部署 3GPP 标准中所规定的安全机制。此外，统一认证机制也还有待完善，由于要接入各种类型的设备，多样设备的安全性直接影响整个 5G 网络的系统安全性。未来的网络鉴权机制应该向加密和认证算法高效化、轻量化、安全化的方向发展，并满足超低时延、网络安全、用户隐私保护的需求。鉴权机制中涉及很多密码算法，而密码算法对确保安全通信极为重要，虽然目前 5G 系统所采用的密码算法（如 ZUC、SNOW、AES 等）均不存在安全性问题，但在后 5G 时期或者 5G 技术的演进中，研究人员应特别注意量子计算技术的演进，考虑密码算法在量子计算下的安全性，从而确保移动通信网络认证鉴权机制的相对安全。

6.4.7 安全凭证管理

由于 5G 网络必须支持多种接入技术（如 WLAN、LTE、固网、5G 新型无线接入技术），并支持多种终端，有的终端支持 SIM/USIM 卡安全机制能力，有的终端只支持轻安全功能，因此有对称安全参考、非对称安全参考等安全参考类别。因此，5G 网络安全必须支持多种安全凭证的管理，包括对称安全凭证管理和非对称安全凭证管理。

（1）对称安全凭证管理

对称安全凭证管理机制对于运营商实现用户的集中管理非常有利。例如，基于 USIM 卡的数字身份管理是一种典型的对称安全凭证管理，其认证机制被业务提供商和用户广泛使用。

（2）非对称安全凭证管理

采用非对称安全凭证管理可以实现物联网场景下的身份管理和访问认证，缩短认证链，实现快速安全访问，降低认证开销；同时，可缓解核心网的压力，避免信令和认证风暴、节点密度等带来的瓶颈风险。

为了降低物联网设备的认证和身份管理成本，可以采用非对称安全凭证管理机制。事实上，基于 USIM 卡的单用户身份认证方案，对于数百亿的物联网连接来说，成本是很高的。

在针对网络/应用 ID 的身份管理中采用非对称密钥系统，可以方便地将网络/应用 ID 与对应的身份管理联系起来，从而可以灵活地制定或修改身份管理策略。

非对称密钥系统具有自然去中心化的特点，不需要为所有网络终端存储密钥，集中部署的身份管理节点可始终保持在线状态。

网络认证节点可以采用去中心化部署，向网络边缘移动，终端和网络认证不需要访问网络中心的用户身份数据库。去中心化部署方式如图 6-12 所示。

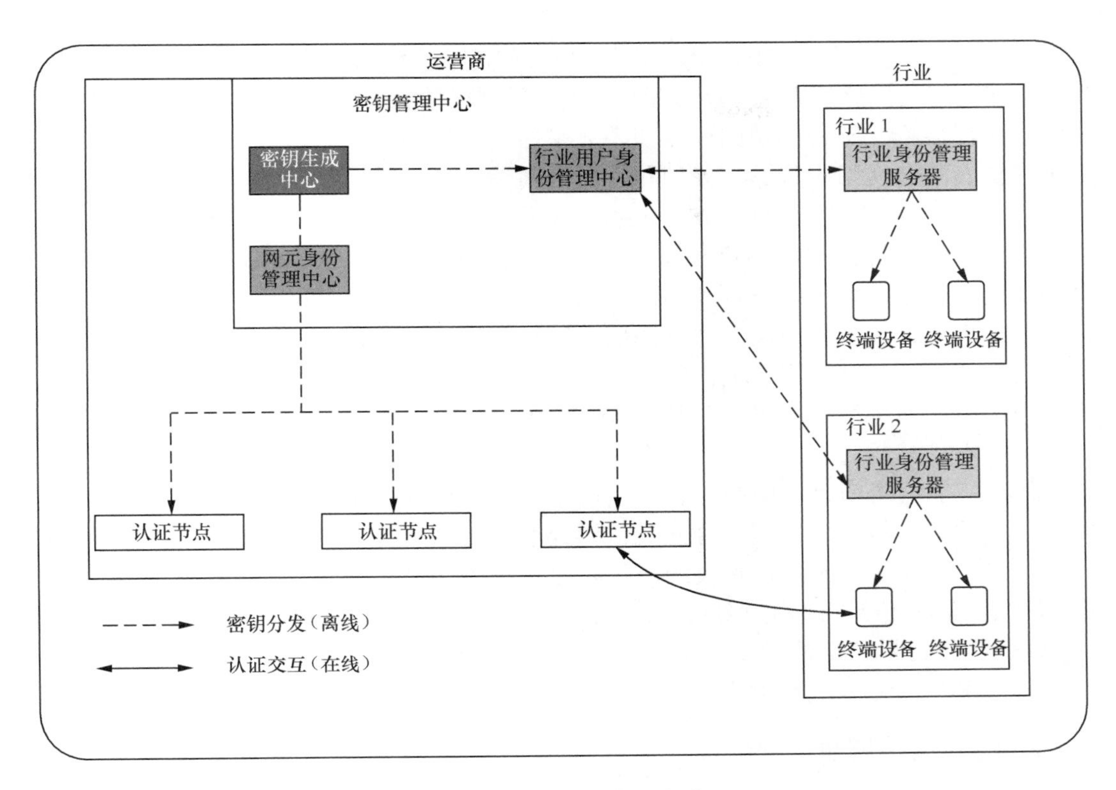

图 6-12　去中心化部署方式

6.4.8　隐私保护

1. 隐私保护需求

5G 网络需要为不同的业务场景提供差异化的安全服务，能够适应多种接入方式及新型网络架构，这些场景、新架构和新技术都使 5G 网络有了更高的隐私保护需求。另外，5G 网络针对垂直行业用户会产生大量的敏感信息，迫切需要在 5G 开放的网络环境之上采取措施保证行业用户的隐私安全。

uRLLC 作为 5G 网络典型的应用场景广泛用于车联网自动驾驶及远程工业控制领域。在自动驾驶过程中，车辆的身份信息、位置存在被泄露和跟踪的风险，这些隐私信息一旦被泄露，后果是非常严重的。mMTC 和 eMBB 场景使得 5G 网络中的业务信息会以几何级数增长。这些信息包含针对某个网络实体的不同维度的描述。通过对这些海量数据的分析，网络用户的隐私信息可能会被泄露。例如，黑客获取某用户的部分移动电话数据、运动手环数据、部分应用的消费数据、位置信息数据等多方面的信息之后，通过对这些数据进行分析获取某人特定的隐私信息。在 5G 场景下，如何实现对隐私数据的分级，提高抵抗大数据攻击的隐私保护能力将成为一个亟待解决的问题。

5G网络作为一个复杂的、新一代的生态系统，建设和运营过程中存在基础设施提供商、移动通信网络运营商、虚拟运营商等多种类型的参与方，5G网络是由各种接入网络、多层架构、多种类型的设备和多方参与交互的一套复杂网络，用户数据和业务数据在这套复杂网络中传递、处理和存储，在许多环节都面临着隐私泄露的风险。另一方面，5G网络中广泛引用NFV技术，很多网络功能由软件部署在虚拟机上实现，采用SDN网络架构，分离网络控制平面和数据转发平面，由软件方式集中控制网络流量转发的各种策略，这些技术和模式在赋予网络更高灵活性的同时也造成网络的安全边界愈加模糊，在多租户应用共享底层计算和存储资源、软硬件解耦程度提高的情况下，用户的隐私数据更容易被泄露和遭受恶意攻击。而且，这种情况所产生的隐私泄露范围比传统网络情况下更广，其危害也更大。因此，对5G网络的隐私保护提出了更高的要求。

在通信运营商的4G网络中，系统已经使用临时签约标识符来增强用户的隐私，降低了签约数据被非法入侵者通过无线链路窃听方式被识别和修改的可能性。但4G网络中依然存在着较多亟待解决的隐私问题，比如IMSI以及位置信息的泄露问题。IMSI的泄露会直接导致用户身份信息的泄露。因此，在5G网络设计时，需要充分考虑4G网络中已暴露出的隐私漏洞，增加适合5G网络的安全措施和协议来加以防护，充分保护用户的身份信息和位置信息。

2. 隐私保护解决思路

5G网络需要提供有差异化特征的隐私保护能力，不同的业务场景、不同的用户对隐私保护的需求也不尽相同，因此要针对用户和业务场景采用不同的技术措施来解决5G网络的隐私保护问题。另外，根据隐私数据在5G网络中的实际使用情况，从数据采集和传输、数据脱敏处理、数据加密处理、建立安全基线、数据发布和展示等方面采取不同的技术措施来保证数据的隐私安全。

5G网络中隐私保护所采用的主要技术措施有以下几种。

（1）数据加密技术

数据加密是5G网络中保证数据隐私安全的最有效手段之一，也是隐私保护过程中最常见的技术手段之一。采用加密技术可以有效保证5G网络隐私数据的机密性、完整性和可用性。从实现思路分类，可以将其划分为静态加密技术和动态加密技术。从实现的层次方面分类，可以分为存储加密、链路层加密、网络层加密、传输层加密等。

针对5G网络虚拟化和云的新特点，可以引入一些新的加密技术来保证数据的隐私安全。比如同态加密技术，该技术提供了一种基于加密函数对加密数据进行处理的功能。同态加密技术通过对加密的数据进行处理得到输出，对这一输出进行解密，其结果与同一方法处理未加密的原始数据得到的结果一样。随着互联网的发展和云计算概念的诞生，以及人们在密文搜索、电子投票、移动代码和多方计算等方面的需求日益增加，同态加密变得越来越重要。与一般加密算法相比，同态加密除了能实现基本的加密操作之外，还能实现密文间的多种计算功能，即先计算后解密可等价于先解密后计算。这一特性对于保护信息的安全具有重要意义。正是由于同态加密技术在计算复杂性、通信复杂性与安全性上的优势，越来越多的研究力量开始投入其理论和应用的探索中。

（2）基于限制发布的隐私保护技术

在 5G 网络的数据发布过程中，限制技术指的就是对发布的原始数据是有选择性的，可以选择不发布或者发布精度较低的敏感数据，以实现隐私保护。当前此类技术的研究大都集中在数据匿名化方面，即在数据精度和隐私披露风险之间进行折中考虑，有选择性地发布敏感数据及可能披露敏感数据的信息，但同时又保证对敏感及隐私数据的披露风险在可以容忍的限度和范围内。目前比较成熟的匿名化技术有 k-匿名化（k-anonymity）、l-多样化（l-diversity）、t-贴近性（t-closeness）技术等。下一步的研究重点将是针对 5G 网络中需要发布的结构化隐私数据，制定更好的匿名化原则、设计更高效的匿名化算法，使得 5G 网络发布的数据既能很好地保护隐私，又具有较大的利用价值。

（3）访问控制技术

访问控制技术也是 5G 网络隐私保护采用的最常见技术手段之一。访问控制可以通过策略和技术手段保证隐私数据不被非法使用和窃取。传统的访问控制技术包括用户口令、数字证书、USB KEY、生物识别技术等。这些技术同样可以应用到 5G 网络之中。另外，针对 5G 网络功能实体的协议交互流程中的隐私安全，可采用基于规则、流程的访问控制技术，使攻击者无法通过假冒合法用户访问数据库的方式窃取隐私信息。

（4）虚拟存储和传输保护技术

为保证隐私信息在 5G 虚拟化网络存储过程中的隐私安全，可采用数据库的动态迁移和随机化存储技术。动态迁移技术可以在保证虚拟机上服务正常运行的同时，将虚拟机的数据从一台物理主机迁移到另一台物理主机。这使得攻击者即使成功入侵了用户数据库，也无法锁定要窃取的用户数据。

隐私信息在 5G 网络传递过程中的隐私安全，可以根据 5G 网络传输协议交互流程，采用相关信息的动态关联和协同重组技术，使得攻击者无法通过数据挖掘技术从散布的用户数据中分析出有价值的隐私信息。

（5）隐私增强技术

目前很多组织都在研究 5G 网络的隐私增强技术。当前研究的重点主要集中在使用非对称密钥加密的方法来加密 5G 网络的 IMSI 永久标识符，或是使用伪 IMSI 的方法来隐藏用户的永久标识符。加密永久标识符的方法是在终端侧通过公钥对永久标识符进行加密，网络侧通过私钥对永久标识符进行解密，该技术方案可以有效保证 IMSI 传输过程中的隐私安全，但需要增加一套公钥基础设施（Public Key Infrastructure，PKI），对使用的非对称密钥进行分发和管理。伪 IMSI 的方法是将原本系统中需要传送 IMSI 的地方，使用伪 IMSI 进行替代。该技术方案需要增加额外的信令开销来保证伪 IMSI 的不断更新。这两种方法都可以有效防止用户签约身份信息的泄露。同时，由于有效保护了用户的身份隐私，所以即便攻击者得到了用户的位置信息，也不知道这个位置对应的身份是谁，通过这样保护用户身份的方法也间接地保护了用户的位置隐私。

6.4.9 5G 核心网安全监测与预警模型

1. 安全监测与预警需求

如前所述，5G 网络的发展充分吸收了 ICT 融合的思想、理念和技术，如 SDN 架构、NFV 技术等，5G 网络（包括 5G 核心网）的建设也都是在 ICT 融合的需求和背景下开展的。ICT 领域各项理念和技术的引入，不可避免地将使 5G 网络面临和 IT 网络相似的威胁和攻击，再结合虚拟化技术的引入以及更广阔、复杂的业务应用场景，5G 网络将呈现出攻击方式泛在化和安全边界模糊化两个显著特征。

第一个特征：攻击方式泛在化。

因为物物互联的引入，5G 网络中攻击源和攻击目标的规模迅速扩大；攻击途径也因异构接入方式的多样化而大幅增加；SDN 控制器是承担整网网络策略和控制的核心组件，其受到攻击将可能造成整个网络瘫痪；而采用 NFV 技术的核心网网元也会引发数据残留、资源风暴、网元组件兼容等新的安全问题。

第二个特征：安全边界模糊化。

在 SDN/NFV 架构下，网络中的计算和存储资源高度整合，基础网络架构统一化，传统意义上的网络安全边界已经消失，因此需要重新定义和界定内外网隔离的安全边界；云化环境下，多租户的服务通过虚拟机承载，其占用的底层物理资源很有可能是共用的，不同租户的服务可能会运行在同一个计算节点上，缺乏明确的物理隔离边界；无线接入网由于更加开放，其上也会承载更多的业务或者应用程序的网络接口，传统网络中明确的安全边界不复存在，因而带来了较大的信任缺失。

考虑到未来 5G 网络的演进方向，解决 5G 网络中存在的攻击方式泛在化和安全边界模糊化问题的根本解决途径：一是在 5G 网络内，安全管理侧重于实施积极主动的全面监测预警策略，应对攻击方式泛在化问题；二是在 5G 架构中建立统一信任框架，逻辑重构信任关系和安全边界，应对安全边界模糊化问题。5G 安全管理应为以上解决途径提供重要支撑。

安全管理的定义：安全管理包括管理网络的认证、授权、审计，以及控制内部用户和外部用户对网络资源的合法访问，还包括对网络防火墙、入侵防御和检测系统、安全策略等的配置和管理。5G 网络在引入 IT 技术的同时也面临 IT 引入的安全风险，需要通过安全管理对网络进行统一的安全监测和管理。

因此，作为 5G 网络中的重要组成部分，5G 核心网的安全管理也应匹配 5G 网络自己的安全需求，形成特有的解决思路，其涵盖的思路和要点包括以下几点。

（1）需要管理 5G 安全服务/组件，并提供安全策略调整的统一入口

为了解决 5G 核心网存在的攻击方式泛在化安全问题，5G 核心网及网络切片中需要部署各种安全服务或组件，以使网络及业务能够抵御来自各种位置的网络攻击、信息重放攻击、窃听嗅探等安全威胁。网络切片中需要按需部署虚拟防火墙、IPS/IDS 等安全专用设备，同时 VNF 网元在实现时需要落实 3GPP 标准规范确定的各种安全措施。5G 核心网安全管理应为电信运营商和第三方租户提供统一入口，实现对这些服务或组件的

安全策略调整，包括支持对虚拟专用设备的管理配置、对各种安全措施的参数调整等功能，使运营商和第三方租户可以及时调整网络安全策略，灵活应对网络安全的威胁。

（2）能够对 5G 核心网安全态势进行监测预警

为了应对攻击方式泛在化的挑战，及时感知到正在进行的或者潜在的攻击威胁，5G 网络切片还需要监控切片中各种虚拟安全专用设备的运行状态，对采集到的所有信息加以智能化的整合/分析，定位攻击方式及来源，并将这些信息整合成安全态势及时向管理员告警，以应对 APT、DoS、DDoS 等网络攻击。其次，考虑到 5G 网络将新产生大量具有管理功能的网元，如 PCF、AUSF、ARPF、UDM 等，它们都属于敏感网元，一旦被恶意控制，它们自身连同它们所管理的资源本身也会一起被劫持，因此 5G 网络的监测预警也需要将敏感网元状态纳入安全监控审计中。

（3）能够为构建 5G 统一的信任管理体系提供安全支撑

5G 网络需要建立安全管理，为统一的信任管理体系提供安全支撑，应对安全边界模糊化问题。按照业界的共识，5G 网络中会有大量新的参与者加入价值生态链，如电信运营商、虚拟基础设施提供商、第三方租户、终端用户等多种角色，同时还会出现许多新的设备类型，包括各类终端设备等。以上因素导致 5G 必定存在多元化的价值链，以及更加多维度的信任关系。信任管理体系的复杂性和多面性将带来一系列严重的安全问题，例如 5G 网络的能力开放性在带来业务灵活性的同时，也使得通过控制 API 对 5G 网络进行恶意功能编排和组合成为可能。因此，5G 安全管理需为价值链中的各种角色提供身份凭据及其对应权限的管理服务，并提供认证方面的支撑，解决各个角色和实体之间的多元信任问题，以支撑安全边界的逻辑重构。

（4）能够为第三方 5G 网络切片/敏感业务提供差异化的安全支撑

5G 网络支持多种类型的切片和业务，以供第三方租户使用；不同的切片/业务不仅在性能、QoS 方面存在差异，还因承载数据的敏感程度差异，具有不同的安全等级要求；安全管理应为这种差异化提供安全支撑。例如，4G 网络中只对终端接入认证及语音和数据通信等常规服务提供密钥管理体制，已无法满足 5G 多种切片/业务场景下各异的密钥管理新需求，也无法支持基于第三方身份凭据的二次认证；又如，以特殊行业为代表的高安全需求用户在使用 5G 网络的过程中，移动终端之间以及移动终端和后台服务端之间大多数情况下需要进行端到端的认证和加密通信，而普通用户则通常不会存在此种需求；再如，业界至今未对是否在 5G 终端与网络之间使用非对称密码技术达成一致结论，也未对第三方租户使用非对称密码技术有所提及，未来存在不少变数。总之，5G 安全管理应综合考虑不同的安全要求，尽量兼容可能出现的差异化场景，尽力为第三方 5G 网络切片/敏感业务提供差异化的安全支撑。

（5）需要适应 5G 网络特有的网络切片和虚拟化特点

5G 引入网络切片和 SDN/NFV 技术概念之后，安全边界模糊化问题导致传统的移动通信网络以物理实体为核心的安全防护技术在 5G 网络的新环境中已经不再适用。安全性不仅与物理部署具备的安全特征有关，更重要的是与虚拟资产部署的安全特征有关，需要建立起以虚拟资源和虚拟功能为目标的安全防护体系。因此不仅要在网络切片、NFV 层面研究虚拟化基础设施可信运行、资源隔离以及虚拟化网络切片的安全保障机制，更需要在管理架构上进行设计和调整，以适应被管虚拟资源和虚拟功能灵活、多变的组网。

2. 安全监测与预警解决思路

如前所述，5G 网络中需要具备安全监测、预警和管控功能，以解决攻击方式泛在化问题，对 IT 技术引入的安全风险进行防范和管控。

5G 核心网的网络安全监测、预警和管控是以切片为分割单位进行的，可以通过在5G 网络切片的关键拓扑位置上部署虚拟化探针、虚拟化防火墙等安全功能，以及以实体形态部署探针、防火墙等物理安全设备，跟踪网元的实时运行状态，同时通过统一的标准接口收集来自切片中安全敏感的虚拟化设备（如 PCF、AUSF 等）的上报事件等，多渠道实现安全态势感知信息的收集，然后采用基于大数据的关联归并、融合分析和深度挖掘等多种技术手段，结合协议还原识别、静态特征匹配、动态行为分析、异常行为挖掘等层次化检测方法，从离散的、孤立的数据中探测、发现潜在安全威胁，从多维度、多视角将安全态势数据推送至安全态势管理与监测预警中心进行可视化展示。然后结合预警知识库、预案知识库给予辅助决策；管理员根据决策适时调整网络节点的安全策略，包括虚拟化网元之间的安全策略、安全用途虚拟化网元的配置策略/设置规则等，从而提升集中式运维管理的效率和能力，实现 5G 核心网的安全态势管理与监测预警。

总体实现思路如图 6-13 所示。

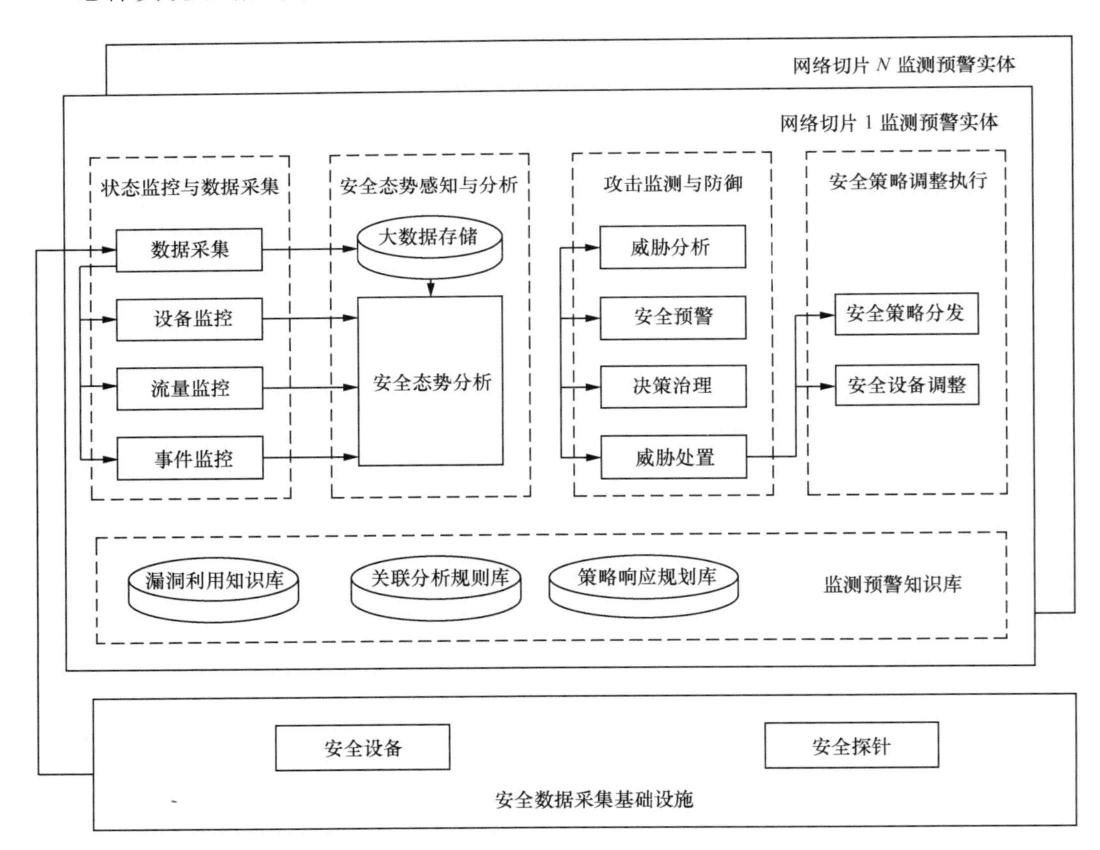

图 6-13 5G 核心网安全监测与预警解决方案

因此，5G 核心网安全监测预警与管控可大致包含以下几个部分。

（1）建立监测预警知识库

可以通过 5G 网络中不同位置的安全感知工具，管理网络系统设施（如服务器、网络设备或软件等），根据地址信息通过数据聚合分析大量数据，根据分析结果捕捉整个系统状态，建立捕捉系统状态模型，进行可视化、共享、查询和分析，识别以前或正在进行的攻击和威胁，并在某些情况下自动对安全事件进行相应的反应。

（2）实现状态监控与数据采集

状态监控依靠设备监控来实现，通过定义切片内部网络设备、安全设备、服务器、终端等设备的状态管理、故障管理和安全通告管理接口，实现基于策略的应急响应处置和业务跟踪功能，包括预警信息库、漏洞库、处理预案库等。

（3）进行安全态势感知与分析

安全态势感知与分析是指通过对虚拟化设备、物理环境基础设施、安全设备、终端、数据库等进行广泛的采集，对各类告警数据和运行状态数据进行统计分析、关联分析、预测分析和影响性分析等处理，用以有效识别 APT 攻击、DDoS 攻击等安全威胁。安全态势分析包括静态特征检测、动态行为分析、异常行为挖掘、事件关联分析和综合态势分析 5 个方面。

（4）对复合攻击进行监测和防御

网络中的复合攻击一般执行若干个步骤，后一个攻击步骤依赖前一个攻击步骤的输出结果，而复合攻击中的每一个攻击步骤可以由该步骤所对应的告警信息反映出来。基于威胁分析与决策治理技术，对复合攻击进行监测和防御，重点在于要分析攻击步骤和告警信息之间的关系、攻击步骤之间的关系，及时进行安全预警，并在提取出各个攻击步骤阶段的信息、分析获得相应的攻击目的后，通过自动化系统计算、预测未来持续的攻击步骤，并输出有效的修复建议，从而实现对网络防御能力的动态调整。另一方面，可以结合大数据技术，研究安全风险的特征，进一步提高安全预警和防御的效率。最后通过与网络切片内虚拟防火墙、虚拟 IPS/IDS 等安全设备的安全策略协同和联动，实现对安全威胁的抵御和处置。

（5）安全策略调整执行

当管理员通过安全态势感知和分析对当前 5G 网络的安全态势形成一定的了解并认为有必要进行安全策略调整的时候，可以通过分解调整目标，形成一系列对应到不同虚拟化设备中的安全策略，通过统一的接口将这些策略下发到各个虚拟化设备中予以执行，之后再收集这些策略的执行结果，跟踪网络的安全态势变化，从而验证安全策略调整的有效性。

缩略语

3GPP	Third Generation Partnership Project	第三代移动通信伙伴项目
5GC	5G Core network	5G 核心网
AAA	Authentication，Authorization and Accounting	认证鉴权和计费
ACL	Access Control List	访问控制列表
AED	Authoritative Edge Device	权威边缘设备
AF	Application Function	应用功能
AI	Artificial Intellingence	人工智能
AKA	Authentication and Key Agreement	认证和密钥协商
AMF	Access and Mobility Management Function	接入和移动性管理功能
AMPS	Advanced Mobile Phone System	先进移动电话系统
AMR	Adaptive Multi-Rate	自适应多速率
AP	Access Point	（无线）接入点
API	Application Programming Interface	应用程序接口
AR	Augmented Reality	增强现实
ARD	Access Restriction Data	接入限制数据
ARP	Address Resolution Protocol	地址解析协议
ARPF	Authentication Repository and Processing Function	认证凭证库与处理功能
AS	Adjacency Server	邻接服务器
ASE	Application Service Element	应用服务单元
ATCA	Advanced Telecom Computing Architecture	先进电信计算架构
AUC	Authorization Center	鉴权中心
AUSF	Authentication Server Function	鉴权服务功能
AUTN	Authentication Token	认证令牌
AVP	Attribute Value Pair	属性值对
AZ	Availability Zone	可用区
BBERF	Bearing Binding and Event Report Function	承载绑定及事件上报功能
BBU	Base Band Unit	基带处理单元
BFD	Bidirectional Forwarding Detection	双向转发检测
BG	Border Gateway	边界网关

续表

BGCF	Breakout Gateway Control Function	出口网关控制功能
BGP	Border Gateway Protocol	边界网关协议
BICC	Bearer Independent Call Control	承载独立呼叫控制
BIOS	Basic Input Output System	基本输入输出系统
BSF	Bootstrapping Server Function	自举服务功能
BSS	Business Support System	业务支撑系统
CaaS	Containers as a Service	容器即服务
CAMEL	Customized Applications for Mobile network Enhanced Logic	移动网络增强逻辑的客户化应用
CAP	CAMEL Application Part	CAMEL 应用部分
CAPEX	Capital Expenditure	资本支出
CCSA	China Communications Standards Association	中国通信标准化协会
CDMA	Code Division Multiple Access	码分多址
cdma2000	CDMA Multi-Carrier	多载波 CDMA
CDN	Content Delivery Network	内容分发网络
CDR	Call Data Record	呼叫数据记录
CE	Customer Edge	用户边缘设备
CFS	Customer-Facing Service	面向用户服务
CG	Charging Gateway	计费网关
CHF	Charging Function	计费功能
CMS	Cloud Management System	云管理系统
CN	Core Network	核心网
CR	Core Router	核心路由器
CS	Circuit Switched	电路交换
CSCF	Call Session Control Function	呼叫会话控制功能
CSI	Combining CS bearer with IMS	电路域和 IMS 域协作
CSMF	Communication Service Management Function	通信服务管理功能
CTMDP	Continuous Time Markov Decision Process	连续时间的马尔可夫决策过程
CU	Control Unit	控制单元
DC	Data Center	数据中心
DCN	Data Communication Network	数据通信网
DCNR	Dual Connectivity E-UTRAN and NR	E-UTRAN 和 NR 双连接
DDoS	Distributed Denial of Service	分布式拒绝服务
DevOps	Development and Operations	开发运维一体化
DHCP	Dynamic Host Configuration Protocol	动态主机配置协议
DMZ	Demilitarized Zone	隔离域

续表

DNS	Domain Name System/Server	域名系统/服务器
DoS	Denial of Service	拒绝服务
DPDK	Data Plane Development Kit	数据平面开发套件
DPI	Deep Packet Inspection	深度分组检测
DRA	Diameter Routing Agent	Diameter 路由代理
DRB	Data Radio Bearer	数据无线承载
DU	Data Unit	数据单元
DVS	Distributed vSwitch	分布式虚拟交换机
DWDM	Dense Wavelength Division Multiplexing	密集波分复用
E2E	End to End	端到端
EAP	Extensible Authentication Protocol	可扩展认证协议
eBGP	External Border Gateway Protocol	外部边界网关协议
ECM	Evolved Packet System Connection Management	演进的分组系统连接管理
ED	Edge Device	边缘设备
eHRPD	Evolved High Rate Packet Data	演进的高速分组数据
EIR	Equipment Identity Register	设备识别寄存器
EM	Element Management	网元管理
eMBB	enhanced Mobile Broadband	增强型移动宽带
EMS	Element Management System	网元管理系统
eNB	E-UTRAN Node B	演进型 Node B
EPC	Evolved Packet Core network	演进的分组核心网
EPS	Evolved Packet System	演进的分组系统
ETSI	European Telecommunications Standards Institute	欧洲电信标准协会
E-UTRAN	Evolved Universal Terrestrial Radio Access Network	演进的通用陆基无线接入网
EVPN	Ethernet Virtual Private Network	以太网虚拟专用网
FA	Foreign Agent	拜访地代理
FBI	Fixed Broadband Access to IMS	固定宽带接入 IMS
FC	Fiber Channel	光纤通道
FCAPS	Fault，Configuration，Accounting，Performance and Security	故障、配置、计费、性能、安全
FCC	Federal Communications Commission	联邦通信委员会
FC-SAN	Fibre Channel-SAN	光纤通道 SAN
FCoE SAN	Fibre Channel over Ethernet SAN	以太网光纤通道 SAN
FDMA	Frequency Division Multiple Access	频分多址
FE	Functional Entity	功能实体
FlexE	Flexible Ethernet	灵活以太网
FlexO	Flexible Optical Transport Network	灵活光传送网

续表

FNR	Flexible Number Routing	灵活号码路由
FPGA	Field Programmable Gate Array	现场可编程门阵列
FQDN	Fully Qualified Domain Name	全域名
FWA	Fixed Wireless Access	固定无线接入
GGSN	Gateway GPRS Supporting Node	网关 GPRS 支持节点
GMSC	Gateway Mobile Switching Center	网关移动交换中心
GPU	Graphic Processing Unit	图形处理器
GRE	General Router Encapsulation	通用路由封装（协议）
GPRS	General Packet Radio Service	通用分组无线服务
GSM	Global System for Mobile Communications	全球移动通信系统
GSN	GPRS Supporting Node	GPRS 支持节点
GSMA	Global System for Mobile Association	全球移动通信系统协会
GTP	GPRS Tunnelling Protocol	GPRS 隧道协议
GUAMI	Globally Unique AMF Identifier	全球唯一 AMF 标识符
GUTI	Globally Unique Temporary UE Identity	全球唯一临时 UE 标识
HA	Home Agent/High Availability/Host Aggregate	归属地代理/高可用性/主机集群
HDFS	Hadoop Distributed File System	分布式文件系统
HE	Home Environment	归属地环境
HLR	Home Location Register	归属位置寄存器
HN	Home Network	归属地网络
HNSSF	Home NSSF	归属地 NSSF
HPLMN	Home Public Land Mobile Network	归属地公共陆地移动网
HSRP	Hot Standby Router Protocol	热备份路由协议
HSS	Home Subscriber Server	归属签约用户服务器
HSTP	High Signaling Transfer Point	高级信令转接点
HTTP	Hyper Text Transfer Protocol	超文本传输协议
IaaS	Infrastructure as a Service	基础设施即服务
IBC	Identity-based Cryptography	基于身份密码学
ICT	Information and Communications Technology	信息和通信技术
IDS	Invade Detection System	入侵检测系统
IETF	Internet Engineering Task Force	因特网工程任务组
IGP	Interior Gateway Protocol	内部网关协议
IKE	Internet Key Exchange	互联网密钥交换
iLO	Integrated Light Out	集成远程管理
IMS	IP Multimedia Subsystem	IP 多媒体子系统
IMSI	International Mobile Subscriber Identity	国际移动用户识别码

续表

INAP	Intelligent Network Application Protocol	智能网应用规程
IoT	Internet of Things	物联网
IPS	Intrusion Prevention System	入侵防御系统
IPSec	IP Security Protocol	IP 安全协议
IPSec SA	IPSec Security Association	IPSec 安全联盟
ISG	Industry Specification Group	行业规范组
ISP	Internet Server Provider	互联网服务提供商
ITU	International Telecommunications Union	国际电信联盟
ITU-R	International Telecommunications Union-Radio	国际电信联盟无线电部门
ITU-T	International Telecommunications Union Telecommunication Standardization Sector	国际电信联盟电信标准部门
IWMSC	InterWorking MSC	互通移动业务交换中心
JSON	Java Script Object Notation	Java 脚本对象标记
KDF	Key Derivation Function	密钥衍生函数
KPI	Key Performance Indicators	关键性能指标
LADN	Local Area Data Network	本地数据网络
LB	Load Balance	负载均衡
LCM	Life Cycle Management	生命周期管理
LDPC	Low Density Parity Check Code	低密度奇偶校验码
LMF	Location Management Function	定位管理功能
LSTP	Low Signaling Transfer Point	低级信令转接点
LTE	Long Term Evolution	长期演进
LTE FDD	Long Term Evolution Frequency Division Duplexing	频分双工长期演进
MAC	Media Access Control/Message Authentication Code	媒体访问控制/消息认证码
MACF	Multiple Association Control Function	多相关控制功能
MANO	Management and Orchestration	管理与编排
MAP	Mobile Application Part	移动应用部分
MBB	Mobile Broadband	移动宽带
MBMS	Multimedia Broadcast Multicast Service	多媒体广播组播业务
MCC	Mobile Cloud Computing	移动云计算
MCG	Master Cell Group	主小区簇
MC-LAG	Multi-Chassis Link Aggregation Group	多设备间的链路聚合组
MD5	Message Digest Algorith 5	消息摘要算法第五版
MDP	Markov Decision Process	马尔可夫决策过程
MEC	Mobile/Multi-access Edge Computing	移动/多接入边缘计算

续表

MEO	ME Orchestrator	ME 编排器
MEP	Mobile/Multi-access Edge Platform	ME 平台
MEPM	ME Platform Manager	ME 平台管理器
MGCF	Media Gateway Control Function	媒体网关控制功能
MGW	Media Gateway	媒体网关
Massive MIMO	Massive Multiple Input Multiple Output	大规模天线阵列
MMD	Multimedia Domain	多媒体域
MME	Mobility Management Entity	移动性管理实体
MML	Man-Machine Language	人一机语言
mMTC	massive Machine Type Communications	海量机器通信
MMTEL AS	Multi-Media Telephony Application Server	多媒体电话业务应用服务器
MPLS	Multiprotocol Label Switching	多协议标签交换
MSC	Mobile Services Switching Center	移动业务交换中心
MSCe	Mobile Switching Center emulation	移动软交换中心
MSISDN	Mobile Station International ISDN Number	移动台国际 ISDN 号码
MUSA	Multi-User Shared Access	多用户共享接入
N3IWF	Non-3GPP InterWorking Function	非 3GPP 互通功能
NAS	Non Access Stratum/ Network Attach Storage	非接入网络层/网络附加存储
NE	Network Element	网元
NEF	Network Exposure Function	网络开放功能
NF	Network Function	网络功能
NFs	Network Functions	网络功能集
NFS	Network File System	网络文件系统
NFV	Network Functions Virtualization	网络功能虚拟化
NFVI	Network Function Virtualization Infrastructure	网络功能虚拟化基础设施
NFVO	NFV Orchestrator	NFV 编排器
NGC	Next Generation Core network	下一代核心网
NGN	Next Generation Network	下一代网络
NMS	Network Management System	网络管理系统
NPU	Neural-network Processing Units	嵌入式神经网络处理器
NRF	Network Repository Function	网络存储库功能
NS	Network Service	网络服务
NSA	Non-Standalone	非独立组网
NSMF	Network Slice Management Function	网络切片管理功能
NSSAI	Network Slice Selection Assistance Information	网络切片选择辅助信息

续表

NSSF	Network Slice Selection Function	网络切片选择功能
NSSMF	Network Slice Subnet Management Function	网络子切片管理功能
NUMA	Non-uniform Memory Access	非统一内存访问
NVE	Network Virtualization Edge	网络虚拟边缘
NWDAF	Network Data Analytics Function	网络数据分析功能
OAM	Operation，Administration and Maintenance	操作管理和维护
OAuth	Open Authorization	开放授权标准
OFDMA	Orthogonal Frequency Division Multiple Access	正交频分多址
OPEX	Operational Expenditure	维护支出
OPNFV	Open Platform for NFV	NFV 开放平台
OSA	Open Service Architecture	开放业务体系
OSPF	Open Shortest Path First	开放最短路径优先协议
OSS	Operation Support System	运营支撑系统
OTT	Over The Top	过顶传球（通过互联网向用户提供各种应用服务）
OVS	Open vSwitch	开源虚拟交换机
PaaS	Platform as a Service	平台即服务
PBR	Physically Based Rendering	基于物理规则的渲染
PCC	Policy and Charging Control	策略与计费控制
PCEF	Policy and Charging Enforcement Function	策略和计费执行功能
PCF	Policy Control Function	策略控制功能
PCI-e	Peripheral Component Interconnect-express	快速外围设备组件互连
PCRF	Policy and Charging Rule Function	策略和计费规则功能
PDCP	Packet Data Convergence Protocol	分组数据汇聚协议
PDG	Packet Data Gateway	分组数据网关
PDN	Public Data Network	公共数据网络
PDSN	Packet Data Serving Node	分组数据服务节点
PDU	Packet Data Unit	分组数据单元
PE	Provider Edge	提供商边缘设备
PEI	Permanent Equipment Identifier	永久设备标识符
PFD	Packet Flow Description	分组流描述
PGW	Packet Data Network Gateway	分组数据网网关
PGW-C	PGW-Control	PGW 控制平面
PGW-U	PGW-User	PGW 用户平面
PKI	Public Key Infrastructure	公钥基础设施
PLMN	Public Land Mobile Network	公共陆地移动网

续表

PMIP	Proxy Mobile Internet Protocol	代理移动互联网协议
PS	Packet Switched	分组交换
PSK	Pre-Shared Key	预共享密钥
PXE	Preboot Execution Environment	预执行环境
QinQ	dot1Q in dot1Q	双层标签
QoS	Quality of Service	服务质量
RAB	Radio Access Bearer	无线接入承载
RAID	Redundant Array of Independent Disk	独立磁盘冗余阵列
RAN	Radio Access Network	无线接入网
RAND	RANDom Number	随机号码
RAT	Radio Access Technology	无线接入技术
REST	Representational State Transfer	表述性状态转移
RIP	Routing Information Protocol	路由信息协议
RLC	Radio Link Control	无线链路控制
RNC	Radio Network Controller	无线网络控制器
ROI	Return On Investment	投资回报率
ROSE	Remote Operation Service Element	远程操作业务单元
RPR	Resilient Packet Ring	弹性分组环
SA	Standalone	独立组网
SACF	Single Association Control Function	单相关控制功能
SAE	System Architecture Evolution	系统构架演进
SAN	Storage Area Network	存储区域网络
SAO	Single Association Object	单关联客体
SBA	Service Based Architecture	基于服务的架构
SBC	Session Border Controller	会话边界控制器
SCCP	Signaling Connection Control Part	信令连接控制部分
SCG	Slave Cell Group	从小区簇
SCTP	Stream Control Transmission Protocol	流控制传输协议
SCP	Service Control Point	业务控制点
SCSI	Small Computer System Interface	小型计算机系统接口
SDH	Synchronous Digital Hierarchy	同步数字网
SDN	Software Defined Network	软件定义网络
SDS	Software Defined Storage	软件定义存储
SEAF	Security Anchor Function	安全锚定功能
SEPP	Security Edge Protection Proxies	安全边缘保护代理

续表

SFC	Service Function Chaining	业务功能链
SG	Signaling Gateway	信令网关
SGSN	Serving GPRS Supporting Node	GPRS 服务支持节点
SGW	Serving Gateway	服务网关
SIEM	Security Information and Event Management	安全信息和事件管理
SIM	Subscriber Identification Module	用户身份识别模块
SIP	Session Initiation Protocol	会话初始协议
SLA	Service Level Agreement	服务等级协议
SM	Short Message	短消息
SMF	Session Management Function	会话管理功能
SMR	Short Message Relay	短信中继
SMS	Short Message Service	短消息业务
SMSC	Short Message Service Center	短消息业务中心
SMSF	SMS Function	短消息业务功能
SN	Serving Network	服务网络
SNMP	Simple Network Management Protocol	简单网络管理协议
SOA	Service Oriented Architecture	面向服务的体系架构
SOC	System on Chip	系统级芯片
SP	Signaling Point	信令点
SPS	Signaling Process System	信令处理系统
SQL	Structured Query Language	结构化查询语言
SQN	Sequence Number	序列号码
SR-IOV	Single Root I/O Virtualization	单根 I/O 虚拟化
SS7	Signaling System No.7	7 号信令网
SSC	Session and Service Continuity	会话与业务连续性
SSL	Secure Socket Layer	安全套接层
STP	Signaling Transfer Point	信令转接点
SUCI	Subscription Concealed Identifier	用户隐藏标识符
SUPI	Subscription Permanent Identifier	用户永久标识符
TA	Track Area	跟踪区域
TACS	Total Access Communications System	全接入通信系统
TCAP	Transaction Capabilities Application Part	事务处理能力应用部分
TCO	Total Cost of Ownership	总持有成本
TD-LTE	Time Division Long Term Evolution	时分双工长期演进
TDM	Time Division Multiplexing	时分复用
TDMA	Time Division Multiple Access	时分多址
TD-SCDMA	Time Division-Synchronous CDMA	时分同步 CDMA

续表

TFO	Tandem Free Operation	带内免编解码操作
TLDN	Temporary Local Directory Number	临时本地电话号码
TLS	Transport Layer Security	传输层安全
TMG	Trunk Media Gateway	中继媒体网关
TMSC	Tandem Mobile Switching Center	汇接移动交换中心
TOR	Top of Rack	接入交换机
TrFO	Transcoder Free Operation	带外免编解码操作
UDM	Unified Data Management	统一数据管理
UDR	Unified Data Repository	统一数据存储
UDSF	Unstructured Data Storage network Function	非结构化数据存储功能
UE	User Equipment	用户终端
UICC	Universal Integrated Circuit Card	通用集成电路卡
UL/DL	Uplink/Downlink	上行链路/下行链路
UPF	User Plane Function	用户面功能
uRLLC	Ultra Reliable Low Latency Communications	超可靠低时延通信
USIM	Universal Subscriber Identity Module	通用用户身份识别模块
V2X	Vehicle-to-Everything	车联网
vBRAS	Virtual Broadband Remote Access Server	虚拟宽带远程接入服务器
VC	Virtual Circuit	虚通路
VCC	Voice Call Continuity	语音呼叫连续性
vCPE	Virtual Customer Premise Equipment	虚拟用户驻地设备
vDC	Virtual Data Center	虚拟数据中心
VIM	Virtualized Infrastructure Manager	虚拟化基础设施管理器
VLAN	Virtual Local Area Network	虚拟局域网
vLB	virtual Load Balance	虚拟负载均衡
VLL	Virtual Leased Line	虚拟专线
VLR	Visited Location Register	拜访位置寄存器
VM	Virtual Machine	虚拟机
VMM	Virtual Machine Monitor	虚拟机监视器
vMME	virtual Mobility Management Entity	虚拟移动性管理实体
VNF	Virtual Network Function	虚拟网络功能
VNFC	VNF Component	VNF 组件
VNFCI	VNFC Infrastructure	VNFC 基础设施
VNFD	VNF Descriptor	VNF 描述器
VNF-FG	VNF Forwarding Graph	VNF 转发图

续表

VNFL	VNF Link	VNF 链路
VNFM	VNF Manager	VNF 管理器
VNI	Virtual Network Interface	虚拟网络接口
VNSSF	Visited NSSF	拜访地 NSSF
VoLTE	Voice over LTE	基于 LTE 的语音业务
VoNR	Voice over New Radio	新空口承载语音
VPC	Virtual Path Connection	虚通道连接
VPLMN	Visited Public Land Mobile Network	拜访地公共陆地移动网
VPLS	Virtual Private LAN Service	虚拟专用局域网业务
VR	Virtual Reality	虚拟现实
VTEP	VxLAN Tunnel End Point	VxLAN 隧道端点
VxLAN	Virtual Extensible Local Area Network	虚拟可扩展局域网
WAF	WEB Application Firewall	Web 应用防火墙
WCDMA	Wideband CDMA	宽带码分多址
WIN	Wireless Intelligent Network	无线智能网
WLAN	Wireless Local Area Network	无线局域网
xDSL	x Digital Subscribe Line	多种类数字用户线路

参考文献

[1] IMT-2020（5G）推进组. 5G 概念白皮书[R]，2015 年 2 月.

[2] 胡建村，俞一帆. 移动核心网发展浅析[J]. 移动通信，2009(16): 26-30.

[3] 赵慧玲，吴广颖，梅承力. 移动核心网络技术发展探讨[J]. 移动通信，2010(7): 33-37.

[4] 方晓农. VoLTE 核心网集中化建设方案探讨[J]. 电信工程技术与标准化，2017(9): 51-55.

[5] 刘涛，陈凤莲. LTE 时代信令网网络组织与演进[J]. 无线互联科技，2015(12): 133-135.

[6] 华为技术有限公司. 与时俱进的移动通信核心网[J]. 电信工程技术与标准化，2003(9): 21-22.

[7] 赵慧玲，毛聪杰. 5G 核心网关键技术研究[J]. 移动通信，2019(1): 1-6.

[8] IMT-2020（5G）推进组. 5G 核心网云化部署需求与关键技术白皮书[R]，2018 年 6 月.

[9] 吴冬升. 5G 最新进展深度解析[R]. 5G 行业应用公众号，2019 年 12 月 18 日.

[10] 王庆扬，谢沛荣，熊尚坤，等. 5G 关键技术与标准综述[J]. 电信科学，2017(11): 113-123.

[11] 中国联合网络通信有限公司网络技术研究院. 中国联通 5G 服务化网络白皮书[R]，2018 年 6 月.

[12] 张亚飞，阎东. 5G 核心网服务化架构研究[J]. 信息通信，2019(2): 226-227.

[13] 中国联合网络通信有限公司网络技术研究院. 中国联通 5G 网络切片白皮书[R]，2018 年 6 月.

[14] 中国联合网络通信有限公司网络技术研究院. 中国联通边缘计算技术白皮书[R]，2018 年 6 月.

[15] 黄继宁. NFV 在未来核心网中的应用[J]. 中国新通信，2018(19): 96-98.

[16] 黄昱恺，耿金坤，等. NFV 数据平面的网络性能优化技术[J]. 电信科学，2017(4): 65-70.

[17] 鞠卫国，张云帆，王跃庆. NFV 三层解耦下的新型网络基础设施[J]. 中国电信业，2019(217): 79-82.

[18] 阳志明，毛斌宏. NFV MANO 的关键问题研究与实践[J]. 广东通信技术，

2016(12): 21-27.
[19] 宋晓诗，等. 面向 5G 的 MEC 系统关键技术[J]. 中兴通信技术，2018 24(1): 21-25.
[20] 张涌，陈丹，范斌，等. 中国联通边缘计算技术演进规划与部署方案[J]. 邮电设计技术，2018（4）：42-47.
[21] 吕华章，陈丹，王友祥. 边缘云平台架构与应用案例分析[J]. 邮电设计技术，2019，517(3): 41-45.
[22] 5G Americas. Network slicing for 5G networks & Services[R]，2016 年 11 月.
[23] 3GPP TS 23.501 V16.1.0.3GPP Technical Specification Group Services and System Aspects, System Architecture for the 5G System (Stage 2), 2019 年 6 月.
[24] IMT-2020（5G）推进组. 5G 网络架构白皮书[R]，2018 年 6 月.
[25] 中国电信企业标准. 中国电信 NFV 基础设施层硬件技术要求[R]，2017 年 8 月.
[26] 中国电信企业标准. 中国电信 5G 网络技术体制[R]，2019 年 3 月.
[27] 中国电信. 中国电信 5G 技术白皮书[R]，2018 年 6 月.
[28] ETSI GS NFV-REL 003 V1.1.1. Network Functions Virtualization (NFV); Reliability; Report on Models and Features for End-to-End Reliability.
[29] 中国电信企业标准. 中国电信 NFVO 技术要求，2017 年 8 月.
[30] 刘雁. 5G 核心网的建设与演进[J]. 邮电设计技术，2018（11）：23-28.
[31] 庄小君，杨波，王旭. 移动边缘计算安全研究[J]. 电信工程技术与标准化，2018(12): 38-43.
[32] 杨红梅，黄红艳，5G 网络安全关键技术及标准化进展[J]. 信息通信技术与政策，2019(2): 31-34.
[33] 胡鑫鑫，刘彩霞，刘树新，游伟，乔康. 移动通信网鉴权认证综述[J]. 网络与信息安全学报. 2018，4(12): 1-15.
[34] IMT-2020（5G）推进组. 5G 网络安全需求和架构白皮书[R]，2017 年 6 月.
[35] 未来移动通信论坛. 5G 信息安全白皮书[R]，2017 年 11 月.
[36] 方琰崴. 5G 核心网安全解决方案[J]. 移动通信，2019(10): 19-25.
[37] 袁琦. 5G 网络切片安全技术与发展分析[J]. 移动通信，2019(10): 26-30.
[38] 毛玉欣，陈林，游世林，闫新成，吴强. 5G 网络切片安全隔离机制与应用[J]. 移动通信，2019(10): 31-37.
[39] 卜忠贵，冯征，牛芳，刘蕾. 5G SA 核心网信令组网方式分析[J]. 电信工程技术与标准化，2019(8): 30-35.
[40] 宋洋. 上海电信云资源池 IaaS 云安全技术分析[J]. 电信技术，2017(8)：86-87.
[41] 蒋明燕. Server-SAN 技术及其在云资源池中的应用[J]. 电信技术，2017(8): 91-93.